人工智能技术丛书

PyTorch
深度学习之目标检测

赵凯月　刘衍琦◎编著

 中国水利水电出版社
www.waterpub.com.cn
·北京·

内 容 提 要

《PyTorch 深度学习之目标检测》首先从人工智能产业的发展史和机器"眼中"的图像世界开始讲述，逐步引导读者进入机器学习的图像处理当中；然后讲解深度学习中实现目标检测的主要算法，和以 PyTorch 框架为基础构建的神经网络；最后的实战部分详细讲解了如何使用目标检测算法实现具体项目。

全书共 10 章，涵盖内容包括：人工智能的历史和发展前景、深度学习的基础知识、卷积神经网络基础知识、PyTorch 基础、目标检测算法、单阶段目标检测算法、双阶段目标检测算法、神经网络示例、污损遮挡号牌识别实战和地形目标识别实战。

本书内容丰富、实用性强，适合目标检测方向的入门读者和进阶读者阅读，也适合在校学生、图像方向的算法工程师和其他编程爱好者阅读，还适合作为相关培训机构的教材使用。

图书在版编目（CIP）数据

PyTorch 深度学习之目标检测 / 赵凯月，刘衍琦编著
. -- 北京：中国水利水电出版社，2022.11（2023.9重印）

ISBN 978-7-5226-0265-3

Ⅰ . ① P… Ⅱ . ①赵… ②刘… Ⅲ . ①机器学习 Ⅳ .
① TP181

中国版本图书馆 CIP 数据核字 (2021) 第 245928 号

书　　名	PyTorch 深度学习之目标检测 PyTorch SHENDU XUEXI ZHI MUBIAO JIANCE	
作　　者	赵凯月 刘衍琦 编著	
出版发行	中国水利水电出版社 （北京市海淀区玉渊潭南路 1 号 D 座　100038） 网址：www.waterpub.com.cn E-mail：zhiboshangshu@163.com 电话：（010）62572966-2205/2266/2201（营销中心）	
经　　售	北京科水图书销售有限公司 电话：（010）68545874、63202643 全国各地新华书店和相关出版物销售网点	
排　　版	北京智博尚书文化传媒有限公司	
印　　刷	三河市龙大印装有限公司	
规　　格	190mm×235mm　16 开本　20 印张　454 千字	
版　　次	2022 年 11 月第 1 版　　2023 年 9 月第 2 次印刷	
印　　数	2001—4000 册	
定　　价	89.80 元	

前　言

技术发展前景

　　狭义上的图像处理，或者底层视觉，是目前应用最广泛、最成熟的视觉计算方向。无论是无人驾驶、摄像显示、视频监控等民用领域，还是遥感卫星、红外侦察等军用领域，相关的软硬件系统中都会涉及图像处理的相关技术。所以接受过专业的图像处理方面知识培训的人基本上对其应用方向会有一定的了解，就业时选择面会更广。图像处理除了底层视觉，还包括图像分析和理解的范畴，由于这些方向（尤其偏高层视觉方面）在实际的场景应用中还存在一些瓶颈，因此在行业里的应用并不广泛。不过，由于算法需要大量的数据支持，因此做算法方向业务的公司对研究算法的技术人员的要求也高，因此，如果想要在图像处理方向上有很好的发展，还需要在算法上不断提升技术和积累经验。

　　当前图像的目标检测领域的主要框架有 PyTorch、TensorFlow 和 Caffe，其中 PyTorch 是在该领域中常用的一种框架。由于 PyTorch 框架操作简单，对神经网络中所涉及的神经单元封装较好，在神经网络模型的搭建上也比较简单，使其在目标检测领域逐渐成为主流的神经网络框架。本书对 PyTorch 框架的使用进行了讲解，并在该框架上进行了模型的搭建。

成书体会

　　本书由赵凯月和刘衍奇两人共同编写完成。其中，赵凯月负责编写本书的基础部分（1~8章），基础部分由通用的深度学习体系内容和专用的 PyTorch 框架基础内容组成，意在能够从零开始帮助读者建立一个完整的知识体系；刘衍奇负责编写本书的实战部分（9、10章），该部分内容更为具体。基础部分提供了深度学习的理论依据，实战部分则将学习到的理论依据加以运用。

　　本书对于深度学习的设计旨在按照"原理→项目→工程"的顺序推进，只有充分理解了算法的原理，才能入手项目做工程。实际上，深度学习的学习不同于程序员学习编程，这也是一般的程序员极难通过培训成为合格的算法工程师的重要原因。在实际开发项目的过程中涉及更多的是 TensorFlow 和 PyTorch 两种框架的算法，其中基于 PyTorch 框架搭建的算法往往对初学者更加友好。因此，在编写本书时会把使用的一些其他算法转化为 PyTorch 框架的算法进行项目的构建和开发。

本书特色

　　本书章节按照由浅入深的方式进行安排。本书没有直接从基础语法开始讲起，而是从神经网络的角度引导读者有全局的观念，Python 也仅仅是一种工具，无论哪种语言都可以实现神经网络模型的搭建和训练，只是相对于其他语言来说 Python 更加合适。本书首先讲述深度神经网络的基础、卷积神经网络的基础以及 PyTorch 框架的基础知识；然后进一步对目前主流的目标检测算法进行简单介绍，包括网络组成结构、设计理念等；最后引导读者动手构建基础的神经网络模型，并对环境的依赖安装、开发环境的搭建等进行了完整的介绍。

本书包含内容

　　本书内容大致可以分为两个部分：第 1 部分是基础部分，主要对网络的结构和其中涉及的算法进行阐述，便于读者快速理解实现神经网络的基本原理；第 2 部分是实践部分，主要介绍神经网络中主要的网络结构、手动构建基础网络的方法和步骤，以及项目实践。

　　第 1 章介绍人工智能（AI）的发展历程，即人工智能的发展简史、人工智能在发展中所受到的限制及其发展历程中产生的分类或分支，也对人工智能在各个不同领域中的发展和应用进行了简单的描述，其中目标检测是本书重点介绍的内容。

　　第 2 章介绍深度学习的基础知识，这部分涉及的内容包括前向传播、反向传播、自动梯度算法，以及在实际训练过程中可能会遇到的问题。

　　第 3 章和第 4 章介绍的内容专业性较强，主要针对图像中的目标检测领域，并对神经网络组成结构的每一部分都进行了介绍，其中包括几种不同卷积结构的实现原理和方法及其在数学上的理论推导、池化层的实现原理、池化层在卷积神经网络中的分类等。除了通用的组成结构外，还包括一些特殊的组成部分，如模型中对图像数据的归一化、防止过拟合的正则化技术等。而针对 PyTorch 的基础介绍则主要涉及实际工程中常常使用的一些实用技巧和方法，如跨设备直接加载和调用模型，多 GPU 和单 GPU 模型直接的相互修改，以及如何针对实际设备修改预训练权重文件使其符合模型训练要求等问题。

　　第 5 章主要介绍一些独特的网络结构，以及由这些网络结构组合而成的主流目标检测算法。例如，目标检测中的网络结构有候选框选取方案、SPP-Net、残差连接技术、RPN 及边框回归算法等；主流的神经网络算法有 ResNet-50、AlexNet 等。

　　第 6 章和第 7 章主要介绍两种目标检测算法：单阶段目标检测算法和双阶段目标检测算法。

　　第 8 章是神经网络的实例部分，主要引导读者基于 PyTorch 框架搭建简单的分类算法。

　　第 9 章和第 10 章则分别实现了两个实战项目，第一个项目是针对违法行为的污损遮挡号牌的识别，主要通过单阶段目标检测算法实现；第二个项目是数字管线的地形目标识别，是传统图像处理和目标检测算法相结合的一个实践项目。

本书读者对象

目标检测算法的初学者。

深度学习方向的在校本科生、研究生。

需要基于 PyTorch 框架的入门工具书的人员。

其他对目标检测算法有兴趣的各类人员。

本书资源下载

本书提供实例的源码文件，读者使用手机微信"扫一扫"功能扫描下面的二维码，或者在微信公众号中搜索"人人都是程序猿"，关注后输入 PT0265 至公众号后台，获取本书的资源下载链接。将该链接复制到计算机浏览器的地址栏中，根据提示进行下载。

微信公众号：人人都是程序猿

致谢

本书能够顺利出版，是作者、编辑和所有审校人员共同努力的结果，在此表示深深的感谢。同时，祝福所有读者在学习过程中一帆风顺。

编　者

2022.10

目　　录

第 1 章 人工智能的历史及发展前景

本章主要介绍什么是人工智能以及人工智能的发展历程，并帮助读者从机器的角度了解机器如何理解图像中的目标和信息，透过机器"眼"中的图像世界引导读者进一步探索图像世界。本章讲解的内容从用传统方法处理图像一步步过渡到用深度学习处理图像。深度学习在图像处理方面不断发展，并已逐渐运用到各个领域，如智能交通、智能家居和服务型机器人等。

本章主要涉及的知识点如下。

● 什么是人工智能，人工智能的意义以及人工智能技术的发展历程。
● 图像在计算机的"眼"中是什么样的，计算机是如何读懂图像的。
● 传统的图像处理方法和深度学习的处理方法有什么不同。
● 深度学习在图像领域发展出的各种不同应用场景。
● 在不同场景下图像识别是如何做到的，不同应用之间有什么联系。
● 如何通过深度学习加强对图像信息的读取。

1.1 人工智能的诞生

1.1.1 什么是人工智能

人工智能（Artificial Intelligence，AI）是指被人制造出来的在一定程度上具备人所赋予智能的一种机器。实际上，即便是机器所表现出来的智能，也是通过代码程序并在遵循人的意志下实现的。

例如，智能门锁、计算机中的智能输入法、手机中的拍照识图等应用都是人工智能在日常生活中的体现。除此之外，人工智能还体现在其他不同领域的应用中，如生物技术、医疗服务以及远程教育等。在生物技术上可以通过强大的人工智能算法预测蛋白质的三维图像；在医疗服务领域的体现主要是医疗机器人，通过医疗机器人可以精准定位病灶，实现对目标的定向治疗；在远程教育中人工智能主要通过网络实现在线教育；提供电子图书馆，学生可以自由选择书籍，快速获取学习资料而不必仅依赖传统的纸质书籍这一单一渠道来获取知识。

人工智能在使用功能上可以分为弱人工智能和强人工智能两种。弱人工智能和强人工智能实际上仅是相对的概念，维基百科的定义为：弱人工智能被认为"不可能"制造出能"真正"推理和解决问题的智能机器，这些机器只不过"看起来"像是智能的，但是并没有真正拥有智能，也没有自主意识。其实无论是强人工智能还是弱人工智能都没有自主意识，所谓的强弱，也是人对机器所执行指令负责程度的一种定义。实际上，在严格区分人工智能是强或者弱时，通常使用的测试方法是图灵测试，即让真实的人在不知情的情况下同时面对人工智能和一个真实的人进行分辨，如果人在测试中无法对两者的区别进行分辨，则可以确认该人工智能通过了图灵测试，即为强人工智能，否则为弱人工智能。

人工智能算法不像电影中表现得那么科幻，强人工智能是一种可以通过自主学习、推理解决问题的一种算法，能够执行人类下达的通用任务。例如，目前市场上的"小爱音响""小度音响"等可以通过语音识别"听懂"人类所下达的基本指令，可以自动执行人类下达的任务，如执行定闹钟、买票、听歌等操作。

与强人工智能不同，弱人工智能只需要在特定的领域解决人类的一些固定问题，弱人工智能仅能够完成一项特定的功能和指令，无法应用复杂的逻辑条件，如扫地机器人、工业中常用的搬运机器人等都属于弱人工智能。

目前人工智能算法主要的应用场景包括计算机视觉、图像识别、语音合成、语音识别、体感感知和机器翻译等，著名的人工智能机器人 AlphaGo 与人类进行的围棋战就可以证明目前的人工智能算法已经在预测判断学习上有了很大的进步，即使机器不存在自我意识，但有些方面已经可以和人类相媲美。

1.1.2　AI 发展简史

从 AI 的发展史来看，人工智能的诞生需要从机器的计算开始讲起，真正的奠定现代计算机理论的人是库尔特·哥德尔（Kurt Gödel），他正式提出将人类的全部认知归结为无数条定理，并将这些定理用数学的模式进行表示和逻辑的推导。如果说库尔特·哥德尔奠定了计算机理论的基础，那么冯·诺依曼则创造了现代计算机，因此冯·诺依曼也被称为现代计算机之父。经典的冯·诺依曼结构便由此命名，该结构将软件命令和数据进行了合并，即计算机由中央处理器、内存、硬盘、输入接口和输出设备组合而成，这种结构的特点是共享数据和顺序执行。除了冯·诺依曼结构之外，还有哈佛结构，哈佛结构是在冯·诺依曼结构的基础上为了处理高速数据而诞生的结构。基于冯·诺依曼结构，1945 年制造的 ENIAC 是世界上第一台电子多用途计算机，虽然该计算机仍旧需要人工输入数据。

最早的人工智能应用是 1950 年阿兰·麦席森·图灵提出的图灵机，这是一个可以读取符号的盒子，它在轨道上进行运动并读取轨道中的符号，然后根据盒子中的程序对当前轨道中的符号和盒子中的数字进行计算，到达新的轨道后再次读取轨道上的符号进行计算。除了图灵机之外，知名的还有图灵测试机，其大致功能是人在不知道对方是机器还是人的情况下，分别与人和机器进行对话，判断对方是机器还是人，通过图灵测试可以判断人工智能的实现程度。

1957 年弗兰克·罗森布拉特（Frank Rosenblatt）在 IBM-704 计算机上实现了一种称为感知机的神经网络，这也直接开启了机器学习的浪潮，也奠定了后来深度神经网络发展的基础。人工智能的发展主要可以分为三个阶段：第一阶段，即早期的人工智能算法，是仅依靠智能机器和程序来实现的人工智能；第二阶段是基于机器学习的没有编程和学习能力的人工智能；第三阶段是基于深度神经网络的可自主学习的人工智能。人工智能的发展如图 1.1 所示。

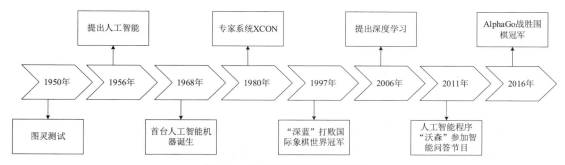

图 1.1　人工智能的发展示意图

2006 年，神经网络专家辛顿（Hinton）提出了神经网络深度学习算法，使神经网络的能力大大提升，并向支持向量机发出挑战，同时掀起了深度学习在学术界和工业界的研究浪潮。人工智能的发展受到了很多条件的制约，尤其是对计算机的计算力有很高的要求，伴随着计算机硬件的发展，计算机的计算力已经有了很大的提升，GPU 的发展可以极大地提高浮点数的运算速度，可以从海量的数据中学习到各种数据的特征。除了计算力的要求之外，深度网络对于数据的数量和多样性也有很多的要求。在满足这两个要求的前提下，第三阶段的深度学习网络也逐渐朝着深度更深、结构更复杂的方向推进，深度网络的参数和结构也是制约深度网络发展的重要因素。深度神经网络的发展如图 1.2 所示。

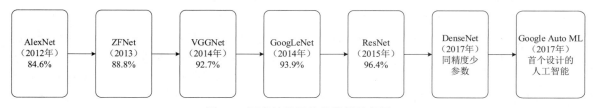

图 1.2　深度神经网络的发展示意图

人工智能已经经过三次大的发展，目前人工智能已经开始逐渐在各个行业落地，如银行大厅常用的指导服务机器人、工业上自主送快递的快递机器人等，2020 年由于新冠肺炎疫情的蔓延，我们运用大数据和人工智能对病患进行快速定位从而减少病毒的传播，在进入各大商场之前通过人脸识别实现体温监测等都是人工智能在各个行业的应用。2020 年，国家标准化管理委员会、中央网信办、国家发展改革委、科技部、工业和信息化部五部门联合印发《国家新一代人工智能标准体系建设指南》，该指南提出了具体的国家新一代人工智能标准体系建设思路和建设内容，并附上了人工智能标准研制方向明细表，在国家层面进一步规范了人工智能的应用体系，明确了其发展方向。人工智能目前也在逐渐融入人们日常的生活，我们有理由相信，未来的人工智能必能造福人类，对经济的发展起到极大的促进作用。

1.2　计算机视觉基础

1.2.1　机器"眼中"的图像世界

刚进入图像识别领域时，你可能会产生一系列疑问，如机器如何识别以及读懂人类的指令？计算机如何通过计算识别图像中的物体目标？计算机"看到"的图像和人眼看到的图像是不是一样的？

在进一步了解计算机实现图像识别的过程之前，首先需要了解图像是如何组成的。

将图像不断放大后，可以发现图像实际上是由一个个不同颜色的像素块组合而成的，而所有的颜色基本上都可以通过不同阈值的三原色组合而成，如果从三原色的角度对图像进行区分，图像中的每个像素块都可以由三元组（R, G, B）组合而成，图像输入模型中的数据也就是一堆由三元组组合而成的数据组。

既然可以通过图像中的数值来获取图像中的信息，那么计算机是如何通过其中的数值判断目标的？或者说，在机器的"眼中"是如何认识图像以及如何通过图像来识别其中的目标的？实际上，机器所能识别的也仅限于特定的一个或几个目标，为了让机器能够识别图像中所包含的目标，在进行目标检测的训练时需要使用大量包含目标的图像并对其中需要识别的目标进行标注处理，以此获取目标的位置和标签。

在实际应用场景中，图像的目标具有多样性和复杂性，不同图像中目标存在的角度、光照，拍摄相机的像素等因素都会影响目标的识别效果。为了增强对目标的识别，需要从所有的图像中提取目标的共同特征。但往往这种特征不是人眼可以直观检测到的，为了实现该目的，在算法中可以通过掩盖目标物体的部分特征来增强。目前常用的手段是通过涂抹或拼接等操作来增强图像样本的多样性。例如，当要机器能够较好地识别一个包含目标——狗的图像时，可以将图像中狗的部分特征涂上不同的颜色，或者直接将其中的一部分特征进行遮挡，甚至可以将这一部分特征进行磨损。当将这部分图像作为训练的一部分数据时，就可以大大提高算法对狗的识别率。这是因为算法在不断进行图像学习的过程中不仅只学习了目标的颜色特征，还包括纹理、频率等特征，因而在对图像中的目标区域进行部分遮挡或者磨损时并不会影响机器对图像中该目标特征的提取，这也就大大增加了算法的鲁棒性，提高了算法的准确性。

如果在算法中仅将图像中的狗作为识别的对象，而不对其他的目标进行检测和识别，那么该算法除了对这个图像中进行特征提取之外，只需辨别提取到的特征是否为对应目标的特征即可，也可以理解为该算法仅能提取到图像中类似的与狗相关的特征。图 1.3 是谷歌的人工智能项目 Deep Dream 中以人工智能神经网络为基础的图片识别软件所识别的图像，可以看出，如果训练算法仅提供识别狗的图像时，那么对于其他的图像，算法也只会将其中类似于识别目标的特征进行提取，而对图中其他目标不感兴趣，因为机器不具有思考的能力，便会单纯地把图像中的细节特征误判为已知目标的特征。

图 1.3　人眼中和机器识别后的图像

从图 1.3 中可以看到，实际的图像在经过卷积神经网络之后，图像中人类是不能被识别的，其每一部分的特征被误判为识别的物体的特征，如识别该图片的算法会将图像中花瓶中的花识别为一只狗的头部，把窗户识别为房子等。实际上谷歌构造的人工智能神经网络仅包含 10～30 个网络节点，当图像被送入神经网络之后，每一层的网络节点都会提取图像中所包含的复杂信息，从而在这些复杂的信息中形成轮廓。同样地，该网络也存在一定的局限性，如当图像中包含类似目标物体的特征时会被错误识别。

1.2.2　传统的图像处理方法

传统的图像处理方法和人工智能算法的实现原理不同，人工智能算法（深度神经网络算法）通过卷积神经网络的方式实现分类和回归，而传统的图像处理算法则是直接在原图像的基础上提取图像的特征信息。图像的特征可以描述为以下 4 个方面。

1. 图像的颜色特征

讲到图像的颜色特征的提取需要提前对图像的颜色空间有所理解，按照不同的存储方式，图像可以分为 R、G、B 三通道颜色空间，其中 R 表示红色通道，G 表示绿色通道，B 表示蓝色通道。其存储原理是三原色的混合重叠可以构成任何颜色空间，其中每个颜色通道可以取到的数值范围为 [0, 255]，归一化数据通道后的取值范围为 [0, 1]，每个颜色空间的数值都相互独立，图像中单个像素的颜色值表示的数据格式为 (r, g, b)。除了可以设置单个通道的数值之外，也可以对每个单独的通道附加不同的权重，以便使其在构成的图像中占有更大的比重。例如，灰度图可以取到的每个 R、G、B 通道的权重为 0.3、0.59 和 0.11，其中绿色比重要大于其他两个通道的比重，R、G、B 三通道颜色空间如图 1.4 所示。

图 1.4　R、G、B 三通道颜色空间

　　图像的存储格式不仅可以分为 R、G、B 三个颜色通道，也可以分为 HSV(L)、CMY(K) 等颜色空间，HSV(L) 的各个通道分别代表色调、饱和度、颜色明亮度和亮度四个参数。无论图像使用的是哪个颜色空间，都可以实现不同空间域之间的转换，如 RGB 到 HSV(L) 之间的转换关系可以通过以下公式进行描述：

$$\begin{cases} R' = R \,/\, 255 \\ G' = G \,/\, 255 \\ B' = B \,/\, 255 \end{cases} \tag{1.1}$$

其中，R、G、B 的数值范围均为 0～255，在进行不同色域的转化之前需要将其 R、G、B 区域的数值进行归一化处理。处理的过程公式如下：

$$\begin{cases} C_{\max} = \max(R',G',B') \\ C_{\min} = \min(R',G',B') \\ \Delta = C_{\max} - C_{\min} \end{cases} \tag{1.2}$$

　　依据上述实现过程的公式，可以得到 R、G、B 与 HSV(L) 之间的转换过程，计算公式介绍如下。

（1）H 色域的转换公式如下：

$$H = \begin{cases} 0, & \Delta = 0 \\ 60\left(\dfrac{G'-B'}{V}\bmod 6\right), & C_{\max} = R' \\ 60\left(\dfrac{B'-R'}{V}+2\right), & C_{\max} = G' \\ 60\left(\dfrac{R'-G'}{V}+4\right), & C_{\max} = B' \end{cases} \tag{1.3}$$

（2）S 色域的转换公式如下：

$$S = \begin{cases} 0, & C_{\max} = 0 \\ \dfrac{V}{C_{\max}}, & C_{\max} \neq 0 \end{cases} \tag{1.4}$$

（3）V 色域的转换公式如下：

$$V = C_{\max} \tag{1.5}$$

代码描述如下。

代码 1.1　图像通道色域转换示例代码

```
//R, G and B input range = 0 ÷ 255
//H, S and V output range = 0 ÷ 1.0

var_R = ( R / 255 )
var_G = ( G / 255 )
var_B = ( B / 255 )

var_Min = min( var_R, var_G, var_B )          //RGB 中的最小值
var_Max = max( var_R, var_G, var_B )          //RGB 中的最大值
del_Max = var_Max - var_Min                   //RGB 的差值

V = var_Max

if ( del_Max == 0 )                           //判断
{
     H = 0
     S = 0
} else {
    S = del_Max / var_Max

    del_R = ( ( ( var_Max - var_R ) / 6 ) + ( del_Max / 2 ) ) / del_Max
    del_G = ( ( ( var_Max - var_G ) / 6 ) + ( del_Max / 2 ) ) / del_Max
    del_B = ( ( ( var_Max - var_B ) / 6 ) + ( del_Max / 2 ) ) / del_Max

    if ( var_R == var_Max ) H = del_B - del_G
    else if ( var_G == var_Max ) H = ( 1 / 3 ) + del_R - del_B
    else if ( var_B == var_Max ) H = ( 2 / 3 ) + del_G - del_R

    if ( H < 0 ) H += 1
    if ( H > 1 ) H -= 1
}
```

在代码 1.1 中，图像通道色域转换是根据不同颜色空间之间的转换公式实现的，OpenCV 图像处理库中包含众多已经封装好的颜色空间转换函数。例如，经常使用的函数 cv2.cvtColor(input_image, flag)，其中参数 flag 表示转换的类型；函数 cv2.COLOR_BGR2HSV 将图像从 RGB 三通道颜色空间转换到 HSV(L) 颜色空间。

2. 图像的几何特征

图像的几何特征是指图像中目标所在的位置、方向、形状和周长等方面的特征信息，尽管在图像中物体的几何特征比较容易识别，也更加直观，但在许多图像分析的提取过程中是十分烦琐的。在传统的图像处理中，主要提取的几何特征有目标的边缘、角点、斑点等，这里以图像中物体的边缘信息为例进行介绍。图像的边缘信息在图像上最直观的表现是局部区域之间的像素存在明显的变化，图像中目标的明显边缘信息提取过程如图 1.5 所示。

图 1.5　提取图像中各边缘信息

在图像中可以通过人眼直观地观测到其中的边缘特征信息，那么如何通过算法对图像中包含的特征信息进行提取呢？这就必须提到图像信息处理中的频率，实际上除了信号中包含频率的特征之外，图像中也包含频率这一概念，这里通过类别的方式来介绍图像中的频率。最简单的信号是直流信号，即频率值维持在一个固定的值，如果在某一时刻该值突然发生了变化，变化后的值也发生了变化，那么在改变的一瞬间所产生的信号为阶跃信号；如果该信号在突然变化后又变为原来的值，那么这一时刻产生的信号则被称为冲激信号。在图像中，边缘信号也会由于像素直接地突变而出现阶跃或者冲激的情况，这种突然的变化在图像上的表现是边缘频率特征信息，如图 1.6 所示。

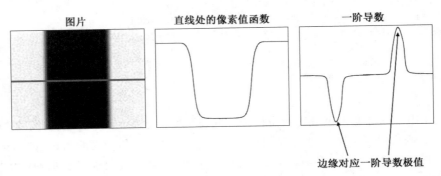

图 1.6　图像边缘频率特征图

根据这个原理，可以进一步通过图像处理库 OpenCV 提取图像的边缘特征信息，OpenCV 中提供了可以直接使用的接口，由于边缘检测容易受到噪声的影响，在进行边缘检测的过程中需要提前对图像进行噪声过滤，OpenCV 中边缘检测的接口函数为 Canny，使用方法如下。

代码 1.2　提取图像边缘特征信息示例代码

```python
import matplotlib
matplotlib.use('TKAgg')
from matplotlib import pyplot as plt
import numpy as np
import cv2

# 使用 OpenCV 识别图像中的边缘
def recognized_edges(images)
    img = cv2.imread(images, 0)
    edges= cv2.Canny(img, 100, 200)

    # 使用 plt 对图像进行展示
    plt.subplot(121)
    plt.imshow(img, cmap = 'gray')

    # 使用 plt 对边缘进行展示
    plt.subplot(122)
    plt.imshow(edges, cmap = 'gray')

    # 定义展示的 x 轴和 y 轴
    plt.title("Edge Image")
    plt.xticks([])
    plt.yticks([])

    # 对图像进行展示
    plt.show()

if __name__ == "__main__":
    # 识别的图像路径
    image_path = "./Desktop/1.png"
    recognized_edges(image_path)
```

📢 **注意：**

> 在运行上述代码的过程中可能会出现缺少依赖而不能展示界面的问题，这是由于没有安装必要的模块，会在运行的命令行中提示缺少的模块。一般在安装 Matplotlib 之后会提示缺少 tkinter 模块，此时可以通过 apt-get install python-tk 命令安装 tkinter 模块，如果 Python 环境是 Python 3 版本，则需要将安装命令中的 python-tk 改为 python3-tk。

图像识别结果如图 1.7 所示。

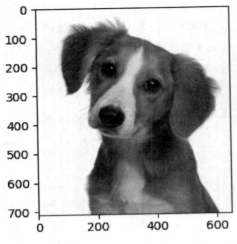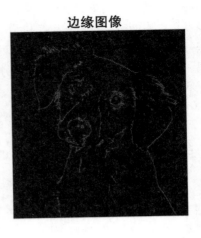

图 1.7   边缘检测图像

图像中的边缘检测属于一种特殊的角点检测方法，除了使用函数 Canny 的边缘检测方法之外，还包括如 Roberts、Sobel 等算法，不同的算法检测后的效果也不尽相同，因此对不同背景下的图像可以选择不同的算法实现边缘检测。图像中除了存在包含目标的边缘信息外，还存在几何的角点、凸包检测等信息。

3. 图像的纹理特征

纹理特征是图像中最为直观的一种特征，反映的是图像的全局信息，也是目标物体的表面属性，包含了物体表面结构组织排列的重要信息。不同于颜色特征，纹理特征所展现的不仅仅是基于像素点的特征，纹理特征具有旋转不变性，对噪声有较强的抗扰能力，但容易受到图像分辨率的影响。纹理特征的提取方法主要包括统计颜色的图像颜色直方图法、结构分析法、几何法和信号处理法等。

4. 图像的局部特征

通过不同的通道对图像进行分解之后，可以用传统的算法对图像的局部特征进行分析。图像中最直观的特征是图像的纹理特征，在传统的算法中可以通过图像增强的方法对边缘进行检测，提取到明显的图像局部特征，具体的算法有 Sobel 算法、Canny 算法等。无论哪个算法，图像特征都是通过计算梯度来实现的。除了纹理之外，也可以通过滤波的方式对图像中的信息进行过滤或提取。

1.3   深度学习的应用场景

近年来随着人工智能的不断发展，深度学习已经逐渐应用于各个不同的行业，如移动互联网、安防、金融、远程医疗教育、智能硬件等，与日常生活息息相关的有苹果手机的语音助手 Siri、手机人脸识别解锁、智能语音音响以及自动传菜机器人等，深度学习按照实际使用场景基本可以分为以下两个方面。

1. 计算机视觉

计算机视觉是指机器可以通过算法使其具备与人相似的描述图像中场景的功能。计算机视觉需要解决的问题是在二维的图像中通过模型算法识别所包含的物体目标及其特征信息。具体的特征包括形状、目标的纹理信息、物体的大小和颜色等，这些特征将尽可能地从不同的方面对该图像进行描述。图像处理是通过不同的算法对图像进行转换的操作，具体的操作有中值滤波、高斯滤波、图像旋转、增强对比度、图像二值化等。计算机视觉是在图像处理的基础上发展而来的，可以实现如人脸识别、图像分析等复杂的功能。

2. 语音识别

语音识别是指可以让智能设备理解人类的语言，从而实现某种功能，语音识别的本质是一种基于语言特征参数的模式识别。与计算机视觉的实现方式类似，同样是经过对语音进行特征分析后对语音特征进行提取，语音中所包含的特征参数包括基音周期、线性预测系数等。目前语言识别应用的领域众多，如翻译机、语言识别听写、机器人客服、银行里的服务型机器人等。

1.3.1　图像分类

图像分类是指在算法中输入一幅图像，经模型预测后输出对该图像分类内容的描述。图像分类算法中最简单的是二分类算法，即判断图像中是否含有目标物体，图像二分类算法中仅包含两类标签——是或者否。例如，数据集中包含多张不同种类的动物图像，其中每张图像中仅包含一种动物，二分类算法只需判断图像中是否含有该动物即可。实际上，经过算法的计算之后，模型的输出是一个判断该样本中是否含有目标的区间为 0~1 的概率值，算法只需通过比较两者的概率值判断出具体类别。除了根据种类数目可以分为二分类算法和多分类算法外，通过识别目标之间的差异关系，又可以分为细粒度分类算法和图像分类算法两种，如上述的图像二分类算法就是一个通用的图像分类算法。

细粒度分类算法中待分类的各个对象之间既有一定的相似性也有差异性，细粒度图像分类是在已经区分出其基本种类的基础上进行更加细节化的子类别划分，如图 1.8 所示，所有待识别的物体均为花这个种类，细粒度分类算法需要做的则是识别花的具体种类，如牡丹、玫瑰等。目前细粒度分类算法在工业中也有更加广泛的应用场景，如交通行业中车型的细粒度分类识别等。

对于通用的图像分类算法来说，识别目标之间具有较大的差异性，因此在识别上更加容易，这也意味着细粒度分类算法实现的条件相对更加严格。由于图像识别是依靠读取图像中的像素点来提取特征，那么从计算机视觉算法的角度来看，图像分类的难点实际是图像中目标物体的大小、光照、背景、遮挡等因素的影响。因此在实际的训练中针对细粒度分类算法来说，需要大量的数据来确保算法能够提取到目标的特征。

毛茛属植物　　　　杂色菊属植物　　　　花烛属植物　　　　加州罂粟

康乃馨　　　　Bishop of llandaff　　　　非洲菊　　　　阿尔卑斯海冬青

图 1.8　花的类型细粒度分类应用

上述提到的图像分类算法是用一种更加明确的定义方法来表述其图像所属的具体类型，实际上可以将分类算法分为两大类，一类是单标签多分类算法，另一类是多标签多分类算法。其中，单标签多分类算法又可以划分为单标签二分类算法和单标签多分类算法。这么划分的原因是，单标签二分类算法实际上属于单目标检测算法，这是因为单目标检测算法也需要在数据中划分前景和后景两种目标，即标签只具有两种可能，并且算法中需要预测的标签只有一种可能性，简单来讲就是只需要判断标签的类型是或者不是。以下将分别对使用这两种算法实现图像分类的过程进行讲解。

1. 单标签多分类算法

单标签多分类算法实际上就是通常意义上的多分类算法，多分类算法的实现可以理解为图像特征在高维度上的聚类算法，在网络中主要是在基础网络层后通过 Softmax 函数实现图像的分类功能。图像中的信息错综复杂，除了纹理、色彩等特征外，还含有许多复杂的人眼所不能识别的信息，因此需要利用数学中的公式实现对特征的非线性表达，卷积神经网络的特点就是可以将复杂的信息通过数学的方式进行展现，将提取到的特征信息经过分类网络实现对特征点的分类，这也是实现分类算法的基本原理。

多分类算法与二分类算法实现的主要差别在于基础的特征网络层后的分类网络，这里以两种简单的函数来讲解两者之间的差别。二分类卷积神经网络的分类层是 Sigmoid 函数，多分类卷积神经网络的分类层是 Softmax 函数，Softmax 函数实际上可以理解为多个 Sigmoid 函数的组合，下面以 Sigmoid 函数为例进行介绍。Sigmoid 函数具备两点基本特征：首先是 x 的区域范围广泛，为负无穷到正无穷区域，这对 Sigmoid 函数而言，无论提取出的特征值是多少，都可以将其映射到 $0\sim1$ 区间上；其次对不同的 x 值都有唯一数值与其对应，即该函数 x 轴的正向区域对应 Sigmoid 函数的值域为正值，而反向区域，函数对应的值域为负值，因此只要在反向传播算法中通过损失函数将图像中的前景或者后景特征分别映射到 x 的正负区间内，再经过不断的训练即可实现图像的分类。

实际上，单标签多分类算法也可以使用多个二分类算法来实现，具体思路是将数据中多个不同类别的数据分为两类分别实现，并将识别后的结果进行投票组合，通过判决的方式识别出最终的结果，单标签多分类算法原理如图 1.9 所示。

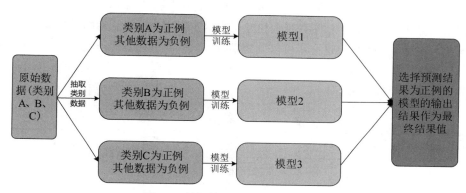

图 1.9 单标签多分类算法原理图 1

该方式中分别将各类别作为正例依次进行二分类训练，在共同识别后的结果中选择其中识别为正例的结果作为最终的识别结果。除了这种方式外，还可以分别选择其中两个类别作为正反例进行二分类算法的训练，算法原理如图 1.10 所示。

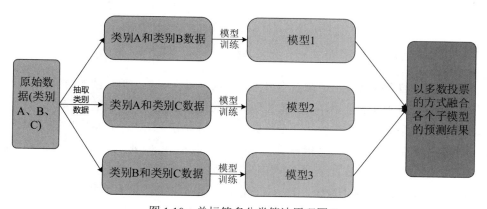

图 1.10 单标签多分类算法原理图 2

与上一种决定实现算法最终结果做法不同的是，该算法对多个二分类算法的处理结果是对各个识别结果进行投票来决定的。实际上，投票的方式也多用于不同模型之间在同一类数据中识别其中不同的目标，这么做的原因是不同的模型对数据的敏感度不同，通过投票判决的方式可以取得更好的识别效果。

2. 多标签多分类算法

如果把单标签多分类算法拆分为多个单标签二分类算法，那么多标签多分类算法实际上可以看作由多个单标签多分类算法组合而成的算法。单标签多分类问题是指最终需要实现预测的标签只有一个，但该单个标签中可能包含多个不同的分类问题。例如，在图像中识别出其中的猫或者狗两种动物，那么该标签为识别动物，其中涉及的是猫或狗两种分类的可能性，常用的算法有 Softmax、KNN 等。多标签多分类问题则是指除了在该图像中找到猫或狗这两种动物之外，还要在这个基础上进一步识别出猫和狗的颜色，如黑色或白色等。在这个问题中可以分为两个标签，分别是猫或者狗的两种颜色，在每个颜色中又进一步可以分为猫或者狗，即多标签的问题之间是相互依赖、相互共存的。

多标签多分类问题总结见表 1.1。

表 1.1　多标签多分类问题

类　型	假　设	输　出
二分类	二元独立	二选一
多分类	多元独立	多选一
多标签分类	多样性	多选多

可以看出，在多分类和二分类中，两者或者多个选择之间均为独立的问题，即相互之间为互斥的关系，而在多标签分类问题中，多个标签之间相互依赖的问题更为严重。

1.3.2　图像检测

如果图像分类是将图像按照整个图像中所包含的内容进行区分，那么图像中的目标检测则不仅需要在图像中找到目标所在的位置，还需要实现目标的分类功能，其实现的过程要比图像分类更加复杂。从实现的功能来说，目标检测实现了目标定位和目标分类两部分。从实现的过程来看可以分为两种。一种是先定位再分类，即卷积神经网络首先对图像的特征进行提取，通过网络中的回归算法得到目标在图像中的位置，在此基础上得出图像的类别，这类算法被称为 Two-Stage 算法，典型代表有 Fast R-CNN、Faster R-CNN 等，Two-Stage 算法原理图如图 1.11 所示。

另一种是卷积神经网络在特征提取的过程中同时完成对目标的定位和分类工作，这类算法称为 One-Stage 算法，典型代表有 YOLO 系列算法、SSD 等。除了按照算法的实现步骤进行划分外，还可以根据识别的任务量进行划分，如图像中仅有一个目标且该算法仅需要识别这一个目标的目标检测称为单例目标检测算法；若图像中同时存在多个目标，则该算法可以划分为多例目标检测算法。这里以 YOLOv3 算法（既是多例目标检测算法也是 One-Stage 算法）中提供的图像为例，原理图如图 1.12 所示。

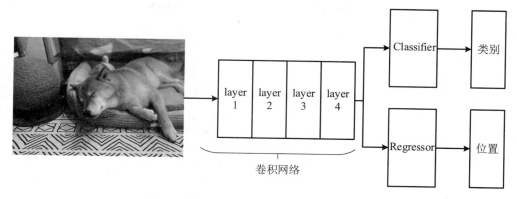

图 1.11　Two-Stage 算法原理图

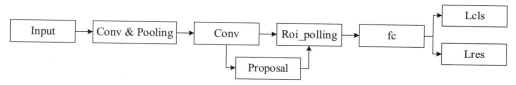

图 1.12　One-Stage 算法原理图

1.3.3　图像分割

　　如图 1.13 所示，图像分割是计算机视觉中一个重要的组成部分，也是近年来研究的一个重点。所谓图像分割，实际上是根据图像的色彩、纹理和几何形状等特征对图像中的区域进行划分，通过这种方式将图像中的目标提取出来。简单来讲就是将目标从图像的背景中分离出来，此时目标被称为前景，该过程的实现类似于 Photoshop 中的抠图功能，将需要的目标从图像中抠取出来，可以对抠取到的目标图像任意更换背景。

图 1.13　图像分割

　　图像分割技术在不同的场景中都有广泛的应用，如图 1.13 中的目标分割、三维重建等技术已经在无人驾驶、安防等领域取得了突飞猛进的发展。图像分割技术可以分为传统图像分割技术和基于深度学习的图像分割技术两大部分。

1. 传统图像分割

　　在物体的识别上，传统图像处理方法的基本思想是：先将图像进行二值化，即将图像中基于前景和背景两者之间的阈值进行分割，这种处理的方式很明显仅限于前景和背景之间的像素有较大的差异的情况，并且该图像中只能包含一种目标。阈值分割的方式计算简单，对简单的图像处理效率很高，但对噪声比较敏感，对复杂图像的分割有较大的影响。进行图像二值化的过程中首先是对图像进行灰度处理，因为图像二值化是通过对像素值的判断来实现的，因此只有经过灰度处理后的图像才可以进行二值化处理，图像二值化的代码如下。

　　代码 1.3　图像二值化示例代码

```
import cv2
import os
import sys
import logging
def read_image(filepath):
    if not os.path.exists(filepath):
        print("image file is not exited!")
        return

    image = cv2.imread(filename=filepath)
    cv2.imshow("image", image)
    gray = cv2.cvtColor(src=image, code=cv2.COLOR_BGR2GRAY)
    cv2.imshow("gray", gray)
    ret, binary = cv2.threshold(gray, 150, 255, cv2.THRESH_BINARY)
    print("ret is %d\n" %(ret))
    cv2.imshow("binary", binary)
    cv2.waitKey(0)
    cv2.destroyAllWindows()


if __name__ == '__main__':
    filepath = "/home/zhaokaiyue/Desktop/20140716102518748.jpg"
    read_image(filepath)
```

　　结果如图 1.14 所示。

📢 **注意：**

> 　　对图像进行二值化有不同的处理类型，因此，在处理之前可以自由选择不同的处理方式，不同的方式可以实现不同的效果。实际上，在对选择的阈值进行判断之前，可以对灰度图的颜色直方图进行统计，从中选择出最好的阈值。

（a）原图

（b）灰度图

（c）二值图

图 1.14　图像二值化

从图 1.14 中可以看到，图 1.14（a）中比较复杂，其中清晰的目标在经过阈值处理之后，可以清楚地提取出来，而对模糊的区域在经过阈值调整之后仍旧很难有较明显的影响目标，而图 1.14（b）中仅存在三种不同的像素，经过二值化之后，已经可以明显地提取出目标所在的区域，再经过阈值的控制和处理之后即可提取出目标物体。

上面已经讲过传统的图像处理是如何进行的，除了在像素上可以通过阈值的方法来提取前景目标之外，还可以利用如 Sobel 算法、Roberts 算法、Laplacian 算法等提取出目标的边缘信息，或者利用小波变换的图像分割方法等。图 1.15 所示分别是通过小波变换对图像中不同的频率信息进行提取的图像。

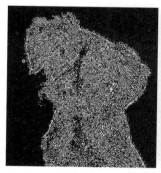

图 1.15　小波变换

从两者实现的图像分割的结果来看，基于小波变换的图像对物体的边缘切割更加精确，这也是因为图像细节处的像素直接的差异很小，仅靠像素来判断的方法已经不再适用。

2. 基于深度学习的图像分割

目前主要的图像分割方法是基于深度学习的图像分割，这种分割方式也被称为语义分割，其原理是在像素的水平上理解和识别图像中的内容，在图像中将各个目标进行分割。基于深度学习的图像分割在很大程度上解决了传统图像分割中语义信息缺失的问题。基于深度学习的网络有 FCN 全卷积网络、PSPNet 金字塔网络、SegNet 网络等，不同的网络都针对不同的问题提出了解决方法，如 FCN 全卷积网络解决了在降采样后会降低分辨率的问题。由于深度学习能够利用数字图像处理方法、数学等不同方面的知识对图像中的物体特征进行提取和处理，因此在识别效果上远胜于传统的图像分割方法。

1.3.4   图像描述

图像描述指的是以图像为输入，通过模型和计算来输出对应图像的自然语言描述。生成图像描述的形式大致可以分为三类：单句子式描述、密集型描述以及多语言描述。无论哪种描述方式，都是为了能尽量详尽地描述图像中所包含的信息特征。对图像描述的评价策略是通过比较机器和人工翻译两者之间的相似度进行判断。图像描述的输入是图像，通过对图像进行特征提取之后以客观的描述作为输出，其输出的句子不仅要求具备一定的语法，同时也需要具备对图像的部分理解。图像描述和图像问答之间相互关联，例如，图像问答不仅要对图像中的信息进行提取，也需要对问题进行一定的理解和解答。与图像描述相同的是，图像问答和图像描述都包含对自然语言处理的功能，但实际上图像描述中的特征提取过程要比图像问答中的图像特征的提取过程更加复杂，两者的对比见表 1.2。

表 1.2   图像问答和图像描述的对比

类　　型	图　像　问　答	图　像　描　述
输入	图像和问题	图像
输出	答案	客观的描述
理解范围	自由和开放	显著
语言水平	读懂、生成句子	生成有语法结构的句子
知识来源	图像内容 / 语言 / 知识库	图像内容 / 语言
对理解的要求	扩展	复杂
客观的评价指标	容易	难
人工智能完备性	更近	近

图像描述的难点在于，模型捕捉的是图像中真实目标的刻画，需要完全理解图像中所包含的内容，并使用自然语言对图像中的内容进行描述。传统的模型策略是先读取图像中的内容，生成文本标签，然后合成基本的描述语言，其优势是可以过滤掉多余的干扰信息，但由于每一步之间的关系过于紧密，也就导致如果其中一步出了差错，会直接影响其余过程的准确性。目前常用的模型基本上都在 DNN 框架上实现，其中 CNN 网络结构用于完成对图像信息的读取和理解图像中的信息，RNN 网络结构用于生成描述性语言。

1.3.5　图像问答

如图 1.16 所示，图像问答的逻辑可以分为四个部分，分别是理解问题、观察和理解图像、关注问题相关的图像内容并据此作出推理，最后生成答案。图像问答模型首先需要提取图像中的信息并对图像中的信息进行理解，这部分的内容在实现上类似于图像描述的过程；其次是在经过自然语言的处理后充分理解问题；最后需要将这两部分的信息进行融合，即图 1.16 中所示的问题的理解和推理过程，以实现问题的回答环节。

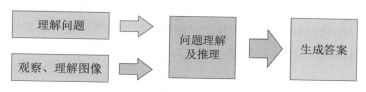

图 1.16　图像问答逻辑

经过对图像问答模型实现流程的简单介绍，可知图像问答的过程可以分为两个模型分别进行分析。其一是图像卷积神经网络实现图像特征的提取，除了使用基本的卷积神经网络如 VGG、ResNet 之外，也引入了图像增强方面的功能，如注意力机制和外部知识库。其二是问题的文本特征提取，该部分实际上是词向量模型，可以将问题中的文本转换为机器可以理解的文本特征信息词向量。两者之间的特征通过如图 1.17 所示的过程进行融合处理。

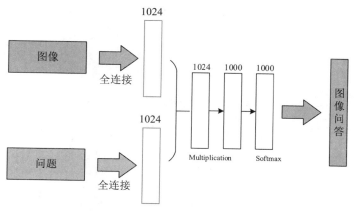

图 1.17　文本与图像的特征融合过程

1. 图像特征提取

将图像经过卷积神经网络，提取之后得到特征图，其中每个特征图中都包含原图像中不同维度、不同部分的信息。实际上，卷积神经网络在经过深层的卷积之后可以得到更加丰富的图像特征，这也是为什么现在的神经网络除了在结构上进行调整外，深度上也在不断地加深。卷积神经网络中每个神经单元都是一个单独的开关，在训练时，卷积神经网络的激活函数决定是否保存该点的特征，因此当神经网络过浅时，不容易提取到足够的信息，从而导致识别准确率过低；而当神经网络过深时，也容易因提取过多的特征导致过拟合情况的发生。在图像问答中，该模型只负责图像特征的提取，而不处理问题。

2. 自然语言处理

自然语言处理的目的是将词语转换为词向量，而图像的卷积神经网络是将图像转换为特征向量，实现的最终目的是相同的。那么自然语言处理是如何对词语进行向量的转化的呢？自然语言处理的核心思想是词向量，如果两个词之间的距离相近，那么词向量可以通过计算来衡量两个词的远近关系。词向量的获取是通过词向量模型网络来实现的，将得到的词向量输入到 LSTM 网络中建立语言理解模型，LSTM 的作用是整合整个问题的特征。将不同词输入 LSTM 网络的结构图如图 1.18 所示，图像问答结构如图 1.19 所示。

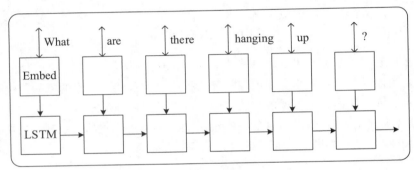

图 1.18　LSTM 网络结构图

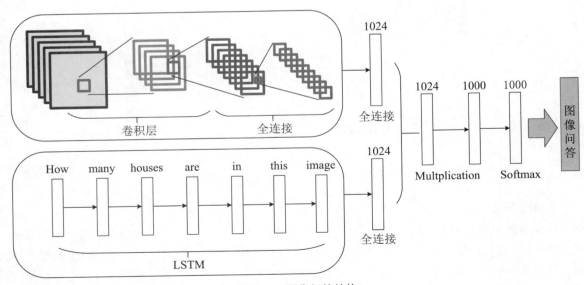

图 1.19　图像问答结构

1.3.6　图像生成

图像生成，顾名思义是通过某种输入数据生成一种新的图像，图像生成实际上与图像描述存在一定的联系，可以理解为在未见过目标物体的情况下通过描述一个该物体的信息，并将其描述的信息输入到模型中使其能够根据描述来生成该目标物体的图像。一个训练好的模型的输入其实是噪声，对噪声进行编解码之后可以生成目标物体，图 1.20 所示为生成式对抗网络（GAN）生成的人脸图像。

图 1.20　生成式对抗网络生成的人脸图像

从生成的图像中可以看到，基本上人眼是分辨不出来图像中的人物是真实存在的还是虚拟生成的，那么 GAN 网络是如何做到人脸图像的生成的呢？学习 GAN 网络原理之前先来了解一下图像的风格迁移。图像的风格迁移是指通过某种方法将一张图像转移到另外一张图像中，使得该图像也同样具有类似的风格。一张图像可以分为风格图像和内容图像，其中风格图像是图像风格迁移中需要关注的重点。图像风格迁移的原理是在卷积神经网络中引入白噪声图像，并将其噪声图像在网络中训练成类似风格图像的特征，然后将其噪声图像的损失函数和内容图像的损失函数共同进行优化，最终可以实现图像风格的迁移，人脸图像的风格迁移如图 1.21 所示。

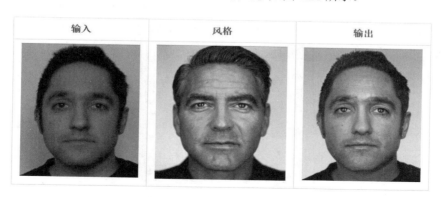

图 1.21　人脸图像的风格迁移

介绍完图像的风格迁移后，接下来讲解图像生成是如何实现的。与风格迁移中风格的生成一样，图像生成也需要引入白噪声作为图像的生成器，在 GAN 网络中为了使生成图像的风格逐渐接近于真实的图像，需要提供与真实图像相比较的判别器进行判别，具体实现的原理图如图 1.22 所示。

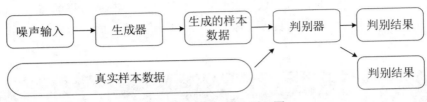

图 1.22　GAN 网络原理图

GAN 网络实现的流程是：引入噪声图像，在经过编码器时提取特征，并在通过解码器后进行图像的创建，生成的新图像同时需要与真实的图像进行判别，以此来判别生成的图像是否为真实的，通过模型的不断迭代直到生成的图像接近真实的图像，最终实现图像的生成。其结构可以分为两部分，分别是生成器和判别器，其中生成器负责样本的生成，输入数据为高斯白噪声，输出为样本的数据向量；判别器负责检测样本的真实性，输入为真实的或者经过生成器生成的样本，输出为真或者假的两类标签。

用于图像生成的网络有很多，除了 GAN 网络外，还有图像生成网络 DCGAN、Wasserstein GAN、超分辨网络 Super-Resolution 等。不论是哪种网络结构，均属于卷积神经网络的一种，也同样存在和普通卷积神经网络类似的如梯度消失、梯度衰退、过拟合等问题。

1.4　小　　结

本章主要讲述了有关人工智能领域的一些概念及其历史发展，除此之外，也从机器的角度出发讲述了机器视觉领域中的图像世界，并以此为基础引导读者进一步思考传统的图像处理方法是如何学习和认识图像中的目标的。本章中还对深度学习的不同使用场景进行了分类，如图像分类、图像检测、图像分割等，深度学习在不同的领域都得到了长足的发展，了解深度学习在不同场景的应用可以为接下来学习卷积神经网络奠定基础。

第 2 章　深度学习基础知识

本章主要讲解深度学习应用中的一些操作方法和解决方法，着重以深度学习领域中的目标检测方向为技术路线，从数学的角度讲述如何从图像中提取目标特征，并逐渐自主地对图像进行学习。除此之外，本章也针对神经网络在学习目标时出现的一些常见问题进行分析，如判断算法什么时候已经学习到足够的特征——梯度最优解，为什么学习需要的时间一般会很长——局部最优与鞍点问题，为什么加深网络对训练效果不起作用——梯度弥散；为什么训练模型效果会更差——梯度爆炸。除了对基本问题的解答之外，本章也对训练的详细过程进行讲解，如优化器、激活函数等。

本章主要涉及的知识点如下。

- 前向传播和反向传播：掌握实现神经网络的数学原理，从而了解其学习机制。
- 梯度最优解：神经网络的学习过程实际是寻找梯度最优解的过程。
- 鞍点问题：神经网络在自监督学习过程中容易陷入鞍点，从而难以达到梯度最优解。
- 梯度问题：不断降低学习损失的过程是降低梯度的问题。
- 损失函数：通过比对预测值与真实值的损失，更新神经网络中的参数。
- 优化器：神经网络的权重文件是一堆有序的浮点数的集合，更新参数依靠优化器进行。
- 激活函数：神经网络根据激活函数选择其中需要保留和丢弃的特征。

2.1　神经网络实现方法

在学习前向传播算法之前首先需要了解卷积神经网络的基本操作，如神经网络中的卷积、池化、全连接等。本章除了简单介绍卷积神经网络的部分基本操作之外，还将引导读者通过另外一个角度对图像的卷积操作进行了解，并以此为起点，由浅入深地对前向传播算法进行解析。为了使读者更加快速地了解本节内容，以思维导图作为导向进行展示，如图 2.1 所示。

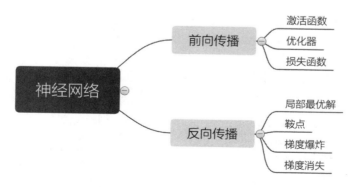

图 2.1　神经网络结构的思维导图

2.1.1   前向传播算法

1. 前向传播算法实现原理

前向传播算法是在神经网络中进行目标预测的主要算法，神经网络算法的前向传播主要可以分为三部分：第 1 部分是神经网络的输入，该输入主要是从静态的图像上提取特征信息，即特征向量；第 2 部分是神经网络的连接结构，由于深度学习模型的结构是由各个神经元组合而成的，网络结构中的单个神经元也被称为神经节点，神经网络中的各个节点组合成为神经网络，前向传播算法的实现就是在各个神经网络节点之间进行的；第 3 部分是网络节点上的参数和输出部分，每个网络节点参数包含节点上的权重和偏置量两部分，网络节点的输出部分是将每个节点的值进行一维化，并进一步完成种类或位置的预测，如图 2.2 所示。

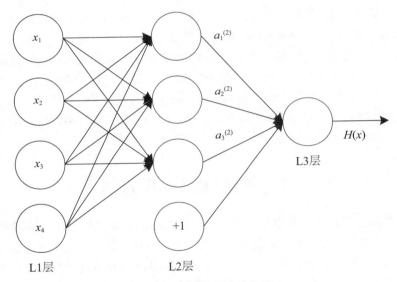

图 2.2   三层神经元结构图

计算过程的表达式为

$$a_1^{(2)} = f(W_{11}^{(1)}x_1 + W_{12}^{(1)}x_2 + W_{13}^{(1)}x_3 + b_1^{(1)}) \tag{2.1}$$

$$a_2^{(2)} = f(W_{21}^{(1)}x_1 + W_{22}^{(1)}x_2 + W_{23}^{(1)}x_3 + b_2^{(1)}) \tag{2.2}$$

$$a_3^{(2)} = f(W_{31}^{(1)}x_1 + W_{32}^{(1)}x_2 + W_{33}^{(1)}x_3 + b_3^{(1)}) \tag{2.3}$$

$$h_{W,b}(x) = a_1^{(3)} = f(W_{11}^{(2)}a_1^{(2)} + W_{12}^{(2)}x_2^{(2)} + W_{13}^{(2)}x_3^{(2)} + b_1^{(2)}) \tag{2.4}$$

在图像的表现中往往每一层的参数不是进行单一处理，而是通过矩阵的方式进行浮点运算，因此，将上述目标进行矩阵变换之后再次进行操作。卷积神经网络中的前向传播的具体操作可以分为卷积、池化和激活操作，其中卷积操作根据通道数目的不同可以分为单通道卷积和多通道卷积；根据类型的不同可以分为转置卷积、3D 卷积和扩展卷积等。池化操作可以分为平均池化、最大池化和随机池化等。

2. 神经网络的卷积操作

学习过信号处理的人知道，信号上的卷积操作通过将一个信号旋转后在信号上进行移动逐渐得到重叠后的新信号。与信号上的卷积操作不同，图像上的卷积操作实际上是对图像的感受野与卷积核进行加权和。由于图像上的卷积核是模型通过训练学习来获得的，因此，在图像上进行卷积之后，对卷积核进行旋转对实际的效果并没有影响。根据通道数目的不同，图像的卷积操作又可以分为单通道卷积和多通道卷积，以下将介绍两种通道方式的实现。

（1）单通道卷积。单通道卷积首先选取固定维度的卷积核作为提取特征的矩阵，然后依次在被比对矩阵上按照相同大小的感受野进行对应位置的加权和的计算，计算结果按照顺序依次保存在最终对应的位置中，如图 2.3 所示。

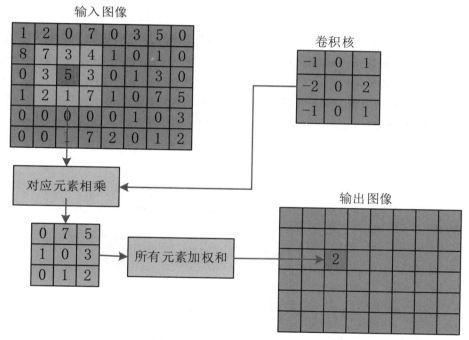

图 2.3　单通道卷积操作示意图

图像的卷积除了受到通道数的影响之外，还和卷积的方式有关，如卷积移动步长、原图像的像素填充等，卷积移动的步长不同会直接导致生成的特征图的大小发生变化，生成的特征图中的数值等也会发生变化。对原图像进行填充后会在图像上表现为特征提取更加稀疏，图像尺寸增加，图 2.4 所示为卷积核均为 3 时不同的填充方式导致的生成的特征图之间的差异。

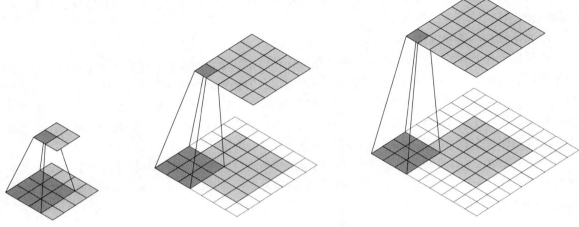

图 2.4　不同填充方式的卷积过程图

以上介绍了卷积的基本操作，那么在数学公式上应该如何表达或者说如何用数学的形式对卷积进行表达呢？为了方便对公式的理解，在数学公式的计算上分为两种情况，一种是输入的图像为正方形，另一种是输入的图像为矩形。

假设输入图像的形状为正方形，图像尺寸为 $W×W$，卷积核大小为 $F×F$，步长为 S，填充的尺寸为 P，那么执行卷积操作之后生成图像的尺寸为 $N×N$。计算公式如下：

$$N = \frac{W - F + 2P}{S} + 1 \tag{2.5}$$

假设输入图像的形状为矩形，图像尺寸为 $W×H$，卷积核大小仍为 $F×F$，步长为 S，填充的尺寸为 P，执行卷积操作之后生成的特征图会因为输入的尺寸不同而导致特征图的尺寸也不相同，计算公式如下：

$$W = \frac{W - F + 2P}{S} + 1 \tag{2.6}$$

$$H = \frac{H - F + 2P}{S} + 1 \tag{2.7}$$

（2）多通道卷积。由于图像的通道是由三个不同的通道组合而成的，图像上的卷积操作实际上是指对每个单独的通道分别进行卷积的操作，在不考虑激活函数和假设偏移量为 0 的情况下，最终的结果是将各个通道卷积后的结果进行加和，多通道卷积示意图如图 2.5 所示。

无论是单通道图像卷积操作还是多通道图像卷积操作，总的来说均是一种图形特征提取的过程。图像的卷积操作可以理解为不同参数构成不同的核函数能够对图像的不同特征进行提取，通过对上述图像卷积原理进行解析之后可以了解到，图像的卷积操作其本质上是一种互相关函数计算或者说是图像处理中的过滤器。

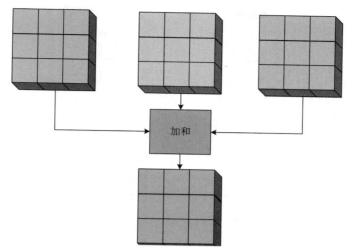

图 2.5　多通道卷积示意图

　　为了能更加了解卷积神经网络中卷积核的作用，分别选取三个典型的卷积核直接对图像进行卷积操作，通过实际效果的演示来了解卷积核的主要作用。卷积核的作用可以分为两种，一种是通过卷积核抽出对象的特征作为图像识别的特征模式；另一种是为了能更好地适应图像处理的要求，通过不同参数的卷积核完成图像数字化的滤波来消除图像的噪声。选取的三个卷积核分别实现的目标为：平滑滤波，实现图像的模糊；中值滤波，去除图像的椒盐噪声；高斯滤波，去除图像的高频噪声。

　　（1）平滑滤波。平滑滤波是一种算术平均的过滤方法，它是一种低频增强的空间域滤波技术，对于图像中高频的区域会直接产生抑制，导致经过滤波器处理的图像会丢失部分高频信息，从而使图像更加模糊。下面是对图像进行平滑滤波的代码。

代码 2.1　图像通道分离及平滑滤波示例代码

```
import cv2
import os
import sys
import numpy as np

class Test:

    def __init__(self):
        self.imag_path = "/home/zhaokaiyue/Desktop/1.jpeg"

    def get_image_size(self):
        """
        得到图像的尺寸并进行打印
        """
        img = cv2.imread(self.imag_path)
```

```
        img_shape = img.shape
        print(img_shape)

    def get_image_RGB(self):
        """
        分别得到图像的 RGB 三个通道
        """
        img = cv2.imread(self.imag_path)
        (b, g, r) = cv2.split(img)
        img_b = np.dstack((b, np.zeros(g.shape), np.zeros(r.shape)))        # 蓝色通道
        img_g = np.dstack((np.zeros(b.shape), g, np.zeros(r.shape)))        # 绿色通道
        img_r = np.dstack((np.zeros(b.shape), np.zeros(g.shape), r))        # 红色通道

        cv2.imshow("b", img_b)
        cv2.imshow("g", img_g)
        cv2.imshow("r", img_r)

        while True:
            key = cv2.waitKey(0)
            if key == 27:
                break
            cv2.destroyAllWindows()

    def smooth_filter(self):
        """
        对图像进行平滑滤波处理
        """
        img = cv2.imread(self.imag_path)
        kernel = np.ones((3, 3), np.float) / 9              # 定义平滑滤波卷积核

        det = cv2.filter2D(img, -1, kernel, (-1, -1))       # 对图像进行过滤
        cv2.imshow("smooth_filter", det)
        cv2.waitKey(0)
        cv2.destroyWindow()


if __name__ == '__main__':
    Test().smooth_filter()
```

📢 **注意：**

> 　　由于使用的 cv2 库和 NumPy 库的版本不同，在运行上述代码的过程中会出现部分警告或者错误。但无论是哪种版本的库，都是在原有库的基础上丰富功能，实现的功能基本相同，因此需要根据代码提示灵活地进行代码的修改，本章中的代码均不再对第三方库的版本进行限制。

　　平滑滤波的卷积核的尺寸也直接影响了最后平滑滤波的效果，图像进行平滑滤波后会变得模糊，模糊程度和平滑滤波的卷积核的尺寸有关，卷积核的尺寸越大，经过平滑滤波之后的图像相对原图就越模糊。在代码 2.1 中采用的卷积核是最小的卷积核，尺寸为 3×3，对图像进行 7×7 的卷积核平滑滤波，操作前后的图像对比如图 2.6 所示。

（a）原图　　　　　　　　　　　　　　　　　　　（b）效果图

图 2.6　操作前后的图像对比

　　（2）中值滤波。 将一串数字按从小到大的顺序进行排序，中间的数值即为这串数字的中值。同样地，中值滤波也是在数字中进行排序选择中值之后，对卷积核的中间值进行替换。由于卷积核的构造为奇数，因此肯定会存在一个中间单独的值，卷积核的构造过程如图 2.7 所示。

图 2.7　卷积核构造过程图

　　从图 2.6 中可以看出，图像中的边缘信息已经通过平滑滤波进行了滤除，卷积核中的参数越大，平滑处理后的图像就越模糊。本次实验的中值滤波的参数为 x，实验的结果如图 2.8 所示。实验的代码如下。

代码 2.2　图像中值滤波示例代码

```python
def middle_filter(self):
    """
    中值滤波操作
    """
    img = cv2.imread(self.imag_path)          # 读取图像的路径
    for i in range(2000):                      # 对图像增加噪点
        x = np.random.randint(0, img.shape[0])
        y = np.random.randint(0, img.shape[1])
        img[x][y] = 255

    blur = cv2.medianBlur(img, 5)              # 调用 OpenCV 库中自定义的中值滤波函数
    cv2.imshow("img", img)
    cv2.imshow("middle_filter", blur)

    cv2.waitKey(0)
    cv2.destroyAllWindows()
```

📢 **注意：**

> 代码中引用的中值滤波函数为 OpenCV 第三方库中的函数，其中参数分别为待处理的图像和需要进行滤波的卷积核的尺寸。卷积核的尺寸必须为奇数，这是由于图像的滤波过程实际上是另外一种特殊的卷积，也就导致了滤波和卷积过程是类似的。

　　图 2.8（a）为原图像中所生成的频率图，图 2.8（b）为经过中值滤波的图像所生成的频率图，图像中每个点到中心点的距离所描述的为频率大小，中心点到它的方向是图像中波形的方向，而图像中点的灰度值所描述的为图像的幅值。从实验的结果中可以看出，明显右侧图像中的频率值要比左侧图像中的频率值小得多，因此，也可以说中值滤波是一种低通滤波器。

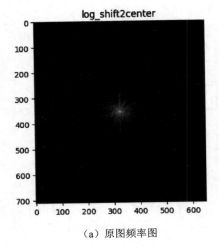

（a）原图频率图

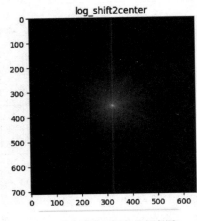

（b）中值滤波后图像的频率图

图 2.8　中值滤波对比图

　　由于所采用的图像都是清晰的图像，直接对其进行中值滤波的操作看不到所起到的作用，因此在进行中值滤波之前需要对图像增加噪点，在处理后的图像上可以直观地观察到中值滤波的作用。

　　中值滤波就是用滤波器即卷积核范围内的所有像素的中值来替代滤波器中心位置像素的一种滤波的方法。相比于高斯滤波，中值滤波能更好地消除图像中的噪声信息，由于处理图像的计算方式不同，中值滤波消耗的时间实际上要小于高斯滤波所消耗的时间，同样，中值滤波消耗的时间要大于平滑滤波所消耗的时间。

　　中值滤波卷积核的卷积尺寸不同，对图像进行滤波的效果也不相同。为了能直观地观察出不同尺寸的卷积核对图像效果造成的影响，这里使用卷积核尺寸为 3×3 和卷积核尺寸为 9×9 的两种方式实现图像的效果进行对比，如图 2.9 所示。

　　（a）椒盐噪声原图　　　　　　　　（b）尺寸为 3×3 的卷积核　　　　　　（c）尺寸为 9×9 的卷积核

图 2.9　图像中值滤波效果对比图

　　在图 2.9（a）中可以观察到存在白色的点附着在图像中，这就是在图像中增加的椒盐噪声，经过尺寸为 3×3 的卷积核的中值滤波之后可以明显观测到图像中的白色点基本已经被消除，而经过尺寸为 9×9 的卷积核的中值滤波之后图像已经明显出现了失真的情况。中值滤波的卷积核尺寸越大，图像的边缘信息消失得就越厉害，图像就变得越模糊。

　　（3）高斯滤波。实现高斯滤波首先要了解什么是高斯滤波以及其卷积核的构造。高斯滤波是通过高斯函数构造相关矩阵中的参数，构造后的矩阵参数也具有正态分布的特点。

　　如图 2.10 所示，正态分布位于横轴的中心处时均值数最高，正态分布以均值数为中心，呈左右对称分布，越接近中心点取值越大。正态分布通过高斯函数来实现，图 2.10 中展示的是一维化的正态分布，但图像中的高斯滤波是三维化的正态分布，展示的分布如图 2.11 所示。

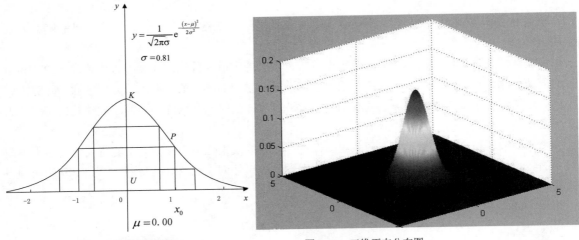

图 2.10　正态分布图　　　　　　图 2.11　三维正态分布图

　　为了能与中值滤波的效果相互比对，在使用高斯滤波之前同样直接在已经加过噪声的原图上进行处理，高斯滤波的卷积核中所有的参数加权和为 1，这么做的好处是可以保持图像原有的亮度不发生变化，高斯滤波卷积核具有如下特征。

　　（1）滤波器的大小为奇数，不仅是高斯滤波的卷积核，其他卷积核的大小也同样应当为奇数，取奇数是为了方便进行池化操作。奇数卷积核在对图像进行卷积操作后，可以达到不改变原图大小的效果，除此之外，也更容易找到卷积的锚点，如选取的卷积核为 3×3、5×5、7×7 等。

　　（2）卷积核内参数累和为 1 可以保持亮度不发生变化，累和大于 1，滤波后的图像亮度增强，累和小于 1，滤波后的图像亮度减弱。

　　（3）滤波操作实际上是对图像中的像素点进行卷积，因此，卷积后的图像中容易出现参数范围超过像素值大小的情况，在这种情况下，将参数大小控制在 0～255 即可。高斯滤波的示例代码如下。

　　代码 2.3　图像高斯滤波示例代码

```
def gaosi_filter(self):
    img = cv2.imread(self.imag_path)
    for i in range(2000):
        x = np.random.randint(0, img.shape[0])
        y = np.random.randint(0, img.shape[1])
        img[x][y] = 255

    blur = cv2.GaussianBlur(img, (5, 5), 0)
    cv2.imshow("img", img)
    cv2.imshow("middle_filter", blur)

    cv2.waitKey(0)
    cv2.destroyAllWindows()
```

运行上述代码完成的效果图如图 2.12 所示。为了能明显观察出高斯滤波的作用，在进行高斯滤波之前，需要首先在原图上添加一部分噪声，添加噪声后在图 2.12（a）中明显可以观察到其白色噪点的存在。由于白色的噪点在一般的图像中很难直接观测到，在处理高斯噪声之前，建议可以选取颜色对比较为突出的物体作为可识别的目标，在这个基础上通过高斯噪声可以直观地观察到明显的效果。

（a）椒盐图

（b）高斯噪声图

图 2.12　高斯滤波效果图

高斯滤波在消除图像中噪点的同时将图像上原本包含的图像信息也进行了部分消除。高斯滤波类似于低通滤波器，对图像中的高频信息进行了过滤，使展示后的图像更加模糊。

除了上述几种常用的卷积核外，卷积核中的参数不同，同样可以实现一些其他的滤波作用，如空卷积核、图像锐化滤波、图像浮雕和图像轮廓提取等。

除了使用固定的卷积核完成如平滑滤波、高斯滤波等操作外，也可以使用自定义的卷积核对其进行过滤操作。自定义卷积核滤波代码如下。

代码 2.4　自定义卷积核滤波示例代码

```
import matplotlib.pyplot as plt
import pylab
import cv2
import numpy as np

image = cv2.imread("/home/zhaokaiyue/Desktop/20140716102518748.jpg")
fil = np.array([[-2, 1, 0],                    # 这个是设置的滤波，也就是卷积核
                [-1, 1, 1],
                [0, 1, 2]])
```

```
res = cv2.filter2D(image, -1, fil)          # 使用 OpenCV 的卷积函数

plt.imshow(res)                             # 显示卷积后的图像
plt.imsave("res.jpg", res)
pylab.show()
```

代码 2.4 中的变量 fil 为卷积核，可以通过自定义的卷积核完成对图像的卷积操作，如图 2.13 所示。

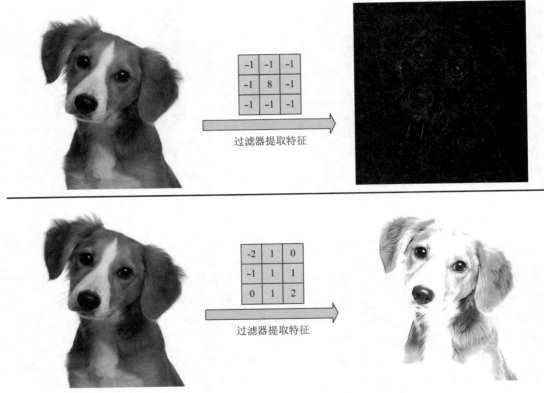

图 2.13　卷积操作

从图 2.13 中可以看出，不同的核函数对图像进行过滤后生成的图像效果也不尽相同，也正是核函数中不同参数的组合使得图像能够在卷积过程中充分学习到图像的不同特征。了解了卷积操作的基本含义后可自行深入了解神经网络中的其他卷积操作，由于篇幅有限，本章只简单讲述卷积操作的基本原理。除了常用的图像标准卷积操作之外，还有深度卷积、组卷积、扩展卷积、反卷积和空洞卷积等，与卷积操作相对应的反向操作为反卷积操作。图像的前向传播算法中除了采用卷积操作提取图像的特征之外，还采用了池化操作减少提取图像中的冗余信息，简化运算。

3. 神经网络的池化操作

池化是卷积神经网络中常用的对卷积后的特征图进行降维的一种操作，使用池化操作可以简化来自上层网络结构的复杂计算，降低输出的数据维度，除此之外，还能有效降低冗余信息带来的噪声影响。根据操作方式的不同，池化可以分为最大池化、平均池化、随机池化等。不同的池化操作对模型的作用也不尽相同，如平均池化能够有效地学习图像中的边缘和纹理信息，其抗噪能力较强。以下将分别对最大池化、平均池化和随机池化操作进行讲解。

（1）**最大池化**。最大池化是常用的一种池化操作，其采用的池化方式是选取一定区域范围内的最大值作为其需要提取的最终的数据，以此方式将输入的图像划分为若干个矩形的区域，并得到每个子区域的输出值，如图 2.14 所示。

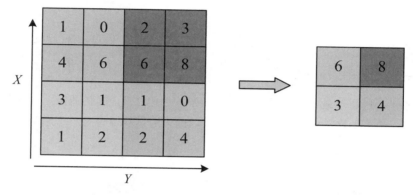

图 2.14　最大池化操作图

图 2.14 中使用不同的颜色块来代替划分的若干个矩形区域，本次池化的区域采用 2×2 的大小进行替代，操作过程是将每个区域中的最大值挑选出来作为最终值，如左上角的 2×2 子区域中数字 6 是整个区域中的最大值，将其挑选出来作为池化结果中的左上角最终值，依次类推可以实现整个区域的池化操作，而且结果相比于原始图像缩小了 1/4，实现了图像的降维操作。

下面直接调用 PyTorch 中的最大池化函数进行展示。为了使结构更加清晰，使用神经网络中类的前向计算框架来构造最大池化函数公式，代码如下。

代码 2.5　图像的最大池化作用示例代码

```python
import cv2
import numpy as np

# 实现最大池化，池化区域大小为 4×4
def max_pooling(img, G=4):
    out = img.copy()
    H, W, C = img.shape          # 图像的高、宽和通道数目
    Nh = int(H / G)
    Nw = int(W / G)
```

```
      # 分别对每个子区域取最大值，并重新赋值
      for y in range(Nh):
          for x in range(Nw):
              for c in range(C):
                  out[G*y:G*(y+1), G*x:G*(x+1), c] = np.max(out[G*y:G*(y+1), G*x:G*(x+1), c])
      return out


if __name__ == '__main__':
    # 采用 OpenCV 库读取图像
    img = cv2.imread("/home/zhaokaiyue/Desktop/image.jpeg")
    out = max_pooling(img)

    # 保存实现最大池化后的图像
    cv2.imwrite("out.jpg", out)
    cv2.imshow("result", out)
    cv2.waitKey(0)
    cv2.destroyAllWindows()
```

为了能更加直观地展示最大池化操作带来的效果，代码 2.5 直接在图像上实现图像的最大池化操作并进行输出，由于图像是由三通道构成的，所以最大池化的操作对三个通道均应进行处理，实现的效果如图 2.15 所示。

（a）原图　　　　　　　　　　　　　　　（b）最大池化效果图

图 2.15　最大池化效果图

经最大池化操作后的图像相比于原图像已经丢失了部分信息，虽然仍能识别出图像中的对象，但图像中物体的轮廓已经出现模糊状态，最大池化的作用是能够尽量减少卷积层参数误差造成的估计均值的偏移误差，从而能更多地保留图像的纹理信息。

（2）平均池化。平均池化的基本操作与最大池化操作类似，不同的是最终取值的过程。最大池化的取值是对各个子区域中的值进行排序，并取出最大值作为对应位置区域的值，而平均池化是对

划分后的各个子区域中的取值进行加和取平均后作为最终对应区域位置的值。平均池化操作的过程如图 2.16 所示。

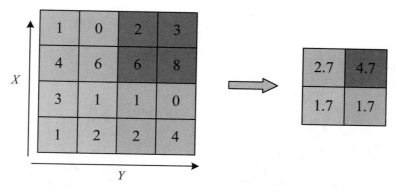

图 2.16 平均池化操作图

接下来使用 Python 代码实现对图像的平均池化操作，并将处理后的图像保存下来与原始图像进行比对。与最大池化代码大部分内容类似，不相同的地方在于对子区域的操作。最大池化是调用 np.max() 函数取其最大值，平均池化是调用 np.mean() 函数取其平均值，为了方便比对，所有池化操作均对同一幅图像进行操作，代码如下。

代码 2.6 图像平均池化示例代码

```python
import cv2
import numpy as np

# 图像的平均池化操作，池化操作大小为 4×4
def average_pooling(img, G=4):
    out = img.copy()
    H, W, C = img.shape
    Nh = int(H / G)
    Nw = int(W / G)

    # 分别对图像的每个子区域进行平均池化操作
    for y in range(Nh):
        for x in range(Nw):
            for c in range(C):
                out[G*y:G*(y+1), G*x:G*(x+1), c] = np.mean(out[G*y:G*(y+1),
                    G*x:G*(x+1), c])
    return out

if __name__ == '__main__':
    img = cv2.imread("/home/zhaokaiyue/Desktop/image.jpeg")
    # 图像的平均池化操作
    out = average_pooling(img)
```

```
# 保存平均池化操作后的图像
cv2.imwrite("out1.jpg", out)
cv2.imshow("result", out)
cv2.waitKey(0)
cv2.destroyAllWindows()
```

运行结果如图 2.17 所示。

（a）原图　　　　　　　　　　　　　　　（b）平均池化图

图 2.17　平均池化效果图

经平均池化操作后的图像与经最大池化操作后的图像相比，平均池化的图像过渡更加平缓，相比最大池化操作后的图像失真要小，平均池化能减少因领域大小受限造成的估计值方差增大的误差，而保留更多的图像背景信息。

（3）随机池化。随机池化的操作相对于上述两种池化方式的数值计算的方式更加复杂，随机池化中数值的确定方式是按照其概率值的大小进行随机选择，由于被选中的数值对应的概率值与其数值成正比，保证了数值在池化过程中可以均匀取出不同的特征，也使图像经随机池化后的泛化能力更强。下面以随机池化操作为例，将特征图进行随机池化的计算过程进行展示，如图 2.18 所示。

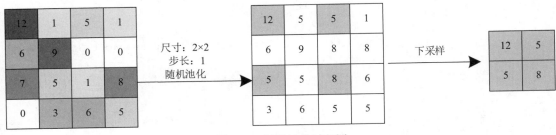

图 2.18　随机池化过程图

图 2.18 中所示过程是以大小为 2×2 的卷积核在不对图像进行填充的条件下以步长为 1 对特征图进行池化的操作，其中灰色块是在每个 2×2 大小的感受野中随机选中的特征值。计算过程如下。

（1）将划分的各个子区域中的值同时除以它们的和，得到各个子区域的概率矩阵，假设其中一个子区域如图 2.19 所示，计算各子区域的元素和 :0.3+1.2+2.5+0.8+2.2+0.8+0.2+1.0+1.0=10.0。用方格中的各元素除以元素的总和可以得到概率矩阵。

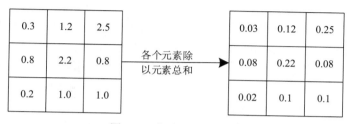

图 2.19　概率计算过程图

（2）根据得到的概率矩阵，按照概率取其方格中的值，概率越大被选中的概率就越大。其中各个元素值标识对应位置处的概率，如果需要按照概率随机选择，可以将其概率值按照 0～1 分布，根据不同的概率值划定不同的区间，随机选择 0～1 的一个值，落在哪个区间就选择该概率对应的值。

（3）被选中的数值即为方格对应位置的值。例如，图 2.20 所示随机选择的数值为左边对应矩阵中 1 的位置，那么选择的数值应当为右边原始矩阵中 1.0 的值。

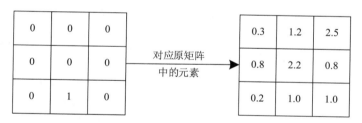

图 2.20　元素对应图

依次类推即可实现整个矩阵中的随机池化过程，神经网络中的池化操作除了上述介绍的三种方法之外，还包括中值池化、组合池化、金字塔池化和双线性池化等。

2.1.2　反向传播算法

反向传播算法，从实现过程可以将其理解为前向传播算法的"逆运算"。前向传播算法在模型中首先是通过网络中的初始参数提取图像中的特征，实现对位置、类别等目标的识别。由于初始化的模型中卷积核的参数是相同的，提取的信息往往只是单一的特征，并不能实现对目标的检测和分类功能，因此仍需要一种反向的计算方法对卷积核的参数进行更新，从而使其在重复不断的学习中获得不同的参数，最终实现目标的识别。而反向传播算法的功能则是不断地将每次前向传播算法的结果与实际结果进行比对，并计算两者之间的损失，通过反向传播算法不断地对模型中的网络参数进行更新，最终实现目标特征的提取。通过上述过程的描述，可以将其在网络模型中的作用总结为：前向传播算法是提取图像特征以及预测目标位置、类别等信息的过程；反向传播则是对网络模型中待学习参数进行更新，不断学习和保存特征的过程。

1. 梯度下降法

梯度下降法是反向传播算法中最主要的一种核心算法，其作用是更新网络中的参数，包括各层神经元之间的权重以及偏置参量。梯度下降，顾名思义就是在标量场中不断指向标量场中增长最快的地方，这里的标量场指的是预测结果与真实值之间的损失量。利用梯度下降法能够对神经网络中的每个神经元的参数进行更新迭代，更新参数后的神经网络模型能够预测出与实际结果误差较小的结果。

如图 2.21 所示，梯度下降法可以理解为以当前所处的位置为基准，向周围进行搜索，并以周围坡度最大的方向作为下降的方向进行下降，如此循环往复即可以最快的速度到达最低处。同理，如果以相反的方向进行上升，即为梯度上升法。梯度下降法的主要目的是通过迭代的方式最快地找到目标函数的最小值或者收敛到最小值。

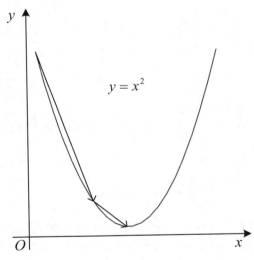

图 2.21　梯度下降示意图

2. 反向传播算法公式

反向传播算法主要通过梯度下降法实现对网络中的权重参数和偏置量的更新，根据梯度下降法的实现过程可以分为前向计算输出其预测值、求解各层残差值、计算各个对应的偏导数值、根据偏导数求其权重值和偏置参数几个步骤，主要实现过程如下。

根据梯度下降法，可以得到每次更新权重和偏置的参数时使用的公式如下：

$$W_{ij}^{\ l} = W_{ij}^{\ l} - \alpha \frac{\partial J(W,b)}{\partial W_{ij}^{\ l}} \tag{2.8}$$

$$b_i = b_i^{\ l} - \frac{\partial J(W,b)}{\partial b_i^{\ l}} \tag{2.9}$$

式中：α 为学习率；$J(W,b)$ 为模型训练中自定义的损失函数；W 为该神经元的权重参数；b 为神经网络的偏置量；$W_{ij}^{\ l}$ 为第 1 层的权值。

本次采用的损失函数为均方差，计算公式为：$J(W,b) = \frac{1}{2}\|output - y\|^2$，output 为前向传播算法的输出，本次测试使用均方差作为损失函数。根据上述公式可知，只需要求导出各个损失函数的权重和偏置量即可实现反向传播算法的参数更新。

在实现算法的过程中定义损失函数的输入偏导数为残差，可用如下公式表示：

$$\begin{aligned}
\delta_i^{(n_t)} &= \frac{\partial}{\partial z_i^{\ n_t}} J(W,b;x,y) = \frac{\partial}{\partial z_i^{\ n_t}} \frac{1}{2}\|y - h_{w,b}(x)\|^2 \\
&= \frac{\partial}{\partial z_i^{\ n_t}} \frac{1}{2} \sum_{j=1}^{S_{n_t}} (y_j - a_j^{(n_t)})^2 = \frac{\partial}{\partial z_i^{\ n_t}} \frac{1}{2} \sum_{j=1}^{S_{n_t}} (y_j - f(z_j^{\ n_t}))^2 \\
&= -(y_j - f(z_i^{\ n_t}))f'(z_i^{(n_t)}) = -(y_i - a_i^{(n_t)})f'(z_i^{(n_t)})
\end{aligned} \tag{2.10}$$

式中：$z_i^{\ n}$ 为 n_{t-1} 层的网络针对 n_t 层网络的第 1 个节点的输入；$J(W,b;x,y)$ 表示针对第 1 个节点的权重值为 W，偏置量为 b，当前节点的输入为 x，输出为 y。

得到最后一层网络的残差值之后，可以根据公式推导出之前输入层的残差值，计算的公式如下：

$$\delta_i^{(l)} = \left(\sum W_{ji}^{(l)} \delta_j^{(l+1)}\right) f'(z_i^{(l)}) \tag{2.11}$$

可以将每一层的残差值代入到残差值计算的公式中，完成对每层中各个神经元的反向推导，每个样本代价函数的偏导数的结果如下：

$$\frac{\partial}{\partial W_{ij}^{(l)}} J(W,b;x,y) = a_j^{(l)} \delta_i^{(l+1)} \tag{2.12}$$

$$\frac{\partial}{\partial b_i^{(l)}} J(W,b;x,y) = \delta_i^{(l+1)} \tag{2.13}$$

将计算得到的偏导数代入到权重 W 和偏置 b 对应的更新公式中可以得到如下公式：

$$W_{ij}^{(l)} = W_{ij}^{(l)} - \alpha \left[\left(\frac{1}{K} \sum_{i,j=1}^{K} \delta_i^{(l+1)} a_j^{(l)} \right) + \lambda W_{ij}^{(l)} \right] \tag{2.14}$$

$$b_i^{(l)} = b_i^{(l)} - \alpha \frac{1}{K} \sum_{i=1}^{K} \delta_i^{(l+1)} \qquad (2.15)$$

上述过程是完成反向传播算法的主要过程，但在模型的训练过程中，往往不是仅一次的反向传播计算就可以完成模型的训练，需要不断循环迭代逐渐降低损失量，这是由于反向传播算法中每次更新参数的变化量由学习率来控制，而每次学习率的更新则需要根据梯度进行。因此，往往训练一个算法需要很长的时间，迭代成千上万次的训练才能达到一个比较好的识别效果。

2.2　自动梯度

2.2.1　局部最优解与鞍点

在深度学习模型的训练过程中，有时模型会陷入算法的局部最优解中不能跳出，从而导致算法不能收敛到一个更加合适的点以达到效果最优。本小节详细介绍局部最优解和深度学习模型中的优化问题。

为了更加详细地描述局部最优解的情况，这里以马鞍图为例对其实现的过程逐步进行讲解。如图 2.22 所示，凹凸面代表损失函数的上下起伏，凸起表示损失较大，深度学习模型的训练过程就是不断在损失函数平面上寻找最低凹点的过程。从图 2.22 中可以看出，损失函数的平面中存在着众多局部最优的情况，搜索最低点的方法有梯度下降法和牛顿下降法，但均会发生算法困在一个局部最优而不是全局最优的情况。总而言之，局部最优解是一个在高维度空间中任何方向上梯度均为 0 的凹函数或凸函数。

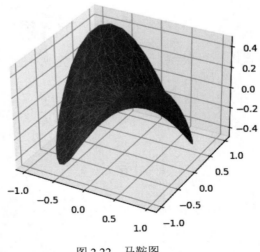

图 2.22　马鞍图

了解完局部最优解，那么什么是鞍点呢？鞍点与局部最优解类似，不同的是局部最优解在任何方向上梯度均为 0，而鞍点则是在某一方向上的曲线向上弯曲或者向下弯曲的情况。从概率的角度来说，实际在神经网络模型的训练过程中，大概率碰到的是鞍点而非局部最优解。

对于鞍点来讲，平稳段会降低学习的速率，由于坡度更小，导致损失函数的梯度长时间处于无限接近 0 的状态，因此在神经网络的学习过程中如果碰到平稳的鞍点，模型会需要更长的时间去达到鞍点并走出平稳段。

2.2.2　最优解的判别

在讲述鞍点和局部最优解两者的定义时已经提到过，造成神经网络难以优化的一个重点原因不是神经网络在训练过程中陷入局部最优解难以跳出，而是训练过程中存在大量的鞍点，导致模型收敛的速度减缓，尤其是鞍点的过度平缓会导致训练时长的直接增加，使得神经网络模型的训练时间更长且更加难以达到最优的状态。那么如何才能根据实际训练过程中模型所表现出来的现象判断出模型是陷入最优解还是鞍点呢？下面将对两者的区别进行详细介绍。

首先是局部最小值，根据实际经验，假设训练的模型在训练过程中正好陷入全局最小值，那么此时的整个模型的 Loss 量应当处于最小值，即训练的模型达到最优。但在一般情况下，训练的模型的损失量达到一定量时，基本可以默认此时模型已经达到最优，即训练的模型大概率只是达到一个局部最优的情况，那么可以认为真实情况下的局部最优和全局最优的差距非常小，即非常接近。在一定的条件下，在神经网络模型训练中，当损失量很小时，模型所获取的局部最优解接近于全局最优解。

其次是怎么判断鞍点的情况呢？实际上在深度学习模型的训练过程中，在 Loss 值较大的情况下遇到的主要是鞍点，即鞍点是妨碍优化的主要原因。在数学公式上主要依靠 Hessian 矩阵进行表述，通过 Hessian 矩阵的计算可以确定在神经网络训练过程中出现的情况的基本类型。

（1）当 Hessian 矩阵特征值存在正负时，即为鞍点。

（2）当 Hessian 矩阵特征值全部为负时，即为局部最优解。

根据近似情况，可以确定神经网络的特征分布图，如图 2.23 所示。

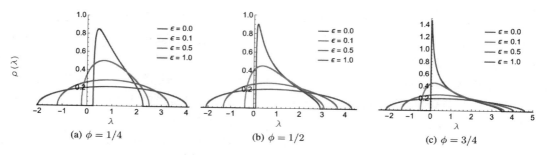

图 2.23　神经网络的特征分布图

其中 ϕ 表示参数数目和数据量之比，ϕ 值越大代表相对数据越少；ε 表示 Loss 值的大小；λ 表示特征值。经过对上述的两种情况进行分析，可以得到如下结论：

（1）Loss 较大时，训练过程中遇到的情况主要以鞍点为主。

（2）Loss 较小时，训练过程中遇到的情况主要以局部最优解为主。

2.2.3　局部最优解与鞍点的解决办法

经过对上述两种情况的分析可知，由于局部最优解已经相当接近全局最优解，并且在实际的项目中，往往达不到全局最优解即已满足需求，因此，全局最优解的寻找与否对实际神经网络模型的训练并无太大的意义，局部最优解已经满足基本的需求。

而鞍点则是在 Loss 值较大的情况下发生，因此，鞍点是需要主要解决的问题。在训练过程中采用的方法一般为梯度下降法和牛顿下降法，其主要原理是求解无约束最优化问题，图 2.24 所示为梯度下降法。

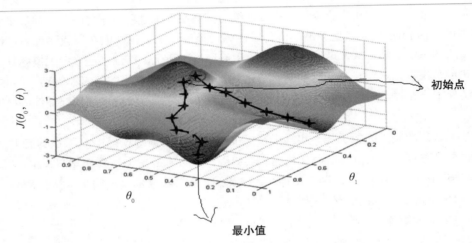

图 2.24　梯度下降法

在寻找最优点的过程中，神经网络模型实际上需要在周围成百上千个维度上进行搜索，一般情况下只在一个角度上存在最优的道路，因此，搜索的过程中往往需要花费很长的时间。虽然鞍点的数量与特征空间维度存在着指数相关的关系，但在整个空间中只是很小的一部分，而在训练过程中正好选择到鞍点的概率又很小。但在高维度空间中更难以解决的则是遇到平缓区域的鞍点，一般遇到这种情况，几乎需要花费更长的时间来跳出鞍点，此时在训练模型时所表现出的损失曲线难以进一步缩小，往往会错误地默认神经网络模型已经达到局部最优解。

在实际应用中解决这种问题的方法主要有两种，一种是采用 Mini-Batch 方式的梯度下降法，使得模型局部很容易逃离高维度特征空间中的鞍点；另一种是采用 Batch Normalization 策略，尽量设计一个没有平缓区域的 Loss 空间，对危险地形存在一定的判断，并及时将 Loss 拉回到安全区域。

除了以上两种常用的方法外，还可以使用以下步骤解决鞍点的问题。

（1）增加数据量。丰富多样的数据在足够多的情况下，局部最优解接近于全局最优解。

（2）鞍点相比全局最优解更加稳定且不容易出现振荡的现象，在这种情况下，增加网络的深度同样可以使局部最优解接近于全局最优解。此时，影响网络模型的主要因素是鞍点，可以依靠优化算法解决。

（3）通过自适应学习算法，自动调整训练过程中的学习率，动态调节的方式同样可以减少或者避免局部最优解的情况发生，自适应调节的方式可以在训练初期加快模型的收敛速度，而在后期则会逐步减少学习率并逐渐达到最优，这种方式不仅缩短了训练模型的时间，也直接提高了模型的训练效率。

2.2.4 梯度爆炸与梯度消失

梯度消失也称为梯度弥散，在深度学习领域中梯度爆炸和梯度消失是两个很重要的概念，下面详细介绍。

梯度消失即深度神经网络在不断的学习过程中，由于网络层次不断加深，导致激活函数的激活逐渐消失，从而导致深层的网络不能再学习到足够的图像特征，如常用的 Sigmoid 激活函数，其特征是 Sigmoid 函数的定义域为整个实数区域，包括全部正数和负数，其值域则只在 0～1 之间，由此可见，经过 Sigmoid 函数的特征值会被拉回到 0～1 区间内，实现特征值的归一化。由于网络的层数众多，在不断地经过网络层后，激活的图像的特征值会被逐渐降低趋于平缓，从而导致网络越深，激活的特征越少，神经网络的模型能得到的特征就越少，最终使得梯度消失。为了方便理解，可通过在神经网络训练过程中不断增加隐藏层导致的学习率的变化进行学习，如图 2.25 所示。

图 2.25 分别是隐藏层为两层、三层和四层时图像表达的学习率大小情况，梯度消失最明显的现象是浅层网络的学习速率要低于深层网络的学习速率，带来的直接结果是分类准确率的下降。

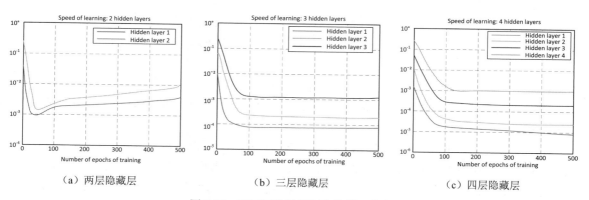

（a）两层隐藏层   （b）三层隐藏层   （c）四层隐藏层

图 2.25 不同层数神经网络的学习速度

梯度爆炸与梯度消失相对立，实际上同样是由于梯度的累计而导致的，不过是与梯度消失截然不同的另一个极端现象。梯度爆炸可以表述为在高度非线性的深度神经网络中或者循环网络中，由目标函数导致的梯度参数累乘使得梯度迅速挣扎造成的梯度爆炸。在深度学习模型中的明显现象是学习率居高不下，损失函数出现振荡的现象，并且很难达到最优解。

了解了梯度消失和梯度爆炸的基本原理之后，下面将通过示例，从数学的角度讲解梯度消失和梯度爆炸两种现象产生的具体原因。整个模型的计算过程，首先是将每层的神经元相连进行前向计算，得到预测值之后，计算出预测值与实际目标之间的损失，并根据损失进行反向传播计算，对每层神经元的梯度和偏移量进行更新，由此完成一次神经网络的整个计算过程。假设每层只有一个神经元，其关联图如图 2.26 所示。

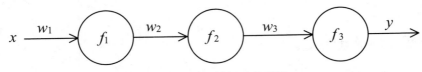

图 2.26　单层神经元关联图

其中 x 是网络输入层的输入信号；w_1、w_2 和 w_3 是权重参数；f_1、f_2 和 f_3 是每个神经元的激活函数，可以用 $a = f(z)$ 表示；y 是神经网络最后的输出结果。其中偏置量 z 没有被标识出来，本次采用的网络每层只由一个神经元组成，三层单神经元结构可表达如下：

$$f(w_1) = f_3(w_3 f_2(w_2 f_1(w_1))) \tag{2.16}$$

式（2.16）中并未增加函数的偏置量，可在每个神经元的节点处增加偏置量，公式中在激活函数外增加一个偏置量 b，变形后的公式如下：

$$f(w_1) = f_3(w_3 f_2(w_2 f_1(b_1) + b_2) + b_3) \tag{2.17}$$

以上述的微型网络作为示例，展示了梯度消失和梯度爆炸的详细数学过程。神经网络的反向传播过程在 2.1.2 小节中已经详细讲过，根据链式求导法得到函数对权重值和偏置的导数如下：

$$\frac{\partial f}{\partial w_1} = \frac{\partial f_3}{\partial f_2} w_3 \times \frac{\partial f_2}{\partial f_1} w_2 \times \frac{\partial f_1}{\partial w_1} \tag{2.18}$$

$$\frac{\partial f_1}{\partial b_1} = \frac{\partial f_3}{\partial f_2} w_3 \times \frac{\partial f_3}{\partial f_1} w_2 \times \frac{\partial f_1}{\partial b_1} \tag{2.19}$$

以常用的 Sigmoid 函数作为该神经网络的激活函数，激活函数的导数图像呈现高斯分布。Sigmoid 函数的导数图像如图 2.27 所示。

从图 2.27 中可以看出，Sigmoid 函数的导数在横轴的 0 处，得到最大值为 1/4。假设数据在训练的过程中呈现比较稳定的状态，为 0～1 的高斯分布，那么根据上述对权重的求导公式可以推断出，所有权重参数的绝对值都分布于 0～1，即每层的值与权重的乘积小于 1/4。随着网络深度的不断增加，反向传播计算公式中导数项越多，乘积后的值下降得就越快，最终导致梯度消失现象的发生。

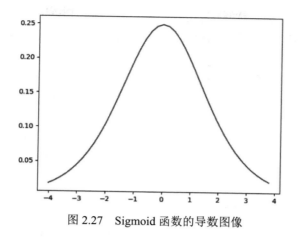

图 2.27　Sigmoid 函数的导数图像

梯度爆炸出现的原因与梯度消失的情况正好相反，若训练数据不符合初始化权重参数的 0～1 分布，初始化参数的绝对值 abs(w) > 4，那么得到的权重值与导数的乘积会大于 1，经过多层累乘，梯度会迅速增长，造成梯度爆炸。

梯度消失和梯度爆炸是在模型训练过程中容易出现的两种极端情况，为了防止这两种情况的发生，一般采用的方式包括替换激活函数，如使用 ReLU 函数替换常用的 Sigmoid 函数；在模型结构中增加 Batch Normalization(BN) 层，用于加速模型的收敛；通过降低网络对初始化权重的不敏感程度以减少过拟合情况的发生；或者使用梯度截断或 LSTM 长短期记忆网络结构以减少梯度消失情况的产生。

2.3　参　数　更　新

2.3.1　激活函数

在前向传播算法中，无论是卷积操作还是池化的基本操作，都是为了提取图像中的某一个或多个特征信息。除了完成特征信息的提取外，还需要进一步对提取的特征进行激活操作，这就是激活函数的作用和意义。在神经网络中激活函数分为两类，一类是线性的激活函数，如 ReLU 函数、PReLU 函数、LReLU 函数等；另一类是非线性激活函数，如 Sigmoid 函数、tanh 函数等，下面将通过函数的计算公式和函数曲线详细介绍激活函数。

1. Sigmoid 函数

Sigmoid 函数是一个非线性平滑变化的激活函数，它的数学表达形式如下：

$$f(z) = \frac{1}{1 + e^{-z}}$$

（2.20）

　　为了能更加清晰地了解激活函数的使用方法，本小节中使用 Python 语言对 Sigmoid 函数进行复现，在 PyTorch、TensorFlow 或其他框架下存在各种数学函数库，可直接调用，实现 Sigmoid 激活函数的代码如下。

代码 2.7　Sigmoid 激活函数示例代码

```python
from matplotlib import pyplot as plt
import numpy as np
import mpl_toolkits.axisartist as axisartist

def sigmoid1(x):
    y = 1 / (1 + np.exp(-x))
    # dy=y*(1-y)
    return y

def plot_sigmoid1():
    # param: 起点，终点，间距
    x = np.arange(-8, 8, 0.2)
    y = sigmoid(x)
    fig = plt.figure()
    ax = fig.add_subplot(111)
    ax.spines['top'].set_color('none')
    ax.spines['right'].set_color('none')
    # ax.spines['bottom'].set_color('none')
    # ax.spines['left'].set_color('none')
    ax.spines['left'].set_position(('data', 0))
    ax.spines['bottom'].set_position(('data', 0))
    ax.plot(x, y)
    plt.tight_layout()
    plt.savefig("prelu.png")
    plt.show()
if __name__ == '__main__':
    plot_sigmoid1()
```

　　Sigmoid 函数中输入的数据类型均为数组，为了实现激活函数的作用，在实现 Sigmoid 函数的过程中使权重和输入两者相乘，在这个基础上增加一个偏置量，以此实现函数的激活。由于输入的数据为浮点型数据，输出后仍旧为浮点型数据。使用 Python 代码不仅能够实现 Sigmoid 函数的功能，同时也可以在代码中调用第三方包实现图像的展示，如图 2.28 所示。

　　从 Sigmoid 函数的图像上可以看出，其纵轴区域输出为 0～1 区域的连续值，如果 x 的输入是特别大的负数，那么 Sigmoid 函数的输出值接近 0。相反地，如果 x 是非常大的正数，那么输出值接近 1。由于 Sigmoid 函数的图像旋转对称，因此横轴为 0 的位置时，纵轴可以取到 0.5。但 Sigmoid 函数也有一些缺点，其在负值区域存在较大的数值，因此在神经网络的反向传递过程中会导致梯度爆炸和梯度消失，其中梯度爆炸发生的概率较小，梯度消失发生的概率要大于梯度爆炸。

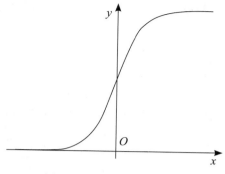

图 2.28　Sigmoid 函数图像

2. tanh 函数

tanh 函数与 Sigmoid 函数在图像上具有一定的相似性，但横轴的负值区域趋近于 -1，横轴的正值区域趋近于 1。

$$\tanh(x) = \frac{e^x - e^{-x}}{e^x + e^{-x}} \tag{2.21}$$

tanh 函数由 4 个指数函数组合而成，但在图像上和 Sigmoid 函数具有一定的相似性，采用 Python 语言实现 tanh 函数的代码如下。

代码 2.8　tanh 函数示例代码

```python
from matplotlib import pyplot as plt
import numpy as np
import mpl_toolkits.axisartist as axisartist

def tanh(x):
 return (np.exp(x) - np.exp(-x)) / (np.exp(x) + np.exp(-x))

def plot_tanh():
    x = np.arange(-10, 10, 0.1)
    y = tanh(x)
    fig = plt.figure()
    ax = fig.add_subplot(111)
    ax.spines['top'].set_color('none')
    ax.spines['right'].set_color('none')
    # ax.spines['bottom'].set_color('none')
    # ax.spines['left'].set_color('none')
    ax.spines['left'].set_position(('data', 0))
    ax.spines['bottom'].set_position(('data', 0))
    ax.plot(x, y)
    plt.xlim([-10.05, 10.05])
    plt.ylim([-1.02, 1.02])
    ax.set_yticks([-1.0, -0.5, 0.5, 1.0])
    ax.set_xticks([-10, -5, 5, 10])
```

```
        plt.tight_layout()
        plt.savefig("tanh.png")
        plt.show()

if __name__ == "__main__":
        plot_tanh()
```

运行以上代码前要安装基本的第三方数学库 Matplotlib 和 NumPy，生成的 tanh 函数图像如图 2.29 所示。

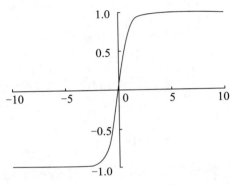

图 2.29   tanh 函数图像

从 tanh 函数的图像中可以看出，相比 Sigmoid 函数，tanh 函数本身将数据点拉至原点附近，使得神经网络在进行反向传播的过程中能更快地使函数进行收敛，但与 Sigmoid 函数存在的缺点类似，即并没有解决在反向传播中出现梯度消失现象的问题。

3. ReLU 函数

ReLU 函数与上述 Sigmoid 函数和 tanh 函数两种非线性函数不同，ReLU 函数属于线性函数，实现 ReLU 函数的公式如下：

$$\text{ReLU} = \max(0, x) \tag{2.22}$$

从实现 ReLU 函数的公式上来看，可以将其拆解为两种函数，一种是 x 的取值范围为 0 到正无穷大，对应 y 值的范围同样为 0 到正无穷大，用数学公式可以表达为 $y = x$；另一种的定义则更加简单，x 的取值范围为负无穷大到 0，y 的取值范围则保持不变一直为 0。使用 Python 语言实现 ReLU 函数的代码如下。

代码 2.9   ReLU 函数示例代码

```
from matplotlib import pyplot as plt
import numpy as np
import mpl_toolkits.axisartist as axisartist

def relu(x):
        return np.where(x < 0, 0, x)
```

```
def plot_relu():
    x = np.arange(-10, 10, 0.1)
    y = relu(x)
    fig = plt.figure()
    ax = fig.add_subplot(111)
    ax.spines['top'].set_color('none')
    ax.spines['right'].set_color('none')
    # ax.spines['bottom'].set_color('none')
    # ax.spines['left'].set_color('none')
    ax.spines['left'].set_position(('data', 0))
    ax.plot(x, y)
    plt.xlim([-10.05, 10.05])
    plt.ylim([0, 10.02])
    ax.set_yticks([2, 4, 6, 8, 10])
    plt.tight_layout()
    plt.savefig("relu.png")
    plt.show()

if __name__ == "__main__":
    plot_relu()
```

运行以上代码可以生成对应的 ReLU 函数的图像, 如图 2.30 所示。

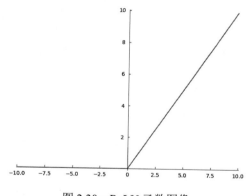

图 2.30 ReLU 函数图像

将 ReLU 函数图像与 Sigmoid 函数图像、tanh 函数图像相比可以看出, 除了在正半轴函数不再采用曲线而是直接使用直线外, 在负半轴上更是直接去掉了相应的函数采用一条直线进行代替。这样做的好处是, 在进行函数的反向计算时计算速度更快, 带来的直接效果则是可以使整个模型快速达到收敛状态。但由于负半轴区域并没有任何函数的角度信息, 也会导致神经网络中的某些神经元永远不能被激活, 造成网络结构的参数不能进一步被更新。为了解决这个问题, 可以尽量在训练模型前将模型的初始学习率设置得更高或使用自动梯度下降的办法在训练模型的过程中自动调节学习率。

4. PReLU 函数

线性激活函数中除了常用的 ReLU 函数外，PReLU 函数也是经常使用的一类线性激活函数。PReLU 函数的数学公式如下：

$$f(x) = \max(ax, x) \tag{2.23}$$

PReLU 函数的改进方式是在 ReLU 函数的基础上在负半轴区域增加一个倾斜的角度，即增加一个倾斜参量提供给其部分少量斜率。实现 PReLU 函数的代码如下。

代码 2.10　PReLU 函数示例代码

```python
from matplotlib import pyplot as plt
import numpy as np
import mpl_toolkits.axisartist as axisartist

def prelu(x):
    return np.where(x < 0, 0.5 * x, x)

def plot_prelu():
    x = np.arange(-10, 10, 0.1)
    y = prelu(x)
    fig = plt.figure()
    ax = fig.add_subplot(111)
    ax.spines['top'].set_color('none')
    ax.spines['right'].set_color('none')
    # ax.spines['bottom'].set_color('none')
    # ax.spines['left'].set_color('none')
    ax.spines['left'].set_position(('data', 0))
    ax.spines['bottom'].set_position(('data', 0))
    ax.plot(x, y)
    plt.tight_layout()
    plt.savefig("prelu.png")
    plt.show()

if __name__ == "__main__":
    plot_prelu()
```

将 PReLU 函数中倾斜角度的变量取值为 0.5，运行上述代码，生成的图像如图 2.31 所示。

PReLU 函数的更新实际上解决的就是 ReLU 函数中导致的某些神经元永远不会被激活的这种极端问题。由于线性激活函数的这些优点，常用的神经网络模型中常采用线性函数作为激活函数。除了上述常用的激活函数外，线性激活函数还包括 ELU 函数、LReLU 函数、SELU 函数、ReLU6 函数等；非线性激活函数还包括 Swish 函数、hard-Swish 函数和 Mish 函数等。

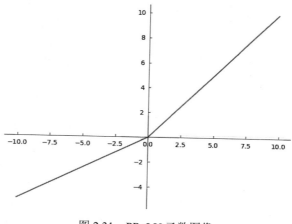

图 2.31　PReLU 函数图像

2.3.2　优化器

深度学习中训练网络模型主要的关键要素包括训练数据集、网络模型结构、损失函数和优化器。本小节单独介绍优化器，是因为优化器是直接决定损失函数最小化、影响训练时长和效率的一种关键算法。为了能更加了解优化器的作用，本小节首先使用 MNIST 数据集构造的一个小型分类神经网络，实现代码如下。

代码 2.11　基于 PyTorch 实现小型分类神经网络示例代码

```python
# coding=utf-8

import torch
from torchvision import datasets, transforms
import torch.nn as nn
from torch import optim
from torch.utils.data.dataloader import default_collate


# 构造三层的小型卷积神经网络
class Models(torch.nn.Module):

    # 对模型中的网络节点进行初始化构造
    def __init__(self):
        super(Models, self).__init__()
        self.connect1 = nn.Linear(784, 256)
        self.connect2 = nn.Linear(256, 64)
        self.connect3 = nn.Linear(64, 10)
        self.softmax = nn.LogSoftmax(dim=1)
        self.relu = nn.relu()
```

```python
        # 对网络结构顺序进行构造
        def forward(self, x):
            x = self.connect1(x)
            x = self.relu(x)
            x = self.connect2(x)
            x = self.relu(x)
            x = self.connect3(x)
            x = self.softmax(x)
            return x


class Test:

        # 初始化训练网络需要的参数
        def __init__(self):
            self.epoch = 5
            self.batch_size = 6
            self.learning_rate = 0.005
            self.models = Models()

        # 对数据进行处理，归一化
        def transdata(self):
            transform = transforms.Compose(
                [transforms.ToTensor(), transforms.Normalize((0.5, ), (0.5, ))])
            return transform

        # 按照批次读取数据集
        def loaddata(self):
            dataset = datasets.MNIST(
                "mnist_data", download=True, transform=self.transdata())
            dataset = torch.utils.data.DataLoader(
                dataset, batch_size=self.batch_size)
            return dataset

        # 定义损失函数 / 目标函数
        def lossfunction(self):
             criterion = nn.NLLLoss()
             return criterion


def main(datahandle, models):
        dataset = datahandle().loaddata()
        model = models()                                    # 定义模型的对象
        criterion = datahandle().lossfunction()      # 定义目标函数（损失函数）
        optimizer = optim.SGD(model.parameters(), datahandle().learning_rate)   # 定义优化器
        epoch = datahandle().epoch                       # 读取自定义的批次
```

```
for single_epoch in range(epoch):          # 按照规定的批次进行训练
    running_loss = 0
    for image, lable in dataset:
        image = image.view(image.shape[0], -1)      # 对数据进行一维化

        optimizer.zero_grad()                        # 对初始化梯度进行归零
        output = model(image)                        # 模型对输入图像进行预测
        loss = criterion(output, lable)              # 计算损失
        loss.backward()                              # 进行反向传播
        optimizer.step()

        running_loss += loss.item()                  # 对损失进行统计
    print(f"第 {single_epoch} 代，训练损失：{running_loss/len(dataset)}")  # 打印数据


if __name__ == '__main__':
    main(Test, Models)
```

　　该小型分类神经网络使用的优化器是 SGD 函数，SGD 优化器也可称为随机梯度下降法。优化器对每个批次进行训练时都会对梯度进行一次清零，这是因为每个批次得到的损失都是关于权重导数的累加和，对每个批次的图像进行梯度清零后才能重新计算梯度并进行更新。

　　优化器可以分为两种类型，一种是学习率固定的优化器，如 SGD、BGD、Mini-Batch SGD 等；另一种是改变学习率的优化器，如 AdaGrad SGD、RMSProp SGD 等。接下来将分别介绍这两类优化器中典型的 SGD 优化器和 Adam 优化器。

1. SGD 优化器

　　SGD 优化器也被称为随机梯度下降法，SGD 的实现方式是沿着梯度的方向，将学习率作为 SGD 优化器权重参数的改变量，用数学公式表达如下：

$$W = W - \eta \frac{\partial J}{\partial W} \tag{2.24}$$

式中：W 为需要更新的权重参数；η 为固定学习率，表示增长或下降的幅度；导数表示损失函数在梯度上的方向。下面通过 Python 代码实现 SGD 优化器。

```
class SGD:
    def __init__(self, lr=0.01):
        self.lr = lr

    def update(self, params, grades):
        for key in params.keys():
            params[key] -= self.lr * grades[key]
```

　　SGD 优化器的特点是在每一个训练样本的前向传播和反向传播的过程中都更新一次参数，这样带来的直接好处是模型的收敛速度快。但由于学习率是固定值，因此很难能达到模型中的最小

值，导致算法在极小值附近会产生振荡，不易收敛。

2. Adam 优化器

Adam 优化器是 SGD 优化器的扩展，相比于 SGD 优化器，Adam 优化器具有计算效率高、内存小、对稀疏矩阵具有很好的优化作用等优点。Adam 优化器直接使用动量和自适应学习率的方式加快收敛速度。所谓的使用动量，是指采用动量梯度下降的方法解决训练过程中梯度下降导致的振荡现象，动量下降与普通的下降方式不同，普通的梯度下降方式是沿着当前点的导数方向进行下降，这种下降方式容易产生振荡现象，而动量下降是在某一个方向上不断地积累动量，下降的方向由之前积累的动量大小来决定。自适应学习率是在训练过程中动态地调节学习率的大小，从而减少训练模型的时间，提高效率。

Adam 优化器的更新方式可以分为梯度动量的参数更新、梯度平方的指数参数更新、动量和梯度参数的初始化三部分。

首先梯度动量的计算公式如下：

$$m_t = \beta_1 m_{t-1} + (1 - \beta_1)g_t \tag{2.25}$$

式中：β_1 系数为指数的衰减率，用于控制权重参数的分配。通常情况下分配给上一时刻的权重要更大，β_1 系数取值默认为 0.9。

其次梯度平方的指数参数更新公式如下：

$$v_t = \beta_2 v_{t-1} + (1 - \beta_2)g_t^2 \tag{2.26}$$

式中：速度 v_0 的初始化为 0，β_2 指数衰减率用于控制上一时刻速度的平方的情况。β_2 的默认值为 0.999。

接着是对动量和梯度参数进行初始化，初始化的实现公式如下：

$$\hat{m}_t = m_t / \left(1 - \beta_1^t\right) \tag{2.27}$$

$$\hat{v}_t = v_t / \left(1 - \beta_2^t\right) \tag{2.28}$$

参数初始化是为了解决梯度和动量对训练初期的影响，并分别对两者进行偏差的纠正。

最后部分是更新参数，计算公式如下：

$$\theta_t = \theta_{t-1} - \alpha \hat{m}_t / (\sqrt{\hat{v}_t} + \varepsilon) \tag{2.29}$$

式中：α 为默认学习率，$\alpha = 0.001$；$\varepsilon = 10^{-8}$。

从上述参数的更新计算来看，对梯度的更新分别是从梯度的均值和平方两个方向进行自适应的梯度调节，实现代码如下。

代码 2.12　实现 Adma 优化器示例代码

```
class Adam:
    def __init__(self, loss, weights, lr=0.001, beta1=0.9, beta2=0.999, epislon=le-8):
        self.loss = loss
        self.theta = weights
        self.lr = lr
        self.beta1 = beta1
        self.beta2 = beta2
        self.epislon = epislon
        self.get_gradient = grad(loss)
        self.m = 0
        self.v = 0
        self.t = 0

    def minimize_raw(self):
        self.t += 1
        g = self.get_gradient(self.theta)
        self.m = self.beta1 * self.m + (1 - self.beta1) * g
        self.v = self.beta2 * self.v + (1 - self.beta2) * (g * g)
        self.m_hat = self.m / (1 - self.beta1 ** self.t)
        self.v_hat = self.v / (1 - self.beta2 ** self.t)
        self.theta -= self.lr * self.m_hat / (self.v_hat ** 0.5 + self.epislon)

    def minimize(self):
        self.t += 1
        g = self.get_gradient(self.theta)
        lr = self.lr * (1 - self.beta2 ** self.t) ** 5 / (1 - self.beta1 ** self.t)
        self.m = self.beta1 * self.m + (1 - self.beta1) * g
        self.v = self.beta2 * self.v + (1 - self.beta2) * (g * g)
        self.theta -= lr * self.m / (self.v ** 0.5 + self.epislon)
```

2.3.3　损失函数

损失函数是用来评价模型输出的真实值与预测值之间的损失量的一种函数，通常一个模型的性能越好，模型中用来衡量损失的指标就越好，不同的模型使用的损失函数也不相同。在神经网络模型中使用损失函数可以根据损失量直观地了解到模型的训练程度，需要对使用损失函数计算出的损失量进行反向传播的计算。常见的损失函数包括 0-1 损失函数、Log 对数损失函数、交叉损失函数、绝对值损失函数、平方损失函数、指数损失函数等。

1. 0-1 损失函数

输出的预测值和真实值相同，则 0-1 损失函数为 1，不相同则为 0，具体计算公式如下：

$$L(Y, f(X)) = \begin{cases} 1, & Y \neq f(X) \\ 0, & Y = f(X) \end{cases} \tag{2.30}$$

式中：$f(X)$ 的值为预测值；Y 表示真实值。

因为 0-1 损失函数直接判断真实值与预测值是否相同，所以这种方式也可以用来表示对应类别的判断错误的个数。0-1 损失函数是最简单的损失函数。

2. Log 对数损失函数

Log 对数损失函数是通过计算似然损失在概率上对损失进行定义的一种量化方式，为了计算对数损失，分类器必须提供输入所属的每个类别的概率值，不只是最可能的类别，对数损失函数的计算公式如下：

$$L(Y, P(Y \mid X)) = -\lg P(Y \mid X) \tag{2.31}$$

式中：$P(Y \mid X)$ 为在 X 事件发生的情况下 Y 事件发生的概率值；Y 为输出的真实值。

损失函数的计算能很好地表征概率分布，通过损失函数的计算可以知道每个结果或每个类别的置信度，最常见的应用场景是逻辑回归中的损失计算。

3. 交叉熵损失函数

交叉熵是在信息论中用于衡量两个不同概率分布之间的差异。在了解交叉熵的定义之前首先需要了解信息是怎么进行衡量的，在信息论中信息量的大小是通过判断信息中不确定性大小来衡量的。信息量的大小与信息发生的概率成反比，即发生事件的不确定性越大，信息量越大，概率就越小；相反，信息量越小，概率就越大，事件发生的不确定性就越小。二分类问题中的交叉熵损失函数的计算公式如下：

$$C = -\frac{1}{n} \sum_x [y \ln a + (1-a) \ln(1-a)] \tag{2.32}$$

式中：x 为样本；a 为预测值；y 为实际值；n 为样本的数量。

交叉熵损失函数的值实际上表达的是真实值发生的概率与预测值分布的概率之间的关系。

2.4 小　　结

本章首先详细讲述了神经网络的基本实现方法，由浅入深地引导读者了解神经网络模型在训练过程中经常出现的问题，如算法中为了达到最优点而在搜索过程中产生的局部最优解和鞍点问题。伴随着网络深度的不断增加，导致在计算损失函数累计损失的过程中梯度的增加或减少，进而导致梯度爆炸和梯度消失。

第 3 章　卷积神经网络基础

本章讲述深度学习中卷积神经网络的基本知识，具体包括卷积神经网络组成部分的各结构和各部分的执行原理。例如，卷积神经网络中卷积层的卷积操作分为标准卷积、深度卷积、组卷积和扩展卷积等，其中标准卷积是目前常用的卷积方式。除了以上分类方式，还可以分为可变形卷积、反卷积等。不同部分的实现过程和操作也不相同，除了讲解基本的操作不同之处，本章还对卷积算法中常用的算法进行讲解，其中包括数据的归一化操作、防过拟合操作和非极大值算法等。

本章主要涉及的知识点如下。

- 卷积原理：不同卷积算法的实现过程，以及卷积算法的实现原理。
- 可变形卷积原理：通过图像的特征向量进行训练，利用网络学习特征图偏移量。
- 反卷积原理：标准卷积算法的反向实现过程。
- 池化操作：用于增加或降低图像输出的特征向量。
- 全卷积操作：卷积神经网络中全卷积层将图像提取的特征进行一维化处理，即将图像提取的全部特征进行展开。
- 数据归一化操作：网络模型训练前的数据处理部分。
- 非极大值抑制算法：通过交并比的计算和各矩形框概率的排序去掉置信度较低的矩形框。

3.1　常用卷积层操作合集

3.1.1　卷积原理

在第 2 章已经对网络中的卷积结构的原理进行了讲述。为了进一步加深读者对卷积神经网络的理解，本章将对图像中的卷积结构原理和图像中所涉及的不同卷积的算法进行详细介绍。卷积的概念主要产生在信号的处理过程中，在信号中实现卷积的方式是，输入信号通过信号处理系统并输出信号，该信号处理系统可以通过对输入信号的卷积计算得到。卷积的实现过程主要是通过一个函数在另外一个函数上进行滑动重叠计算，其中该函数可以通过对另外一个函数的翻转得到。

卷积操作实际上并不存在"积"的操作，而是一个滑动叠加的值。以信号卷积过程为例，卷积不仅与时间有关，还与当前时刻的信号值大小有一定的关系，卷积过程中所谓的"卷"是指函数之间的滑动操作。之所以卷积操作不存在"积"的操作，是由于信号与时间之间存在一定的关系，而输出的信号不仅与当前时刻的信号值有关，与之前输入的信号值也有一定的关系，因此，卷积操作的输出应当是当前时刻的信号与之前输入的信号的叠加值，这也是卷积操作的物理意义。信号中的卷积是以实际的连续点作为输入的，同样，也可以将实际的点进行离散化后进行信号的卷积操作。无论是连续还是离散，卷积操作的实际过程都是相同的。信号处理中的卷积操作如图 3.1 所示。

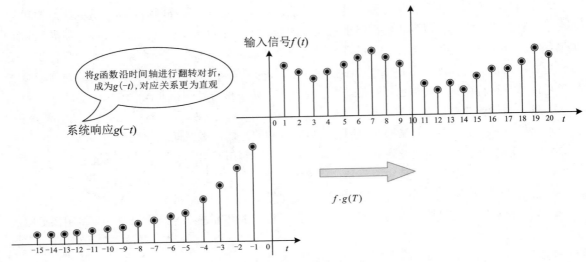

图 3.1　信号处理中的卷积操作示意图

同样是卷积操作，那么应用在图像上的卷积操作是如何进行的呢？图像实际由各个像素点组合而成，每个像素点可以分为 R、G、B 三个通道值，其中每个值的范围为 0～255，其值越大，表示该像素的颜色越深，R、G、B 三个不同通道的值的大小不同，组合而成的颜色也不相同，因此图像上的各种颜色点均可直接由 RGB 像素值进行展现，如图 3.2 所示。

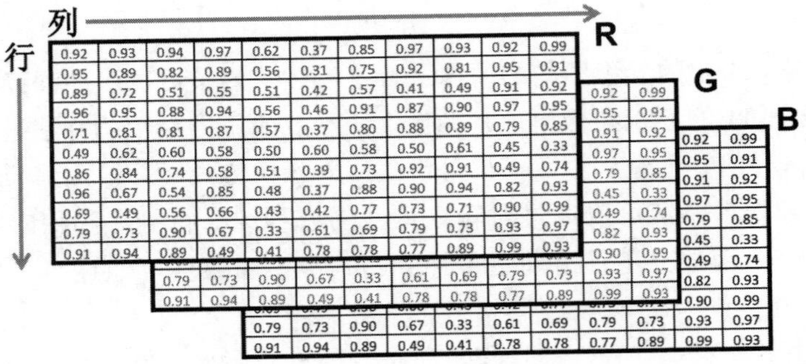

图 3.2　RGB 通道图

同样，通道图中的像素值可以矩阵的方式进行处理，图像上每个像素的位置可以用 RGB 像素值表述为三元组，如此，图像便可以通过矩阵的方式参与图像在数学上的卷积操作。图像中的点均为离散的点，这与图像离散信号中的卷积操作类似，图像的卷积操作会提供一个专门的卷积核对图像进行卷积，该卷积核的功能类似于信号中的系统响应函数，用于对图像进行处理并提取其特征，该卷积核中的值会在反向传播的过程中不断地进行更新，从而使其能提取识别目标的特征。由于图像中卷积核的值会不断地进行修改更新，从而提取其特征，因此，卷积核是否进行与信号的卷积操作类似的翻转操作对图像来说并没有太大的作用和影响。图像中的卷积过程可以总结为以下几个部分。

（1）对图像的卷积核的大小和其中的值进行初始化。

（2）卷积核对图像中的每一部分图像都进行卷积操作，卷积过程是图像中对应的像素点与卷积核中的点的乘积和。

（3）卷积核按照一定的规则进行滑动，并同样进行卷积操作，卷积后的图像特征图相比原特征图的尺寸会有所缩小。卷积的过程如图 3.3 所示。

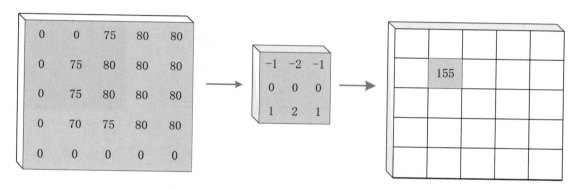

图 3.3　卷积过程

图 3.3 中已经大致将卷积中的单层卷积过程进行了展示，而在实际卷积过程中都是 R、G、B 三层的图像。因此，图像在神经网络中的第 1 层的卷积过程实际上是在图像的同一位置上同时进行着三层的卷积操作，而伴随着卷积层的不断加深，卷积核的个数也在不断增加。那么为什么不对图像中每个部分都进行一次卷积操作而是直接采用滑动的方式提取图像特征呢？这是因为图像往往都很大，采用滑动的方式可以大量减少参数的数量。若未在同一通道中使用多个卷积核，可以通过增加网络的层数和卷积核的数量进行弥补，这一方式也被称为权值共享。

图像矩阵中每个点的值都可以看成离散信号中的离散点，因此除了图像中的卷积没有翻转之外，其他的操作基本上类似。为什么通过卷积可以提取图像中的特征呢？这是因为卷积核实际上也可以看成是图像的一种滤波器，图像中除了可以从像素点的角度分析图像中的信息之外，也可以从频率的角度来分析，如高频信号、低频信号等。通过不同卷积核中参数的配置，可以实现对图像信息的提取。由于反向传播算法可以通过对提取的特征和实际的图像进行损失计算，因此，在不断的反向传播过程中可以逐渐更新卷积核中的参数，实现图像的特征提取。图像的特征可以理解成某一卷积核具备提取图像中某一固定的特点，如分割为各单通道之后所展示出的图像侧重于不同的特征部分。将图像的各通道分割后可以通过 OpenCV 库实现各单通道图像的可视化，可视化的代码如下。

代码 3.1　图像通道分割可视化示例代码

```python
import numpy as np
import cv2

class Test:
    def __init__(self):
        self.imag_path = "/home/zhaokaiyue/Desktop/20140716102518748.jpg"

    def get_image_size(self):
        img = cv2.imread(self.imag_path, 1)
        img_shape = img.shape
        print(img_shape)

    def get_image_RGB(self):
        """

        :return:
        """
        img = cv2.imread(self.imag_path, 1)
        cv2.imshow("s", img)
        (b, g, r) = cv2.split(img)
        cv2.imshow("b", b)
        cv2.imshow("g", g)
        cv2.imshow("r", r)

        while True:
            key = cv2.waitKey(0)
            if key == 27:
                break
            cv2.destroyAllWindows()
if __name__ == '__main__':
    Test().get_image_RGB()
```

　　在进行可视化的过程中仅对各个颜色分量之间的关系进行比对，而对其中各通道的颜色并不敏感。因此，在对各通道颜色分量进行展示之前，可以将各颜色分量进行灰度处理，可视化后的图像如图 3.4 所示。

（a）原图　　　　　　（b）红色　　　　　　（c）绿色　　　　　　（d）蓝色

图 3.4　图像分割后的各通道图

图像的卷积操作中，一般情况主要涉及 4 个参数，分别为卷积核尺寸、步长、填充尺寸以及通道数，下面分别讲述这 4 个参数在卷积操作中的主要作用。

（1）卷积核尺寸：卷积核的尺寸代表网络中的感受野的尺寸，不同尺寸的卷积核带来的最明显的区别是生成特征图的大小不同。最小的卷积核的尺寸是 3×3，卷积核的尺寸应当符合 $2n+1$ 的条件。

（2）步长：除了卷积核的尺寸之外，步长被定义为卷积核在图像上进行滑动时跨越的长度。每移动一次步长之后，卷积核都要进行一次卷积操作，由于图像大小的不同，可能导致卷积核在图像移动之后，不能完整地覆盖图像，因此也需要对图像的尺寸进行填充。

（3）填充尺寸：当卷积核的尺寸与图像的尺寸不匹配而导致卷积核在滑动后缺失部分图像未能进行图像的卷积操作时，需要对图像进行扩充后再对图像进行卷积操作。其中，填充尺寸的大小与图像尺寸、卷积核尺寸和步长有关。

（4）通道数：图像的通道数与卷积核的数量一样，这是因为一个卷积核只能提取图像中的某一个特征，因此卷积核的数量直接关系到提取特征的数目，但并非特征越多越好，原因是过多的特征会导致过拟合。通道数与卷积核一样，实际项目中需要多少的通道数是不可预测的。

不同卷积的实现方式其实就是卷积核与图像的卷积实现的不同方式，但都是通过提取图像的特征来实现的，卷积大致可以分为常用的标准卷积、深度卷积、分组卷积和空洞卷积等。

3.1.2　标准卷积

标准卷积是最简单也是最常用的卷积方式，从卷积的原理可知，标准卷积主要是通过多个卷积核（也是通道的数目）对图像的 R、G、B 三个通道分别进行卷积，本小节主要通过示例对标准卷积的具体实现方式进行讲述。

例如，一幅图像的尺寸为 8×8，卷积采用的卷积核的尺寸为 3×3，为最小尺寸，在该算法中采用的通道数为 5，卷积操作中滑动的步长为 1。具体过程为：首先将输入的图像分为 R、G、B 三个通道，然后使用已经初始化的卷积核分别对不同通道的特征图进行卷积操作。这里需要初始化卷积核的原因是，如果不对卷积核中的值进行一个初始值的赋值，很可能会导致神经网络在反向传播的过程中产生梯度消失的现象。而初始化卷积核的方法一般是使用高斯算法对卷积核进行赋值。算法中采用的通道数为 5，因此第 1 次卷积之后的输出数也为 5，经过卷积之后特征图的尺寸为 6×6。最后将图像进行全连接操作，输出一维的特征向量即可实现图像的分类，算法实现的卷积过程如图 3.5 所示。

那么其中 8×8 的图像是如何进行标准卷积的呢？可以单独抽出图像卷积中的一个通道的卷积操作来探讨。实际上，神经网络中的卷积操作除了需要图像对卷积核进行卷积之外，还需要增加一个偏移量对每个特征点进行偏移操作，实现的过程如图 3.6 所示。

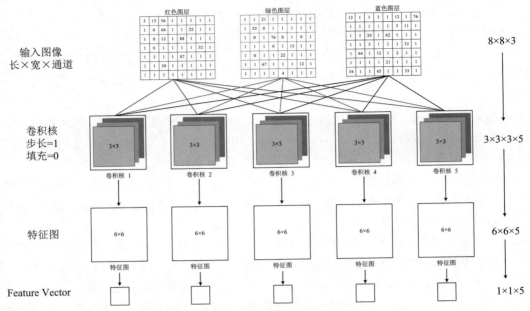

图 3.5   标准卷积算法的卷积过程示意图

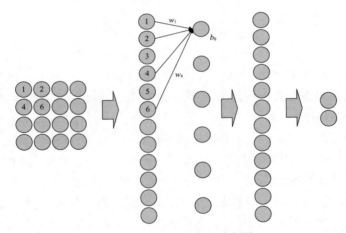

图 3.6   单一通道卷积示意图

矩阵操作的公式如下：

$$y_0 = x_0 \cdot w_1 + x_1 \cdot w_2 + x_2 \cdot w_3 + x_3 \cdot w_4 + b_0 \tag{3.1}$$

$$y_0 = \begin{bmatrix} w_1 & w_2 & w_3 & w_4 \end{bmatrix} \begin{bmatrix} x_0 \\ x_1 \\ x_2 \\ x_3 \end{bmatrix} + b_0 \tag{3.2}$$

式（3.1）中的 x_0、x_1、$\cdots$、x_5 是图像的感受野中对应的像素点的值，而 w_1、w_2、w_3、w_4 则是对应的卷积核中的值，b_0 是该卷积核对应的偏移量。实现的过程为：像素中的值分别对卷积核对应位置的值进行相乘加和，并在输出的值上增加一个偏移量，将最终输出的值作为最终卷积后的值。从式（3.2）中也可以看出，卷积操作会明显减小输出特征图的尺寸。

3.1.3 深度卷积

深度卷积又称为深度可分离卷积，可以分为通道之间的卷积和图像区域之间的卷积，相对于普通的卷积操作来说，普通的卷积操作只是考虑图像中目标区域之间的关系，并未考虑实际卷积过程中图像各通道之间的卷积关系，而深度卷积操作则是充分考虑到两者之间的关系。除此之外，相比普通的卷积操作来说，深度卷积更重要的是减少了网络中的参数，可以提高算法的推理速度。那么深度卷积操作是如何对图像进行卷积的呢？接下来举例说明。

深度卷积的实现过程可以分为通道卷积和像素卷积两个部分。

1. 通道卷积

实现图像各通道之间的卷积操作，普通的卷积操作是通过实际经验确定需要输出的通道的具体数目，但是对于深度卷积操作来说，第 1 层卷积核的数目等于图像的通道数，这是因为一个通道只是由其中的一个卷积核来负责，也只由该通道进行卷积，这也意味着输出的特征图的个数也是这个数目，卷积的操作如图 3.7 所示。

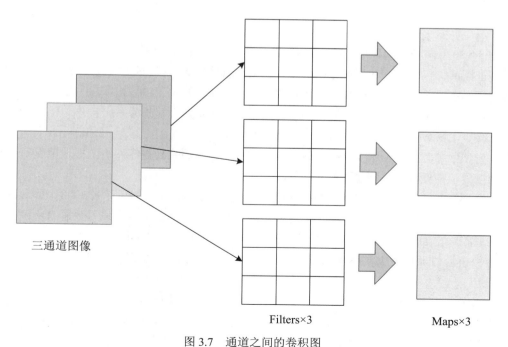

三通道图像　　　　　　　　Filters×3　　　　　　　　Maps×3

图 3.7　通道之间的卷积图

2. 像素卷积

通道之间的卷积进行完之后，各个通道之间的卷积已经可以提取到各通道的特征图，但各通道特征图之间仍然是相互独立的关系，那么如何解决各个特征图之间的关系以及确定其中的目标区域呢？这就需要依靠 1×1 卷积核进一步运算，卷积的操作如图 3.8 所示。

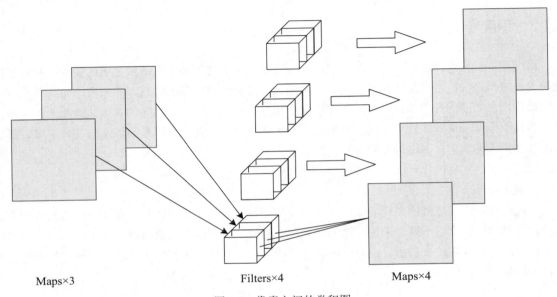

Maps×3   Filters×4   Maps×4

图 3.8 像素之间的卷积图

从图 3.8 中可以看到，使用 1×1 卷积核的卷积操作实际上进行的是特征图的融合，其实际的操作是特征图的加权算法。在深度卷积中，无论是通道之间的卷积还是像素之间的卷积，其涉及的参数数目远远小于普通的卷积操作中的参数数目。深度卷积的优点总结如下。

（1）不仅充分考虑到通道之间的关系，也充分考虑到像素之间的关系。

（2）减少了参数的传递，提高了算法的推理速度。

深度卷积中参数的减少不仅会提高算法推理的速度，也关系到神经网络的推理精度和速度，接下来对深度卷积神经网络与普通神经网络之间的参数进行对比说明。

（1）例如，某一层的输入神经网络的通道数为 8，假设其卷积核的尺寸为 3×3，那么该卷积核的数目为 3×3×8，通过卷积操作可以得到 8 个通道的特征图。如果直接采用普通的卷积操作，由于普通的卷积输出的特征图数目往往需要大于输入的特征图数目，因此假设输出的通道数目为 12，那么其卷积核的数目就为 3×3×8×12，相比深度卷积通道第 1 部分的卷积核数目多出了 12 倍的参数。

（2）深度可分离通道的逐次卷积是将各通道的特征图进行融合操作，主要采用 1×1 大小的卷积核。假设输出的通道数目同样为 12，那么其卷积核的数目为 1×1×8×12，结合第（1）步中的计算，仍旧可以判断出深度卷积的参数有较大程度的降低。

3.1.4 分组卷积

分组卷积的原理与深度卷积的操作类似，深度卷积的实现方式是将通道进行了分离，而分组卷积则是对数据进行分离。分组卷积中的卷积核分为两组或多组，例如，假设原来的卷积核个数是 C，将这些卷积核平均分为 n 组，则分组卷积中的每一组卷积核的个数为 C/n。对卷积核的个数进行分组之后，也要对图像中的通道进行分组，图像分组后的组数与卷积核分组后的组数保持一致，典型的使用分组卷积的算法如 AlexNet。使用分组卷积的好处是，不仅可以缩短图像的训练时长，同时也可以将任务分给多个 CPU 或者 GPU 进行训练，充分调用硬件资源。下面简要介绍图像分组卷积的原理。

在分组卷积中，卷积核和图像的通道被分为不同的组，其中图像区分的不同的通道组负责对应通道的卷积核，即滤波器。例如，分组的通道数为 2，输入图像的尺寸为 $H_{in} \times W_{in} \times D_{in}$，输出图像的尺寸为 $H_{out} \times W_{out} \times D_{out}$，其中 H 为图像的高度，W 为图像的宽度，D 为图像的通道数。那么分组卷积中的卷积操作，将每一个通道中的输入图像 $D_{in}/2$ 个通道的数据与 $D_{out}/2$ 个卷积核进行卷积，卷积后的每个通道的通道数为 $D_{out}/2$。同样，将两个通道卷积后的数据进行叠加之后，可以得到的通道数为 D_{out}，即与原卷积操作的最终输出结果相同，最终卷积后的通道个数既不会增加也不会减少。分组卷积的操作过程如图 3.9 所示。

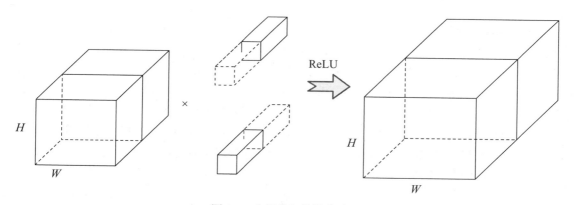

图 3.9 分组卷积的操作过程

使用分组卷积有什么好处？首先，分组卷积与深度卷积相似的一点是都可以减少参与网络训练的参数的个数；其次，可以充分调用硬件资源并进行高速的网络训练，对于更深的网络模型可以起到系数矩阵的作用，从而减少卷积核中的参数之间的相关性。图 3.10 所示是使用分组卷积的 AlexNet 算法的网络结构。

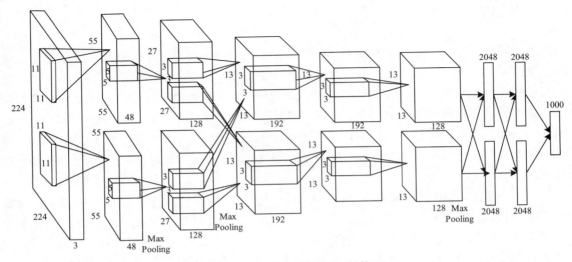

图 3.10   AlexNet 算法网络结构

3.1.5   空洞卷积

空洞卷积同样也是一种常用的卷积操作方式，与分组卷积和深度卷积的方式不同，空洞卷积实际上是减少图像中像素之间的相关性质的一个解决方案。空洞卷积的实现方式和普通卷积的实现方式类似，不同之处在于空洞卷积的卷积核对图像的感受野的特征的提取方式。空洞卷积是针对卷积神经网络中下采样过程导致图像中的特征信息丢失而提出的一种新的卷积思路，空洞卷积的感受野相比普通卷积的感受野要更大，但空洞卷积并未全部使用感受野中的像素点，因为相连的像素点之间有很强的相关性，因此空洞卷积只是提取感受野中的部分像素点。这样做带来的最直接的好处是相同大小的卷积核可以拥有更大的感受野，无须使用下采样操作就可以提取到更多的特征信息。空洞卷积的操作如图 3.11 所示。

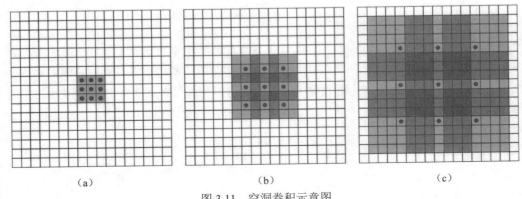

（a）   （b）   （c）

图 3.11   空洞卷积示意图

扩张率是空洞卷积中的一个重要的概念，是指卷积核中的间隔点的数量，图 3.11 网格中的点是需要进行学习的值，而其他的网格则需要进行 0 值的填充。例如，图 3.11（a）中的扩张率为 0，此时的卷积过程与普通的卷积操作相同；图 3.11（b）中的扩张率为 1，此时除了图中的点之外，其他的地方需要进行 0 值的填充。具体的空洞卷积的卷积核示例如图 3.12 所示。

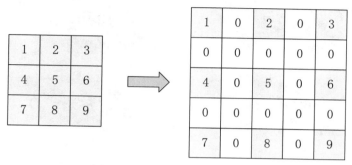

图 3.12　空洞卷积的卷积核示例

虽然使用空洞卷积可以扩大神经网络的感受野，也使得其能捕获更多的上下文中的信息，但由于空洞卷积扩大的感受野也带来过多的分辨率，增加了整个算法的计算量，从而使得整个算法的速度有所下降。除此之外，空洞卷积由于只提取了图像中的部分像素点，这种方法使得图像中的局部信息丢失，因而卷积结果中不存在太大的相关性。同样地，空洞卷积这种独特的取样方式，也会直接影响卷积后分类的效果。

3.2　可变形卷积

可变形卷积神经网络与普通的卷积神经网络的操作基本类似，不同之处在于卷积核学习的特征点。普通的卷积神经网络直接通过卷积核学习图像中的固定感受野，而可变形卷积神经网络则是学习图像中特征点的变化趋势。因为图像为二维平面，因此描述图像中特征点的变化趋势需要使用两个参数，可变形卷积神经网络则比普通卷积神经网络的结果要多增加一个层的参数。为什么会单独拿出可变形卷积神经网络进行介绍呢？这是因为可变形卷积与深度卷积、分组卷积以及空洞卷积的实现方式不同，可变形卷积是在标准卷积的基础上进行特征图的偏移量的计算，而其他的卷积神经网络则是通过改变卷积核卷积的方式实现的。接下来详细介绍可变形卷积神经网络的实现原理及其实现方式。

3.2.1　可变形卷积原理

为了能够对比可变形卷积神经网络与普通卷积神经网络的不同之处，下面对实际图像中的特征的提取过程进行对比，图像的卷积过程如图 3.13 所示。

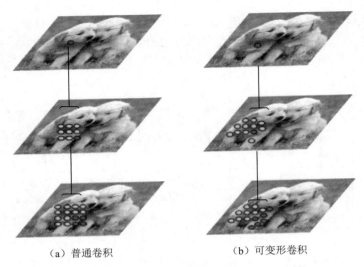

（a）普通卷积   （b）可变形卷积

图 3.13   普通卷积和可变形卷积的实现过程图

从图 3.13 中可以明显看出两种卷积方式的不同之处，普通卷积是针对整个图像进行卷积的操作，普通卷积的卷积核只是针对图像固定部分的感受野进行特征的提取，而可变形卷积的感受野相比普通卷积的感受野，范围更广且不规则。在普通卷积神经网络的实现过程中一般都需要对图像进行缩放，并在将图像进行归一化之后参与图像的卷积运算，这是因为普通卷积神经网络不具备尺度不变性。为了解决这个问题，则需要在卷积神经网络的卷积过程中对不同尺寸的图像进行特征学习，因此图像的数据集也直接影响算法的最终识别效果。针对这个问题，可变形卷积神经网络学习的结果中包括偏移量参数，因此可变形卷积神经网络具备普通卷积神经网络所没有的尺度不变性和旋转不变性。

可变形卷积神经网络主要的计算过程如下：

$$y(p_0) = \sum_{p_n \in R} w(p_n) \cdot x(p_0 + p_n) \tag{3.3}$$

$$y(p_0) = \sum_{p_n \in R} w(p_n) \cdot x(p_0 + p_n + \Delta p_n) \tag{3.4}$$

式中：R 对应的是位置的集合；p_n 是 R 集合中位置的枚举，在可变形卷积神经网络中常规的网格 R 可以通过一个偏移矩阵进行位置的扩张。

3.2.2   可变形卷积结构

在 3.2.1 小节中已经介绍了可变形卷积神经网络的基本实现原理，主要实现的过程与普通卷积神经网络的过程是基本一致的，都是提取图像中的特征来完成图像的识别，可变形卷积神经网络的实现过程如下。

（1）对图像进行归一化处理，并对图像进行缩放。

（2）将处理后的图像直接进行图像的卷积处理，其过程与普通的卷积神经网络的处理过程一样，通过卷积神经网络得到图像的特征图。

（3）在得到的特征图的基础上，进行一次卷积的操作，这么做是为了得到图像的可变形卷积的偏移量。由于图像中特征点的偏移量需要使用二维的坐标进行描述，则偏移量是两个参数，即 x 和 y 两个方向的坐标值，也就是说需要的特征点的层数为原来的 2 倍。

（4）最后输出特征图。

可变形卷积神经网络的结构单元示例如图 3.14 所示。

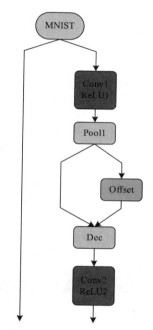

图 3.14　可变形卷积神经网络结构单元示例

需要注意的是，图像在提取偏移量的过程前后，特征图的通道是相同的，在 PyTorch 框架下的可变形卷积神经网络的实现代码如下。

代码 3.2　基于 PyTorch 的可变形卷积神经网络示例代码

```python
class DeformNet(nn.Module):
    # 定义可变形卷积神经网络中需要用到的结构单元
    def __init__(self):
        super(DeformNet, self).__init__()
        self.conv1 = nn.Conv2d(1, 32, kernel_size=3, padding=1)
        self.bn1 = nn.BatchNorm2d(32)

        self.conv2 = nn.Conv2d(32, 64, kernel_size=3, padding=1)
```

```
        self.bn2 = nn.BatchNorm2d(64)

        self.conv3 = nn.Conv2d(64, 128, kernel_size=3, padding=1)
        self.bn3 = nn.BatchNorm2d(128)

        self.offsets = nn.Conv2d(128, 18, kernel_size=3, padding=1)
        self.conv4 = DeformConv2D(128, 128, kernel_size=3, padding=1)
        self.bn4 = nn.BatchNorm2d(128)

        self.classifier = nn.Linear(128, 10)

    def forward(self, x):
        # 网络结构中的前向传播实现的顺序
        x = F.relu(self.conv1(x))
        x = self.bn1(x)
        x = F.relu(self.conv2(x))
        x = self.bn2(x)
        x = F.relu(self.conv3(x))
        x = self.bn3(x)
        offsets = self.offsets(x)
        x = F.relu(self.conv4(x, offsets))
        x = self.bn4(x)

        x = F.avg_pool2d(x, kernel_size=28, stride=1).view(x.size(0), -1)
        x = self.classifier(x)

        return F.log_softmax(x, dim=1)
```

3.3   目标分割之反卷积

图像中主要使用卷积神经网络实现图像的特征提取，卷积神经网络中的结构越深，图像的特征图就越小。但有时需要将图像的尺寸进行扩大，即将图像的分辨率从小变大，这种扩大图像尺寸的过程被称为反卷积。虽然反卷积和标准卷积的实现结果是截然相反的，但仍可以认为反卷积实际上是标准卷积的一种特殊情况，这是因为反卷积在实现的过程中仍然是通过图像的特征图与卷积核进行卷积实现图像中像素点的扩充以扩大分辨率。

3.3.1   反卷积数学理论的推导

提到反卷积的概念，可能会直接联想到标准卷积实现过程中的图像上采样的实现。上采样的实现过程同样是采用某种手段直接对图像特征图中的像素点进行扩充，从而提高图像分辨率。反卷积实际上也是图像上采样的一种实现方法，也可以说是标准卷积实现过程的逆运算。下面分别介绍标准卷积和反卷积的具体实现过程。

1. 标准卷积的实现过程

图像的像素点使用自行构造的矩阵进行表示，如尺寸为 4×4 的矩阵，公式如下：

$$\text{input} = \begin{bmatrix} x_1 & x_2 & x_3 & x_4 \\ x_5 & x_6 & x_7 & x_8 \\ x_9 & x_{10} & x_{11} & x_{12} \\ x_{13} & x_{14} & x_{15} & x_{16} \end{bmatrix} \tag{3.5}$$

由于卷积核的大小必须是奇数，假如卷积核的大小为 3×3，设置的卷积核的矩阵如下：

$$\text{input} = \begin{bmatrix} w_{0,0} & w_{0,1} & w_{0,2} \\ w_{1,0} & w_{1,1} & w_{1,2} \\ w_{2,0} & w_{2,1} & w_{2,2} \end{bmatrix} \tag{3.6}$$

卷积后图像特征图的尺寸大小的计算公式如下：

$$\frac{n-k+2p}{s}+1 \tag{3.7}$$

式中：n 为图像的宽或高；k 为卷积核的尺寸；p 为补充数据的大小；s 为移动的步长。

在卷积神经网络中除了对图像进行卷积操作外，还需要对图像进行池化操作，卷积与池化的过程往往成对出现。了解了卷积神经网络中卷积过程和图像尺寸的计算方法之外，还需要了解池化过程是如何影响图像尺寸的，在池化操作中图像尺寸的计算公式如下：

$$\frac{n-f}{s}+1 \tag{3.8}$$

式中：n 为图像的宽或高；f 为池化的尺寸；s 为移动的步长大小。

经过计算可以得到输出的特征图尺寸，从实际输出图像的尺寸来看，图像经过卷积之后的特征图尺寸相比原来的图像已经缩小，这是从标准卷积的计算过程来看的，实际过程是将卷积核对应的感受野进行了卷积的计算，因此提取特征后输出的特征图直接导致了图像分辨率的缩小。

实际图像的输出结果是图像经过一个卷积后的结果，标准卷积的实现过程也可以用线性代数中的矩阵计算表示，步骤如下。

（1）输入的图像矩阵展开为一维的矩阵数据。

（2）使用卷积核构建一个稀疏矩阵。

（3）通过输入图像和稀疏矩阵之间的矩阵计算实现特征图的输出。

标准卷积神经网络的线性代数的矩阵计算也是推理反卷积的主要手段，主要的推理过程见反卷积的实现过程。

2. 反卷积的实现过程

反卷积的实现过程是标准卷积的反向操作，即将通过卷积得到的特征图进行反卷积从而实现图像的逆向操作得到图像的原图像，但这个逆向的过程从推理的结果上仍得不到原图像，从图像的结果中可以看出，恢复后的图像实际上是通过添加图像中缺失的像素点而形成的，其中填充的像素值是根据算法计算得到的，反卷积的实现过程如图 3.15 所示。

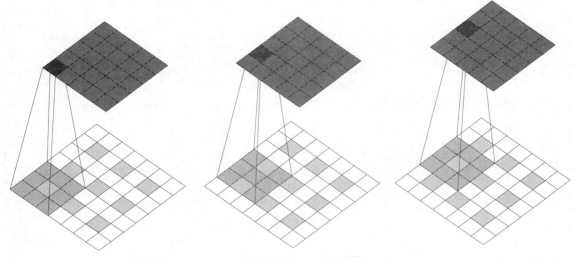

图 3.15　反卷积的实现过程

反卷积的实现过程可以使用线性代数中矩阵的计算过程进行详细的推理和介绍。假设卷积后的特征图矩阵经过一维的展开，并且经过卷积后的矩阵也可以展开为一维的形式，那么反卷积的推理过程可以通过标准卷积的推理过程得到，计算过程如下：

```
input_image = [x1, x2, x3, x4, x5, x6, x7]
```

输出的图像展开的一维矩阵如下：

```
output_image = [y1, y2, y3, y4]
```

通过输入和输出的特征图可以得到卷积过程中的稀疏矩阵，公式如下：

$$Y = C \cdot X$$

式中：Y 为输出的特征图特征；C 为稀疏矩阵；X 为输入的矩阵。得到的稀疏矩阵如下：

$$
C = \begin{bmatrix}
w_{0,0} & w_{0,1} & w_{0,2} & 0 & w_{1,0} & w_{1,1} & w_{1,2} & 0 & w_{2,0} & w_{2,1} & w_{2,2} & 0 & 0 & 0 & 0 & 0 \\
0 & w_{0,0} & w_{0,1} & w_{0,2} & 0 & w_{1,0} & w_{1,1} & w_{1,2} & 0 & w_{2,0} & w_{2,1} & w_{2,2} & 0 & 0 & 0 & 0 \\
0 & 0 & 0 & 0 & w_{0,0} & w_{0,1} & w_{0,2} & 0 & w_{1,0} & w_{1,1} & w_{1,2} & 0 & w_{2,0} & w_{2,1} & w_{2,2} & 0 \\
0 & 0 & 0 & 0 & 0 & w_{0,0} & w_{0,1} & w_{0,2} & 0 & w_{1,0} & w_{1,1} & w_{1,2} & 0 & w_{2,0} & w_{2,1} & w_{2,2}
\end{bmatrix}
$$

通过对矩阵的逆运算可以将输出图像与稀疏矩阵的转置进行矩阵运算，从而得到原图像，实际在进行逆运算之后得到的图像与原图像是相同的，即反卷积的结果实际是在特征图的图像中将对应位置缺失的像素点进行填充，经过反卷积之后得到的图像并不能完全等同于原始的图像。

3.3.2 反卷积在全卷积神经网络中的应用

全卷积神经网络（FCN）意味着基本上全部由卷积层的网络结构组合而成，反卷积在全卷积神经网络上主要用于图像分割。全卷积神经网络根据其网络的组成部分可以分为两部分，前一部分是通过卷积神经网络实现图像特征的提取，后一部分则是通过反卷积操作反向进行图像的恢复。全卷积神经网络的实现过程如图 3.16 所示。

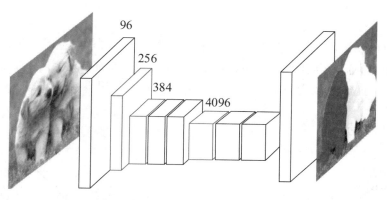

图 3.16　全卷积神经网络的实现过程

两种神经网络的不同点主要在于它们的后半部分结构，标准卷积神经网络中的后半部分结构是全连接层和 Softmax 层，而全卷积神经网络中的对应位置则全部由卷积层构成。标准卷积的单元结构执行顺序一般为输入图像、进行卷积、用激活函数进行激活、执行池化操作并得到第 1 层卷积后的特征图。不同的网络结构执行的结构部分也不相同，全卷积中的反卷积部分是标准卷积的反向操作，执行顺序为得到已经卷积的特征图、进行反池化（反卷积中的一种）、用激活函数进行激活，最后得到图像的反卷积恢复后的原图。

全卷积神经网络中的卷积层可以直接看成是通过对全连接层的转化而得到图像的反卷积结构，标准卷积神经网络中的全连接层相当于一个特征分类器，将一类目标的特征点进行标记，其标记的过程实际上是将各类图像的特征点进行映射，在全连接层之后将连接 Softmax 函数进行图像的分类，即全连接层将图像进行了一维化的处理。例如，输入的图像尺寸为 224×224×3，经过卷积神经网络的层层卷积后到达全连接层的维度为 1×4096 的尺寸，卷积的过程如图 3.17 和图 3.18 所示。

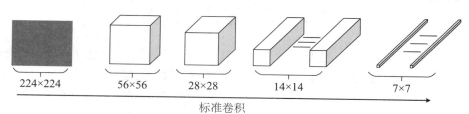

图 3.17　标准卷积过程

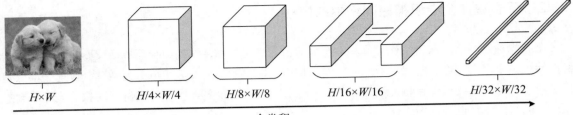

$H×W$　　$H/4×W/4$　　$H/8×W/8$　　$H/16×W/16$　　$H/32×W/32$

全卷积

图 3.18　全卷积过程

从图 3.18 中可以看到，全连接层输入部分的内容替换为了二维特征图，并且经过多次的卷积操作之后的特征图的分辨率要比原图的分辨率低，此时通过对特征图进行上采样操作不断地对特征图进行放大处理，直至放大到原图的尺寸。此时的图像就可以用于图像的分割等功能的处理，如图 3.19 所示。

卷积

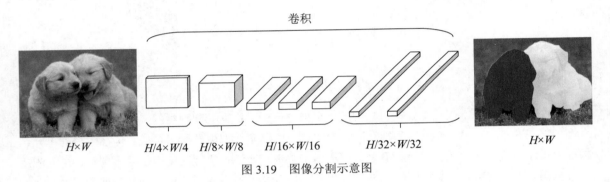

$H×W$　　$H/4×W/4$　　$H/8×W/8$　　$H/16×W/16$　　$H/32×W/32$　　$H×W$

图 3.19　图像分割示意图

虽然通过反卷积的操作可以实现原图的恢复，但在进行反卷积的数学推导过程中已经讲过，反卷积对原图并不是百分之百地进行恢复，而是对其中缺少像素点的位置进行像素点的恢复，这种恢复方式的缺点如下。

（1）反卷积恢复得到的结果实际上会损失掉部分精度，即使其输出的图像是比较平滑的。

（2）由于反卷积的过程中是间接提取图像中的特征，并没有考虑像素点之间的空间性，因此即使采用反卷积的恢复方式仍然不包含图像中各个像素点之间的关系。

3.4　池化层操作合集

图像中的池化（Pooling）操作是通过一定的算法提取图像中主要的特征点的一种处理方法。由于图像中相邻的像素之间通常具备相关性，因此在处理图像的过程中实际上是可以通过池化操作使其去除大量冗余的信息。池化的本质就是采样，通过这种方式对图像进行降维，以便加快运算的速度。目前常用的池化一般分为两种，一种是最大池化，另一种是平均池化。其具体操作如下。

池化的操作一般在卷积之后，卷积用于特征的提取，池化的本质也是提取特征的一种方式，可以说两者本质上是一样的。两者不同之处在于卷积中存在卷积核，用于学习图像中的特征点，并在网络模型的训练过程中不断改正；池化中不存在池化核，其所谓的池化核的概念也是相对于卷积核的。卷积和池化的不同点如下。

1. 通道方面

池化直接跟在卷积后的图像的后面，因此池化和卷积操作的通道数是相同的。在卷积和池化的过程中都有定义的池化或者卷积的大小、步长以及填充的类型。

2. 卷积和池化后的特征图

标准卷积对应下采样，两者操作后的特征图均会降低图像的特征尺寸；反卷积对应上采样操作，两者都是直接增加操作后的特征图尺寸。

池化的操作可以减少神经网络的计算量，降低参数的数量可以防止模型的过拟合，还可以提高神经网络的容错能力。

3.4.1 特征扩充之上采样

特征扩充上采样的原理是对一幅图像缺失的像素点进行填充，主要的采样方式是通过插值进行像素点的填充，本小节着重讲述上采样中所采用的几种插值方法。

1. 线性插值

线性插值中常用的算法包括双线性插值、最近邻插值、三线性插值等，目前主要采用的插值算法为双线性插值算法。双线性插值算法的中心思想是，分别在 x 和 y 两个方向上进行线性插值，即通过确定目标像素点周围 4 个像素点的位置，通过数学运算确定目标像素点的灰度值，如图 3.20 所示。

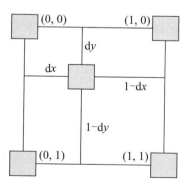

图 3.20 双线性插值算法示意图

双线性插值算法是一种加权算法，经过两次线性插值算法后基本可以得到当前目标点的像素值，计算公式如下：

$$f(\mathrm{d}x, 0) = f(0,0)(1 - \mathrm{d}x) + f(0,1)\mathrm{d}x \tag{3.9}$$

$$f(\mathrm{d}x,1) = f(1,0)(1-\mathrm{d}x) + f(1,1)\mathrm{d}x \qquad (3.10)$$

$$f(\mathrm{d}x,\mathrm{d}y) = f(\mathrm{d}x,0)(1-\mathrm{d}y) + f(\mathrm{d}x,1)\mathrm{d}y \qquad (3.11)$$

通过将目标点的坐标位置代入以上计算公式，基本可以得到图像中对应目标点的像素。其中，无论是进行 x 方向还是 y 方向上插值的点的计算，都可以实现对目标点的计算，这是因为目标点的计算与先进行哪个方向上的计算无关。

2. 反池化操作

反池化也叫解池化，其原理是逆向计算池化。反最大池化和反平均池化的过程如图 3.21 所示。

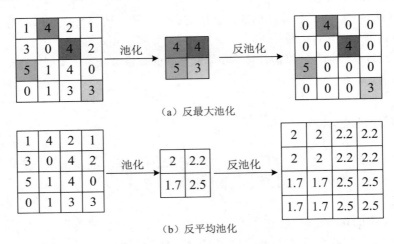

图 3.21　反最大池化和反平均池化操作过程

（1）反最大池化：在该过程中需要将对应位置的值进行恢复，因此可以在进行最大池化时对实际池化提取每个像素点的位置进行记录，也可以随机生成需要恢复的位置的序号。进行反池化时可以使用记录的序号或者随机生成的序号对需要恢复的图像中对应的位置进行恢复，其空余的位置使用 0 值进行补充。

（2）反平均池化：最大池化是对提取位置的索引和数值都进行了记录，但反平均池化的过程是对感受野中的所有值取平均值，并将该平均值作为池化后的结果，在进行反池化的过程中将所取平均值的感受野中所有的值都赋值为平均值，以此来实现反平均池化。

3.4.2　特征提取之下采样

特征提取中的下采样算法主要是使用最大池化和平均池化的方式进行池化操作，其中最大池化是提取图像中的主要特征信息，对其他不必要的信息进行舍弃；而平均池化不仅会保留图像中的特征信息，同时也会对图像的背景信息进行保留。目前常用的池化操作主要以最大池化为主，最大池化是取局域像素点的最大值作为最终需要提取的像素点的值，而平均池化则是将局部的像素点的值进行平均，并将平均值作为最终的值。平均池化和最大池化的具体操作过程如图 3.22 和图 3.23 所示。

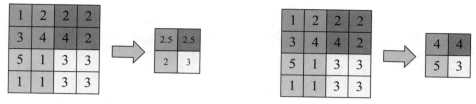

图 3.22　平均池化示意图　　　　　　　　　图 3.23　最大池化示意图

与池化相关的是反向传播算法的实现过程，这是因为在图像的反向传播算法中需要依靠池化后的特征图进行逆运算。进行反池化操作时需要确定标准卷积神经网络中池化的具体操作步骤，不同池化进行的反池化操作也不相同。

3.5　全连接层操作

3.5.1　原理概述

卷积层用来对图像中的目标进行特征点的提取和计算，全连接层则把每个卷积核提取的特征进行组合打包，并通过全连接层的计算将各个卷积核提取到的特征进行连接。除此之外，全连接层还将低维度中的图像特征点映射到高维度，实现对特征的分类，这也是在全连接层之后一般直接使用 Softmax 函数进行图像分类的原因。

假如现在使用一个已经训练好的模型对图像进行分类，那么在卷积层对图像进行特征的提取之后，全连接层是如何对图像进行分类的呢？这里以人物为例进行讲解。假如图像中的人物的每一部分都是提取出的一个特征，提取的特征部分包括目标人物的各个部位，那么在以人物为识别背景的条件下，需要提取的特征为目标的眼睛、鼻子、嘴巴、耳朵等。同理，如果一个目标需要被识别，那么需要提取被提取物的细节特征进行分类，在相似物体之间更是通过细节的特征进行识别。当然，这种特征往往不能被人眼所直接观测到，这也是深度卷积网络的优点，随着网络深度的增加，学习到过多的高维特征反而会降低整个目标的识别率，因此，需要对训练模型收敛的效果进行限制。

图 3.24 所示为全连接层的特征示意图，该图表示的是图像在经过卷积、池化、激活等操作之后所连接的网络结构，在全连接操作之前的所有操作均为提取图像特征的操作，且已到达了第 1 层全连接层并激活符合特征存在的部分神经元。该连接层是一维的，而该层的作用就是根据提取到的局部特征进行相关操作和组合再输出到第 2 个全连接层的某个神经元处，经过组合可以知道该目标的具体分类。

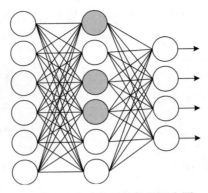

图 3.24   全连接层的特征示意图

除了使用一层的全连接层后直接进行分类外，部分神经网络还使用了两层的全连接层的结构，使用两层全连接层可以提供对图像的非线性表达，但是由于全连接层本身就是包含了图像中的全部特征点的一个集合，采用这种直连的方式实际上会导致模型参数剧增，所以不提倡这种做法。反卷积与全卷积网络都是对图像进行像素级别的操作，如用于语义分割的全卷积网络的后半部分结构就是反卷积。卷积层可以直接替换全连接层来实现与其相同的功能，也就是说全连接层可以与卷积层融合使用。

3.5.2   全连接层之间的连接

在卷积神经网络中最终的全连接层的主要作用是将各个卷积核提取的特征进行融合，然后再分类，为了提高全连接层的非线性表达能力，有的神经网络中也直接使用双全连接层来达到目的，这么做的缺点也很明显，就是可能会直接导致模型中的参数倍增，这是因为全连接层中融合了模型中所有的特征，使用双全连接层连接之后的网络结构如图 3.25 所示。

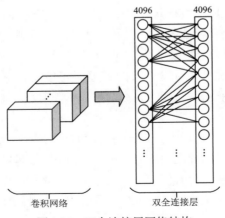

图 3.25   双全连接层网络结构

从图 3.25 中可以看出，由于各个神经元之间的相互连接，会直接导致全连接层模型中的参数倍增。为什么双全连接层可以增加模型的非线性表达呢？正是因为泰勒公式在神经网络中的应用，无穷个多项式函数的叠加可以任意无限逼近一个非线性的函数，这样就可以很好地解决非线性的问题了。

3.6　数据归一化

3.6.1　什么是数据归一化

数据处理方式大致可以分为数据的标准化和数据的归一化两种，其中归一化是将数据映射到 0～1 的范围之内，常用的归一化的处理方法如下：

$$y = \frac{x - min}{max - min} \tag{3.12}$$

式中：min 为待处理数据集合中的最小值；max 为待处理数据集合中的最大值。

通过计算待处理值与最大值和最小值差值的比值，可以实现数据的归一化，处理后的值在 0～1 之间。归一化处理数据既可以直接调用 Python 中第三方库中的函数，也可以直接编写代码重新构造，代码如下。

代码 3.3　数据归一化处理示例代码

```
import os
import sys
import math

def get_tongyi(x, xmin, xmax):
    up = x - xmin
    down = xmax - xmin
    y = up / down
    return y


def handle_data(x_uion):
    if not isinstance(x_uion, list):
            print("input data is wrong!")
            return
    temp_y = []

    xmin = min(x_uion)
    xmax = max(x_uion)

    for x in x_uion:
```

```
            y = get_tongyi(x, xmin, xmax)
            temp_y.append(y)

    print("y is:", temp_y)


if __name__ == '__main__':
    x_uion = [1, 2, 3, 4, 5, 6]
    handle_data(x_uion)
```

数据的标准化处理是将数据处理成正态分布，即标准化后的数据的均值为 0，且标准差变为 1，目前常用的方法是 Z-Score 标准化，实现公式如下：

$$y = \frac{x - u}{\sigma} \tag{3.13}$$

式中：x 为待处理的数据；y 为处理后的结果；u 为数据的平均值；σ 为标准差。

标准化实现的方式与归一化的方式基本相同，区别是归一化是为了加快训练网络的收敛性，而标准化主要应用于数据的下一步处理，如图像的变换或缩放等。不同的需求可以采用不同的方式进行数据的处理。

3.6.2　Batch Normalization

Batch Normalization 是于 2015 年提出的可以加快模型训练速度从而缩小训练时间的算法。由于神经网络的复杂性，当使用较为复杂的模型进行模型训练时，其过程中往往需要不断地调整学习率和一些超参以纠正模型，也正因如此，训练模型的难度才会很大。随着神经网络的不断训练，网络中的参数也会不断地进行更新，参数每次更新时产生微弱变化是由于层与层之间的梯度变化，当梯度过小时，模型的训练效果不再增加，容易发生梯度消失现象；当梯度过大时，模型不能正常收敛，容易发生梯度爆炸现象。

在深层网络的训练过程中，由于网络参数变化会引起内部节点的数据变化，这一过程会导致网络模型的学习速率降低，以及收敛速度减缓。此时可以通过数据的白化操作对输入的数据进行规范化处理，目的是调整输入的数据使其适应网络。所谓白化，就是通过一系列的预处理实现对输入数据的分布变换，进而可以达到输入的数据都具备相同的均值和方差，以及去除特征之间的相关性。白化的结果与 Batch Normalization 的结果类似，白化过程如图 3.26 所示。

由于白化过程比较复杂，由此诞生了 Batch Normalization 算法来解决这个问题。Batch Normalization 算法对每一批次的输入数据进行归一化处理，这种做法实际上是通过对每一层网络中的输入数据进行了修正，Batch Normalization 在神经网络中对数据做出修正的过程如图 3.27 所示。

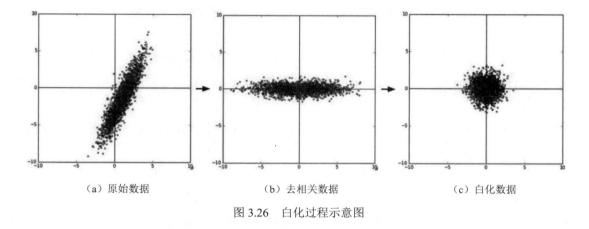

（a）原始数据　　　　　　　　（b）去相关数据　　　　　　　　（c）白化数据

图 3.26　白化过程示意图

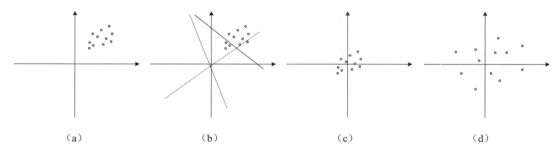

（a）　　　　　　　　（b）　　　　　　　　（c）　　　　　　　　（d）

图 3.27　数据的 Batch Normalization 修正过程示意图

关于 Batch Normalization 算法的具体实现步骤如下。

（1）计算每一层输入数据的均值。

$$u = \frac{1}{m} \sum_{i=1}^{m} z^{(i)} \tag{3.14}$$

式中：$z^{(i)}$ 是输入的每个数据；i 为数据的索引；m 为输入数据的总数；u 为计算的平均值。

（2）计算输入数据的方差。

$$\sigma^2 = \frac{1}{m} \sum_{i=1}^{m} (z^{(i)} - u)^2 \tag{3.15}$$

计算方差的方式比较简单，将其中每个输入数据和平均值的差值进行平方计算，并求其平均值，就可以得到方差的值。

（3）归一化数据。

$$z_{\text{norm}}^{(i)} = \frac{z^{(i)} - u}{\sqrt{\sigma^2 + \varepsilon}} \tag{3.16}$$

通过计算方差和均值并代入式（3.16）中，即可得到最终归一化后的数据，式（3.16）中 ε 的作用是防止在归一化数据的过程中出现分母为 0 的情况。

（4）数据的缩放和平移。计算出归一化的数值后，即可对输入数据进行数据的缩放和平移操作，实现的公式如下：

$$z^{(i)} = \gamma z_{\text{norm}}^{(i)} + \beta \tag{3.17}$$

式中：参数 γ 和 β 是两个需要在训练过程中模型自行学习的超参，将学习到的 γ 和 β 两个参数代入公式中即可完成对数据的处理。

由于 Batch Normalization 对每个神经元都进行归一化的处理，即每个神经元都会有自己专属的 γ 和 β，如果直接在卷积神经网络中的每个特征图上进行 Batch Normalization 计算，也会带来大量的训练参数 γ 和 β。因此，在卷积神经网络中对特征图执行 Batch Normalization 计算实际上也是应用了卷积神经网络中的权值共享思想，即每个特征图共用一套 γ 和 β 的权值。

使用 Batch Normalization 的代码如下。

代码 3.4　Batch Normalization 示例代码

```python
import numpy as np

def Batchnorm(x, gamma, beta, bn_param):

    # x_shape:[B, C, H, W]
    running_mean = bn_param['running_mean']
    running_var = bn_param['running_var']
    results = 0.
    eps = 1e-5

    x_mean = np.mean(x, axis=(0, 2, 3), keepdims=True)
    x_var = np.var(x, axis=(0, 2, 3), keepdims=True0)
    x_normalized = (x - x_mean) / np.sqrt(x_var + eps)
    results = gamma * x_normalized + beta

    # 因为在测试时使用的是单个图像，这里保留训练时的均值和方差，在后面测试时继续使用
    running_mean = momentum * running_mean + (1 - momentum) * x_mean
    running_var = momentum * running_var + (1 - momentum) * x_var

    bn_param['running_mean;] = running_mean
    bn_param['running_var'] = running_var

    return results, bn_param
```

3.6.3　Layer Normalization

Layer Normalization 和 Batch Normalization 的操作类似，都是对每一批次中的数据进行归一化

处理。假设输入的每一批次的数据为 N，那么该数据可以用三维图进行表示，其中 x 轴表示样本，y 轴表示通道，z 轴表示特征的数量，三维图如图 3.28 所示。

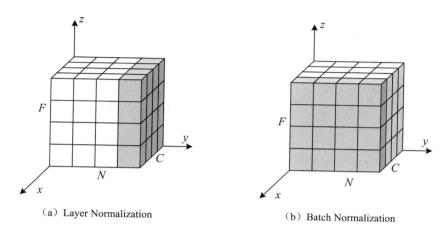

（a）Layer Normalization　　　　　（b）Batch Normalization

图 3.28　三维图

从图 3.28 中可以看出 Layer Normalization 和 Batch Normalization 两者结构的不同之处在于，Layer Normalization 取的是批次量 Batch 中所有图像的不同通道之间的归一化，而 Batch Normalization 则取的是同一通道之间的归一化。从图 3.29 中也可以看出，Batch Normalization 取的是样本中的同一个通道，表示模型是用来学习不同样本中的同一个特征；而 Layer Normalization 则取的是所有样本中的每一个样本的不同特征。在 Batch Normalization 和 Layer Normalization 都能使用的场景中，Batch Normalization 的效果一般优于 Layer Normalization，原因是基于不同数据，同一特征得到的归一化特征更不容易损失信息。

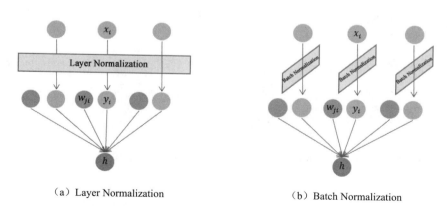

（a）Layer Normalization　　　　　（b）Batch Normalization

图 3.29　Layer Normalization 和 Batch Normalization 之间的区别示意图

可以说 Batch Normalization 主要适用的场景是每个 Batch 中的样本数较大，并且数据之间的分布情况比较接近，如果样本中的数据比较小或者 Batch 中的样本个数较少，则会对模型的训练产生比较大的影响。而 Layer Normalization 是针对单个样本的，不依赖数据中其他样本的分布情况，因此可以避免出现在 Batch Normalization 中受到 Batch 样本分布情况的影响。

使用 Layer Normalization 的代码如下。

代码 3.5　Layer Normalization 示例代码

```
def Layernorm(x, gamma, beta):

    # x_shape:[B, C, H, W]
    results = 0.
    eps = 1e-5

    x_mean = np.mean(x, axis=(1, 2, 3), keepdims=True)
    x_var = np.var(x, axis=(1, 2, 3), keepdims=True0)
    x_normalized = (x - x_mean) / np.sqrt(x_var + eps)
    results = gamma * x_normalized + beta
    return results
```

3.6.4　Instance Normalization

在卷积神经网络中可以将图像看成是四维的数据结构，这是因为图像可以表示为通道、图像的高所占据的像素值、图像的宽所占据的像素值三种数据，在这个基础上增加一个 Batch 的数据维度，即多个样本所组合的一个批次，那么图像的特征图就可以看成是四维的数据，表示为 $C \times B \times W \times H$，其中，$C$ 表示通道数；B 表示一个批次中的样本数；W 表示图像的宽度；H 表示图像的高度。Instance Normalization 的做法实际上是在 Layer Normalization 的基础上进一步缩小其中的维度信息来实现图像的风格迁移，Batch Normalization、Layer Normalization、Instance Normalization 和 Group Normalization 之间的区别如图 3.30 所示。

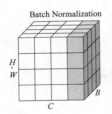 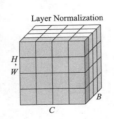 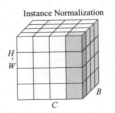 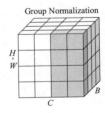

图 3.30　Batch Normalization、Layer Normalization、Instance Normalization 和 Group Normalization 算法集合示意图

图 3.30 中 Batch Normalization、Layer Normalization、Instance Normalization 和 Group Normalization 之间的区别主要在于，Batch Normalization 提取的是所有样本中同一个通道的特征，也就是说 Batch Normalization 与样本中的批次量 Batch 的大小有紧密的联系，关于这点在 3.6.2 小节中已介绍过；Layer Normalization 的做法是在所有的通道中提取同一个样本中的特征，即

$C\times 1\times W\times H$；而 Instance Normalization 的做法则进一步缩小对通道的信息，只提取其中 W 和 H 的信息，而保留维度中的批次信息和通道信息，这就导致一个问题：Instance Normalization 为什么能通过提取图像的风格特性来实现图像的风格迁移呢？

这是因为 Instance Normalization 的结构中丢弃了通道信息和批次信息，从而在对图像的归一化中仅对图像的宽和高进行处理，这就使得 Instance Normalization 保留了图像的信息，也就可以实现图像之间的风格迁移。

3.6.5　Group Normalization

在图 3.30 中可以看到，Group Normalization（GN）的结构实际上是通道数介于 Layer Normalization 和 Instance Normalization 之间的一个归一化。那么可以将 Group Normalization 的两个极端情况看成是 Layer Normalization 和 Instance Normalization，可以表示为如下代码。

```
def GroupNorm(x, gamma, beta, G, eps=1e-5):
    N, C, H, W = x.shape
    x = tf.reshape(x, [N, G, C // G, H, W])
    mean, var = tf.nn.moments(x, [2, 3, 4], keep dims=True)
    x = (x - mean) / tf.sqrt(var + eps)
    x = tf.reshape(x, [N, C, H, W])
    return x * gamma + beta
```

上述代码中的 gamma 和 beta 是模型中两个可训练的参数，gamma 为缩放参数，beta 为平移参数，G 是对通道进行分割的参数，G 的可分割范围为 1～G，G 的值越大，被分割后的数目就越小，G 的值大到极端就是 Instance Normalization，小到极端就是 Layer Normalization。至于 Group Normalization 的效果，可以通过 Kaiming He 论文中其与 Batch Normalization 之间的效果对比来看，如图 3.31 所示。

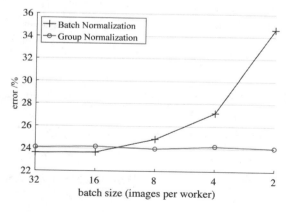

图 3.31　Batch Normalization 与 Group Normalization 的效果对比图

从图 3.31 中可以看出，随着 Batch 中样本数的不断减少，Batch Normalization 受其维度的影响较大，错误率也不断攀升，反观 Group Normalization 的效果则比较好。这说明在使用上 Group Normalization 的鲁棒性更好，而且其错误率与 Batch 的大小无关。

3.6.6　Switchable Normalization

Switchable Normalization 的 结 构 则 是 结 合 了 Batch Normalization、Instance Normalization 和 Layer Normalization 三种结构而成的。与加权的思想类似，是通过给以上三个结构赋予一个参数，最终形成 Switchable Normalization。可以通过图示的方式进行展示，具体的关系如图 3.32 所示。

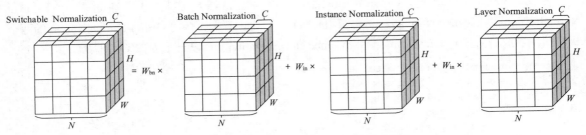

图 3.32　Switchable Normalization 的组成结构

从图 3.32 中可以看到在不同的 Normalization 结构前增加了一个权重的参量，用公式表达如下：

$$W_K = \frac{e^{\lambda_k}}{\sum\limits_{z \in \text{in,ln,bn}} e^{\lambda_z}}, k \in \text{bn,in,ln} \tag{3.18}$$

其中，λ_k 是三个维度统计量对应的参数，为了和网络参数（如卷积核）进行区分，这些参数也被称为控制参数。这些控制参数初始值均为 1，在反向传播时进行优化学习。式（3.18）即利用 Softmax 函数对优化参数 λ_k 进行归一化，计算统计量最终的加权参数 W_K。因此，所有的加权系数 W_K 的和为 1，每个加权系数 W_K 的值在 0～1 之间，类似地，W_K' 可以由另外的 3 个参数 λ_{bn}'、λ_{in}' 以及 λ_{ln}' 计算得出，并且 $\sum\limits_{k \in \Omega} W_K' = 1$，$\forall W_K' \in [0,1]$。因此，相对于 Batch Normalization 来说，Switchable Normalization 的结构中额外增加了 λ_{bn}'、λ_{in}'、λ_{ln}' 和 λ_{bn}、λ_{in}、λ_{ln} 6 个控制参数。由于 Switchable Normalization 融合了不同 Normalization 的结构，其同时也因此具备了各自的特点，通过调整结构中不同的权值可以应用到不同的任务中，统一之后的 Switchable Normalization 具备鲁棒性、多样性和通用性的特点。

3.7　防过拟合操作

3.7.1　正则化技术原理

　　深度学习中经常出现正则化技术，那什么是正则化呢？正则化技术实际上是为了解决机器学习中的过拟合现象而提出的一种解决方法。过拟合是指由于模型提取到了过量的特征，从而只对该部分训练的数据进行精确的识别和预测，而对其他所有训练样本之外的数据的识别效果很差。如果把卷积神经网络看成是一个用多项式表达的函数，根据泰勒公式可以知道，如果函数满足一定的条件，泰勒公式可以使用函数在某一点的各阶导数作为系数来构建一个多项式近似表达这个函数。下面使用一个简单的多项式说明过拟合是如何发生的以及正则化的具体实现方法。

　　首先假设图 3.33 中是待学习的一些离散的点，分别使用一次函数、二次函数和高次函数进行表示后的图像。一次函数不能包括其中所有的点，使用二次函数进行表示后基本可以包括所有符合点的特征，使用高次函数进行表示后也基本上可以包括其中所有的点，不同的是，高次函数表示的函数实际要包含更多的点。将图 3.33 中所示的函数分别描述为欠拟合、正常和过拟合三种情况。其中，欠拟合会使模型不能充分学习到模型的特征；正常表达的函数的鲁棒性最好，同时也是识别效果最好的；而过拟合基本上可以将不同类的点完全区分开，但仅对训练模型的数据有很好的效果，鲁棒性很差。如何处理过拟合的情况呢？从泰勒公式中可以看出，可通过控制多项式前的参数选择需要丢弃或保留的多项式。

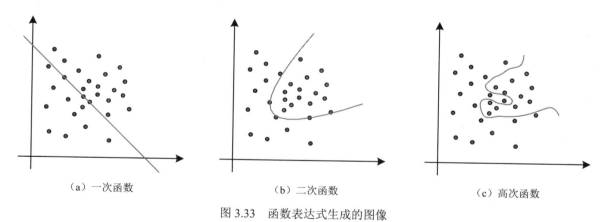

(a) 一次函数　　　　　　　(b) 二次函数　　　　　　　(c) 高次函数

图 3.33　函数表达式生成的图像

　　这就引入了正则化的概念，通过算法实现保留需要保留的特征变量，解决的方法是在原多项式中加入判决项，其作用是对多项式前的参数进行判决，公式如下：

$$J(\theta) = \frac{1}{2m}\left[\sum_{i=1}^{m}(h_\theta(x^{(i)}) - y^{(i)})^2 + \lambda\sum_{j=1}^{n}\theta_j^2\right]$$

(3.19)

需要注意的是，判决项是直接从 1 开始的，实际上第 1 个参数对整个模型的影响很小。因此正则化是从第 2 项开始进行的。参数 λ 用来控制不同参数之间的关系，该参数也被称为正则化参数，该数值的大小也会影响最终的效果。正则化参数越小，正则化的惩罚力度越大，那么多项式会成为仅包含第 1 个参数的直线，就会发生欠拟合的情况。

3.7.2　DropOut

DropOut 是指在深度学习神经网络的训练过程中，按照一定的概率将一部分神经网络单元暂时从网络中丢弃，但并未真正丢弃。所谓的丢弃，只是随机在该层卷积神经网络中进行神经元的丢弃，相当于从原始的神经网络中提取部分的神经元，从而形成一个更小型的卷积神经网络，DropOut 网络结构如图 3.34 所示。

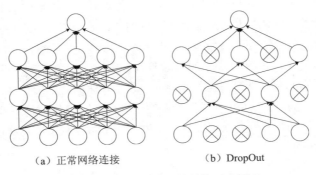

（a）正常网络连接　　　　　（b）DropOut

图 3.34　DropOut 网络结构示意图

从图 3.34 中可以看出，在大规模的卷积神经网络中使用 DropOut 结构的好处是可以缩减神经网络中神经元之间的连接数，具体缩减的数目可以通过设置随机丢失神经元的比例进行设置，其中神经元随机丢失比例的默认值一般为 50%。需要注意的是，DropOut 结构只在进行神经网络的训练时使用，而推理时则要对随机丢失的结构进行恢复。想要知道训练和推理在不同过程中是如何使用不同的结构的，就要知道该结构是如何在网络中进行连接的。

DropOut 结构一般直接用于全连接层，这是因为卷积层的主要作用是提取图像的特征，如果将 DropOut 的结构用于卷积层，会使图像的特征出现丢失的情况，也就不能在更深层的网络中学习到足够的特征。因此 DropOut 结构主要应用于卷积层之后，全连接层中包含了所有已经提取的特征信息，随机丢弃全连接层中的特征能有效防止数据量过大而导致模型出现过拟合的情况。接下来具体讲述 DropOut 的数学计算过程和网络模型的应用。

1. DropOut 的数学计算过程

$$r_j^{(l)} : \text{Bernoulli}(p) \tag{3.20}$$

$$y^{(l)} = r^{(l)} \cdot y^{(l)} \tag{3.21}$$

$$z_i^{(l+1)} = w_i^{(l+1)} y^l + b_i^{(l+1)} \tag{3.22}$$

$$y_i^{(l+1)} = f(z_i^{(l+1)}) \tag{3.23}$$

其中，Bernoulli 函数表示生成概率向量 r 的表示方法，也就是随机生成一个 0 或 1 的向量，0 表示丢弃的数值，1 则表示保留下的数值。

除了用公式来表示之外，也可以在代码层面观察 DropOut 的实际意义。例如，让某个神经元停止工作即丢弃该神经元，其实就是让它的激活函数值乘以一个 P 的数值，并令 P 的数值为 0。此时可以将数值 P 作为概率值进行计算，即是否激活某神经元的概率为 P。在卷积神经网络中默认的丢弃值为 0.5，也可以认为其中每个神经元有 50% 的概率为 0，也有 50% 的概率为 1。例如，某层网络神经元的个数为 n，其 DropOut 比率选择 0.6，那么该层神经元经过 DropOut 的操作之后，n 个神经元中约有 $n \times 0.6$ 个神经元对应的数值被置为 0。

2. DropOut 的用法

DropOut 在进行测试和训练时的代码是不同的，这是因为 DropOut 和 Batch Normalization 一样，在训练和测试时会有所不同。在 PyTorch 的框架下也针对两种不同的情况提供了专门的接口函数进行实现，在进行模型的训练时，神经网络中 DropOut 结构会随机丢弃其中一部分的神经元，使其对应神经元的输出变为 0，与原神经网络的输出相比，经过 DropOut 结构的神经网络的输出数据会变少。

DropOut 在模型的不同阶段起到不同的作用：在对模型进行训练学习特征的过程中，DropOut 对神经元进行随机失活，减少神经元对上层神经元的依赖，从而将网络变得更为稀疏，起到增加网络深度学习更多的特征信息的作用；在对模型进行推理的阶段，由于此时网络中各个神经元节点的参数已经固定，因此不再需要对神经元进行随机失活，此时对具有 DropOut 网络结构的神经网络需要采用不同的计算方式。PyTorch 中提供了模型的训练和推理两种模式，代码如下。

代码 3.6　基于 PyTorch 的模型训练和推理示例代码

```
import torch.nn as nn

# 输入图像的大小
input_size = 28 * 28
hidden_size = 500
num_classes = 10

# 三层神经网络
class NeuralNet(nn.Module):
    def __init__(self, input_size, hidden_size, num_classes):
        super(NeuralNet, self).__init__()
        self.fc1 = nn.Linear(input_size, hidden_size)    # 输入层到隐藏层
        self.relu = nn.ReLU()                            # 激活函数
        self.fc2 = nn.Linear(hidden_size, num_classes)   # 隐藏层到输出层
        self.dropout = nn.Dropout(p=0.5)                 # DropOut 训练
    # 模型的前向计算
```

```
def forward(self, x):
    out = self.fc1(x)                              # 卷积操作
    out = self.dropout(out)                        # 随机失活
    out = self.relu(out)                           # ReLU 函数的激活
    out = self.fc2(out)
    return out

model = NeuralNet(input_size, hidden_size, num_classes)
model.train()      # 使用 DropOut 的训练模式
model.eval()       # 不再使用 DropOut 的推理模式
```

通过以上讲解，可以了解到 DropOut 的原理是通过随机失活的做法减少过拟合情况的发生，这种做法主要还是体现在实际的训练中，那么训练后的模型如何进行推理呢？在训练阶段，每个神经单元都可能以概率 p 去除；在测试阶段，每个神经单元都是存在的，权重参数 w 要乘以 p，成为 pw，推理和测试如图 3.35 所示。

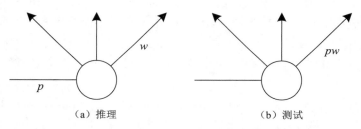

（a）推理   （b）测试

图 3.35   DropOut 推理和测试示意图

在模型的训练阶段，对神经元进行随机失活后，还需要对输出值进行一次缩放处理，即每个神经元的输出值应当乘以 $p/(1-p)$；否则，就应该在推理时进行一次缩放，即将推理输出的值乘以 p。

3. DropOut 的作用

（1）取平均。关于 DropOut 的结构前面已经讲过，DropOut 每选择一个神经元对于模型来说都构成一个全新的模型。因此在训练的过程中每进行一次参数更新，就可以实现一个全新模型的训练，卷积神经网络经过多次的模型训练之后，模型实现的效果相当于对 DropOut 结构取平均的效果。

（2）减少卷积神经网络之间的共适应关系。DropOut 结构每次都有一定的概率实现对部分神经元的提取，未加 DropOut 结构的卷积神经网络存在对部分神经元网络过分敏感的情况，会发生过拟合，加入 DropOut 结构的卷积神经网络可以通过其取平均的作用来减缓这种情况发生。也可以理解为 DropOut 结构可以通过使网络中提取的特定神经元失去作用来减缓卷积神经网络之间的共适应关系。

3.7.3   DropBlock

在 3.7.2 小节中介绍了 DropOut 主要的使用方法和计算方法。DropBlock 与 DropOut 的做法不同。首先是两者针对网络的层次不同，DropOut 采用直接在全连接层之后进行神经元的随机失活，而 DropBlock 则是针对卷积层进行处理；其次是两者之间的原理也不相同，DropBlock 是对特征图中的随机相邻的区域进行删除，而 DropOut 是对其中的随机单元进行删除。两者之间的区别可以使用图片进行对比，如图 3.36 所示。

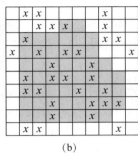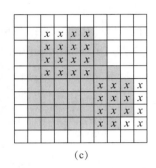

图 3.36　DropBlock 与 DropOut 的区别对比

其中图 3.36（b）是使用 DropOut 之后的图，图中的 x 代表的是已经失活的神经元，而阴影区域是经过图像的卷积操作之后，图像提取出的感兴趣的区域；图 3.36（c）进行的是 DropBlock 操作，DropBlock 对其中邻近区域进行随机失活。

由于 DropBlock 是对其中的区域块进行随机的删除，因此，相比 DropOut 而言，其鲁棒性要更好。这是因为需要模型在失去更多信息的情况下对目标进行精确的识别，除此之外，DropBlock 的主要作用是处理 DropOut 所不能处理的过拟合情况。DropBlock 也是进行正则化的一种手段。

PyTorch 中对不同维度的做法也提供了专门的接口，其中针对二维的接口为 DropBlock2D，针对三维的接口为 DropBlock3D，可以在不同的场景下使用不同的 PyTorch 框架提供的接口进行图像的处理。

3.7.4　DropConnect

DropConnect 是通过丢失部分神经元的连接使网络在每个训练步骤中适应不同的连接，其操作原理与 DropOut 基本相同，是在 DropOut 的基础上进行了改进。在 3.7.2 小节中的原理部分已经讲过，DropOut 的作用是将其中需要失活的神经元的输出置 0，以达到失活的目的。具体的区别可以通过图 3.37 进行观察。

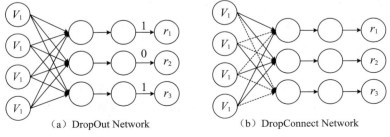

图 3.37　DropOut 与 DropConnect 对比图

从图 3.37 中可以看到，DropOut 在卷积层之后的所有神经元后面都增加了一个判决的条件，也可以看作是一个特殊的激活函数，通过神经元的激活函数输出值为 1，否则为 0，DropConnect 是直接在神经元的连接处起作用。因此，在 DropOut 后被丢弃的神经元的值会变为 0，未被丢弃的神经元还保留原来的值，而在 DropConnect 中无论是否被丢弃，神经元的值都不会发生变化，仍然保留原来的值。DropConnect 的实现代码如下。

代码 3.7　DropConnect 结构示例代码

```python
class DropConnect(layers.Layer):

    def __init__(self, drop_connect_rate=0., **kwargs):
        super(DropConnect, self).__init__(**kwargs)
        self.drop_connect_rate = float(drop_connect_rate)

    def call(self, inputs, training=None):

        def drop_connect():
            keep_prob = 1.0 - self.drop_connect_rate

            # 计算 DropConnect 张量
            batch_size = tf.shape(inputs)[0]
            random_tensor = keep_prob
            random_tensor += K.random_uniform([batch_size,1,1,1],dtype=inputs.dtype)
            binary_tensor = tf.floor(random_tensor)
            output = (inputs / keep_prob) * binary_tensor
            return output

        return K.in_train_phase(drop_connect, inputs, training=training)
```

3.8　NMS 算法及其改进算法

3.8.1　什么是 NMS

NMS 的英文全称为 Non-Maximum Suppression，即非极大值抑制，顾名思义就是抑制不是极大值的元素，可以理解为局部最大搜索。具体表现是同一个物体在经过预测之后可能会预测出多个目标框，且其置信度都相对较高，但需要实现的目标是一个物体，只需保留其预测框中最优的框即可。于是就要用到非极大值抑制来抑制那些冗余的框。抑制的过程是一个迭代、遍历最后消除的过程。

图 3.38 中框选出的框是未经过非极大抑制的效果，NMS 算法就是对其相同目标的多个目标框进行过滤。最后实现的效果是，相同目标所识别出的目标有且仅有一个目标框，并且是所有识别到的目标框中置信度最高的一个。

图 3.38　NMS 算法中的置信度框

3.8.2　NMS 算法

在了解 NMS 算法之前，需要首先了解区域交并比的原理和基本概念，交并比（Intersection over Union，IoU）也就是两个矩形框相互之间的交集与并集的比值，原理如图 3.39 所示。

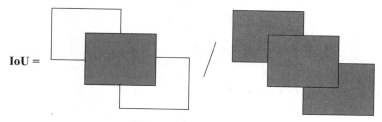

图 3.39　交并比原理图

IoU 公式中分子是矩形框之间的交集，通过矩形框左上角坐标的最大值和右下角坐标的最小值来计算两个区域之间的交集和并集。

NMS 算法实现的主要思想是将矩形框按照其置信度的值进行排序，并保留其中置信度最高的矩形框，除此之外，还需要计算矩形框相互之间的交并比，并设定一个交并比的阈值对矩形框进行过滤，通过这两个过滤条件实现图像中目标矩形框的过滤。数学公式表现的 NMS 算法如下：

$$s_i = \begin{cases} s_i, & \mathrm{iou}(M,b_i) < N_t \\ 0, & \mathrm{iou}(M,b_i) \geqslant N_t \end{cases} \tag{3.24}$$

式中：s_i 为待处理矩形框的集合；M 为当前置信度最高的矩形框；b_i 为需要处理的矩形框；N_t 为设定的交并比过滤阈值，系统默认的过滤阈值为浮点型数值 0.5，该值具体大小应该根据实际效果来设置。下面是使用 Python 语言实现的 NMS 算法代码。

代码 3.8　NMS 算法示例代码

```
/*
实现矩形框的 NMS 算法
*/
def cpu_nums(dets, thresh=0.7):
    x1 = dets[:,0]
    y1 = dets[:,1]
    x2 = dets[:,2]
    y2 = dets[:,3]
    scores = dets[:,4]

    areas = (x2 - x1 + 1)*(y2 - y1 + 1)   # 检测框 box 的面积
    index = scores.argsort()[::-1]    # 将每个 box 的置信度由高到低排序，并返回其在原列表中
                                             的索引

    keep = []      # 保留经 NMS 后的 box 的索引
    while index.size > 0:
        i = index[0]
        keep.append(i)

        # 求矩形框之间的交集的面积
        x11 = np.maximum(x1[i], x1[index[1:]])
        y11 = np.maximum(y1[i], y1[index[1:]])
        x22 = np.minimum(x2[i], x2[index[1:]])
        y22 = np.minimum(y2[i], y2[index[1:]])

        w = np.maximum(0, x22-x11+1)
        h = np.maximum(0, y22-y11+1)
        overlaps = w*h

        ious = overlaps/(areas[i] + areas[index[1:]] - overlaps)    # 矩形框的交并比
        idx = np.where(ious < thresh)[0]   # 保留 IoU 小于阈值的 box
        index = index[idx+1]   # idx 的长度比 index 的长度小 1，所以 +1

    return keep
```

3.8.3　SoftNMS 算法

　　SoftNMS 算法是在传统的 NMS 算法上进行改进后的一个去除矩形框的算法，主要改进的地方是对矩形框的加权方式，SoftNMS 算法中包含两种加权方式，分别如下：

$$s_i = \begin{cases} s_i, & \text{iou}(M, b_i) < N_t \\ s_i(1 - \text{iou}(M, b_i)), & \text{iou}(M, b_i) \geqslant N_t \end{cases} \tag{3.25}$$

$$s_i = s_i \text{e}^{-\frac{\text{iou}(M, b_i)^2}{\sigma}}, \forall b_i \notin D \tag{3.26}$$

　　大致的参数与传统的 NMS 算法中的参数相同，但 SoftNMS 算法中引入了名为高斯加权的计算方式。SoftNMS 算法的优点是可以方便地引入到目标检测的算法中，不需要增加额外的计算量，但 SoftNMS 算法和传统 NMS 算法都属于贪心算法，并不能直接找到最优的矩形框。SoftNMS 算法的代码如下。

代码 3.9　SoftNMS 算法示例代码

```python
def cpu_soft_nms(dets, sigma = 0.5, Nt = 0.7, method = 0, weight = 0, thresh = 0.2 ):
    box_len = len(dets)    # box 的个数
    for i in range(box_len):
        max_scores = dets[i, 4]

        tmpx1 = dets[i,0]
        tmpy1 = dets[i,1]
        tmpx2 = dets[i,2]
        tmpy2 = dets[i,3]
        ts = dets[i,4]
        max_pos = i

        pos = i+1
        while pos < box_len:
            if dets[max_pos, 4] < dets[pos, 4]:
                max_scores = dets[pos, 4]
                max_pos = pos

            pos += 1

        # 选取置信度最高的框
        # dets[i,0] = dets[max_pos, 0]
        # dets[i,1] = dets[max_pos, 1]
        # dets[i,2] = dets[max_pos, 2]
        # dets[i,3] = dets[max_pos, 3]
        # dets[i,4] = dets[max_pos, 4]
        dets[i,:] = dets[max_pos, :]

        dets[max_pos, 0] = tmpx1
        dets[max_pos, 1] = tmpy1
        dets[max_pos, 2] = tmpx2
        dets[max_pos, 3] = tmpy2
        dets[max_pos, 4] = ts

        # 将置信度最高的框赋给临时变量
        tmpx1,tmpy1,tmpx2,tmpy2,ts=dets[i,0],dets[i,1],dets[i,2],dets[i,3],dets[i,4]

        pos = i+1
        while pos < box_len:
```

```
                    x1 = boxes[pos,0]
                    y1 = boxes[pos,1]
                    x2 = boxes[pos,2]
                    y2 = boxes[pos,3]

                    area = (x2 - x1 + 1)*(y2 - y1 + 1)

                    iw = (min(tmpx2, x2) - max(tmpx1, x1) + 1)
                    ih = (min(tmpy2, y2) - max(tmpy1, y1) + 1)
                    if iw > 0 and ih >0:
                            overlaps = iw * ih
                            ious=overlaps/((tmpx2-tmpx1+1)*(tmpy2-tmpy1+1)+area-overlaps)

                            if method==1:       # 线性
                                if ious > Nt:
                                        weight = 1 - ious
                                else:
                                        weight = 1
                            elif method==2:    # gaussian
                                weight = np.exp(-(ious**2)/sigma)
                            else:            # original NMS
                                if ious > Nt:
                                weight = 0
                            else:
                                weight = 1

                            # 赋予该框新的置信度
                            dets[pos, 4] = weight*dets[pos, 4]
                            # print(dets[pos, 4])

                            # 如果该框得分低于阈值 thresh，则通过与最后一个框交换来丢弃该框
                            if dets[pos,4]< thresh:
                                    dets[pos,0], dets[pos,1], dets[pos,2], dets[pos,3] =
                                    dets[box_len-1,0], dets[box_len-1,1],
                                    dets[box_len-1,2],dets[box_len-1,3]
                                    dets[pos,4] = dets[pos,4]

                                    box_len = box_len-1
                                    pos = pos-1

                pos +=1

        keep = [i for i in range(box_len)]
        return keep
```

3.8.4 DIoUNMS 算法

DIoUNMS 算法中引入了 DIoU 的概念，修改了 NMS 算法中交并比的计算方式。引入 DIoU 是

考虑到矩形框之间的中心点位置的相互关系，DIoU 的计算方式能加快目标框的收敛速度，更快地定位到最佳矩形框的位置。该公式主要计算预测框和真实框之间的欧式距离以及形成最小闭包的对角线距离。DIoU 的计算公式如下：

$$\text{DIoU} = \text{IoU} - \frac{\rho^2(b, b^{\text{gt}})}{c^2} \tag{3.27}$$

DIoU 的计算公式可以用图 3.40 所示的图形表示。

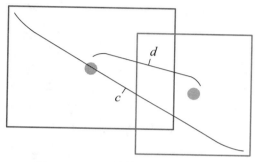

图 3.40 DIoU 计算公式的图形表示

在 NMS 算法中采用 DIoU 的计算方式替换了 IoU，由于 DIoU 的计算考虑了两框中心点位置的信息，故使用 DIoU 进行判决的 NMS 更符合实际，效果更优，实现的计算公式如下：

$$s_i = \begin{cases} s_i, & \text{IoU} - R_{\text{DIoU}}(M, B_i) < \varepsilon \\ 0, & \text{IoU} - R_{\text{DIoU}}(M, B_i) \geqslant \varepsilon \end{cases} \tag{3.28}$$

式中，B 的值是自定义的阈值，该数值根据实际情况确定。

无论哪种计算方式，都是为了提高回归的计算速度和提升去除多余矩形框的精度，YOLOv4 的算法中就直接采用了 DIoUNMS 算法去除多余的矩形框且表现优异。

3.9 小　　结

本章主要介绍了模型在进行网络训练时的一些数据处理的方法和基本操作，如模型基本操作中的卷积和基本原理、常用的卷积方式以及特殊的卷积（即可变形卷积）的实现和原理等。除此之外，还介绍了卷积的反向操作——反卷积、池化以及网络层中的全连接层等。在数据处理方面则包括数据归一化的几种方式，防过拟合操作的基本实现原理以及解决方法，目标检测中对目标框进行去重的几种 NMS 算法等。

第 4 章　PyTorch 基础

前几章已经介绍了深度学习中针对图像特征提取的方法和原理，本章要介绍在 PyTorch 框架下搭建神经网络的方法和相关数学运算。此外，由于训练模型是在不同硬件设备上进行训练，与 TensorFlow、Caffe 等框架下的操作不同，在 PyTorch 框架下需要手动将模型加载到不同的设备上进行训练和推理。本章也将着重介绍 PyTorch 框架下存储模型参数的权重文件结构，进一步了解不同设备下存储文件的结构特点。

本章主要涉及的知识点如下。

- PyTorch 语法：在 PyTorch 框架下数学张量的运算及其 API 接口的调用。
- 自动梯度：PyTorch 框架中的自动梯度原理及使用实例。
- 模型加载与保存：在 PyTorch 框架下不同硬件设备下的模型的加载与保存。
- 跨设备调用：不同硬件设备下相同模型的跨设备调用。
- 权重文件解析：通过修改训练后的权重文件的参数实现跨设备调用。

4.1　PyTorch 简介

PyTorch 是一个 Python 版本的开源的机器学习库和神经网络框架，该框架具备强大的 GPU 计算能力和自动梯度求导的神经网络，与 TensorFlow 框架中自动构建静态的运算图不同，PyTorch 是通过构建的动态神经网络图来完成神经网络中参数的计算。PyTorch 可以分为三个模块，分别是张量图构建模块、自动梯度求导模块和构造神经网络层模块，这三个模块之间关系紧密，如此设计的好处是在构造神经网络时可以避免重复进行模型的构造且使用更加方便。

除了构造简洁外，PyTorch 框架不仅在开发效率上要优于其他的神经网络框架，在相同代码上构造的神经网络在运行速度上也同样优于 Caffe、TensorFlow 等其他框架。PyTorch 是 2017 年在 Facebook 人工智能研究院基于 Torch 而推出的，因此 PyTorch 中的很多接口也继承了 Torch 的优点。除此之外，PyTorch 的优秀社区的建立也在不断地丰富 PyTorch 的生态系统，从而不断地扩大和提高 PyTorch 的应用范围和不同领域的开发。

4.2　PyTorch 开发环境搭建

在实现神经网络的训练之前首先需要准备好基本的软硬件条件。软件主要包括训练模型使用的操作系统、驱动、加速库、框架、编译器等，硬件主要包括用于训练或推理的 GPU 和 CPU 等。由于深度学习网络模型主要进行浮点运算，因此，为了提高训练模型的效率，一般直接使用 GPU 进行模型的训练。除此之外，显卡厂商推出的 CUDA 通用指令并行计算架构，使得采用 NVIDIA 公

司生产的具备很高计算力的 GPU 可以大幅提高训练模型的效率。本章以采用 NVIDIA 公司生产的
GPU 为例介绍在 Ubuntu（Linux）系统上进行软件安装和部署训练环境的相关知识。

4.2.1　安装驱动程序和 CUDA

选择 NVIDIA 厂商的显卡首先要到 NVIDIA 官网下载 CUDA 安装包和驱动程序并进行安装，
下载和安装步骤如下。

1. 下载和安装显卡驱动程序

在进行安装之前要根据自己的硬件设备的版本型号进行驱动程序的下载，本书使用的是
NVIDIA 公司的显卡，因此需要根据显卡的具体型号和名称在 NVIDIA 官网的主页上搜索对应的显
卡型号并进行下载。由于在安装系统时本身自带显卡驱动程序，在安装新下载的显卡驱动程序之前
要卸载旧版本的驱动程序。

（1）下载对应显卡的驱动程序。在官网的下载驱动界面的下拉列表框中选择对应的显卡型号进
行下载，如图 4.1 所示。

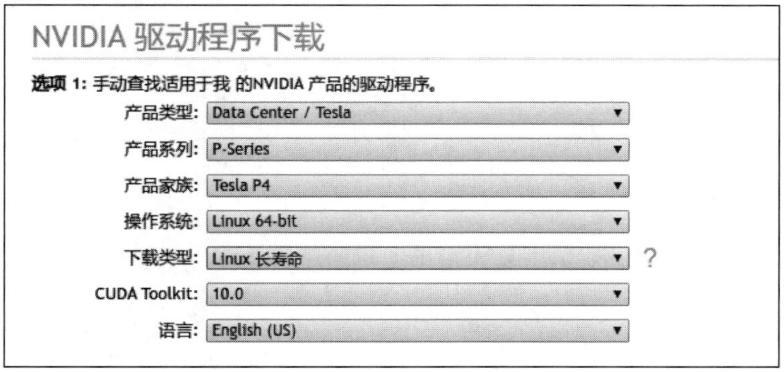

图 4.1　NVIDIA 驱动程序下载

显卡的具体型号需要根据计算机配置进行选择，不同型号的显卡对应的 CUDA 版本号也不相
同，因此在选择安装驱动程序之后注意需要安装的 CUDA 的版本号。单击"搜索"按钮后弹出的
界面如图 4.2 所示。

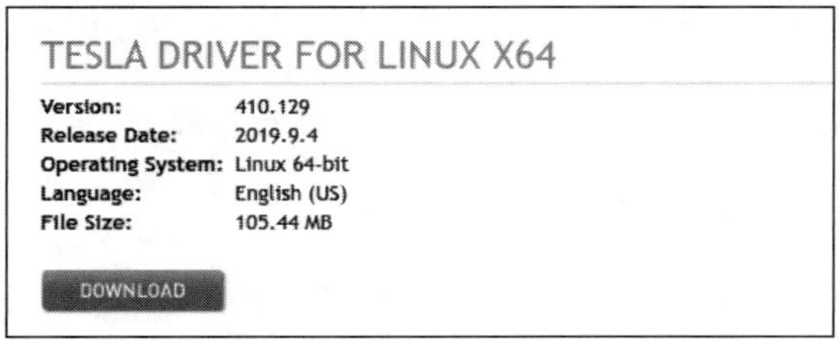

图 4.2　显卡驱动程序下载界面

下载完成后即可卸载原驱动程序并安装新的驱动程序。

（2）卸载之前的显卡驱动程序有以下两种方式。

方式一：

```
sudo apt-get remove --purge nvidia*
```

方式二：

```
sudo chmod +x *.run
sudo ./NVIDIA-Linux-x86_64-384.59.run -uninstall
```

1）如果原驱动程序是用 apt-get 安装的，就用方式一卸载。

2）如果原驱动程序是用 runfile 安装的，就用方式二卸载。其实，用 runfile 安装时也会卸载掉之前的驱动程序，所以不用手动卸载。

（3）禁用 nouveau 第三方驱动程序。修改配置文件，代码如下：

```
sudo gedit /etc/modprobe.d/blacklist.conf
```

在文本最后添加如下语句（禁用 nouveau 第三方驱动程序，之后也不需要改回来）：

```
blacklist nouveau
options nouveau modeset=0
```

执行命令：

```
sudo update-initramfs -u
```

重新启动后执行如下命令，如果屏幕无输出，说明禁用 nouveau 成功。

```
Lsmod | grep nouveau
```

（4）禁用 X-Window 服务。关闭图形界面，代码如下：

```
sudo service lightdm stop
```

按 Ctrl+Alt+F1 组合键进入命令行界面，输入用户名和密码登录即可。

提示：

在命令行中输入 sudo service lightdm start，然后按 Ctrl+Alt+F7 组合键即可恢复到图形界面。

（5）使用命令行安装驱动程序。给驱动 run 文件赋予执行权限：

```
sudo chmod +x NVIDIA-Linux-x86_64-384.59.run
```

执行如下命令安装驱动程序，后面的参数非常重要，不可省略：

```
sudo ./NVIDIA-Linux-x86_64-384.59.run –no-opengl-files
```

- -no-opengl-files: 表示只安装驱动程序，不安装 OpenGL 文件。该参数不可省略，否则会导致登录界面死循环，英语一般称为 login loop 或 stuck in login。
- -no-x-check：表示安装驱动程序时不检查 X 服务，非必需。
- -no-nouveau-check：表示安装驱动程序时不检查 nouveau，非必需。
- -Z, --disable-nouveau: 禁用 nouveau。此参数非必需，因为之前已经手动禁用了 nouveau。
- -A：查看更多高级选项。

必选参数解释：因为 NVIDIA 的驱动程序默认会安装 OpenGL，而 Ubuntu 的内核本身也有 OpenGL，且与 GUI 显示息息相关，一旦 NVIDIA 的驱动程序覆写了 OpenGL，在 GUI 需要动态连接 OpenGL 库的时候就会引发问题。之后，按照提示安装，成功后重启即可。如果提示安装失败，不要急着重启计算机，重复以上步骤多安装几次。

（6）测试驱动程序安装是否成功。执行如下命令，若列出 GPU 的信息列表，表示驱动程序安装成功。

```
nvidia-smi
```

运行成功会出现以下界面，根据安装的显卡驱动程序的不同，出现的显卡型号也不相同，如图 4.3 所示。

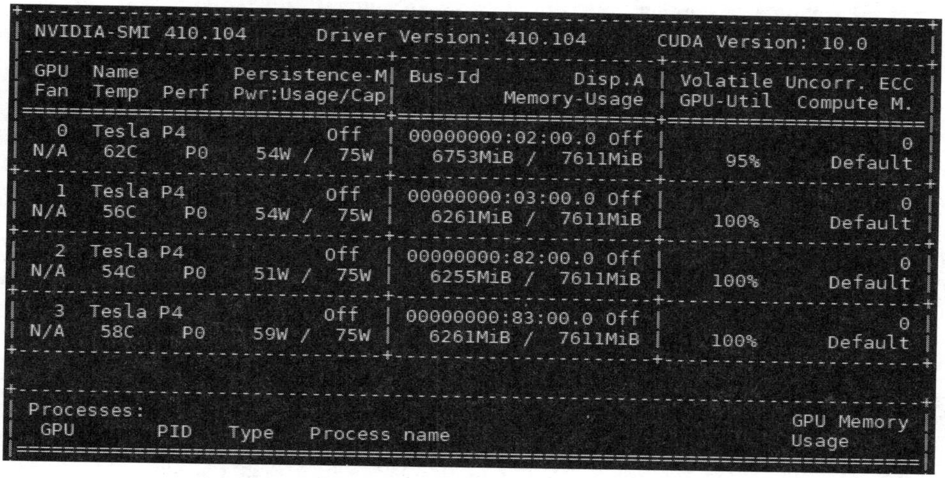

图 4.3　显卡驱动程序界面

2. 下载和安装 CUDA

（1）下载 CUDA 安装包。与安装显卡驱动程序的过程类似，同样要先在 NVIDIA 的 CUDA 官网上下载 CUDA 安装包。在 CUDA 的下载界面中根据具体的系统的架构、操作系统平台、版本和下载的安装包类型等选择下载 CUDA 的版本，下载界面如图 4.4 所示。

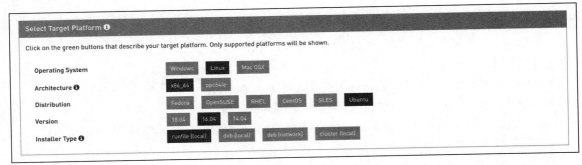

图 4.4　CUDA 下载界面

（2）安装 CUDA。在 root 权限下安装驱动包，命令如下：

```
sudo ./cuda_8.0.61_375.26_linux.run --no-opengl-libs
```

- -no-opengl-libs：表示只安装驱动程序，不安装 OpenGL 文件，必需参数。注意：不是 -no-opengl-files。
- -uninstall (deprecated)：用于卸载 CUDA Driver（已废弃）。
- -toolkit：表示只安装 CUDA Toolkit，不安装 Driver 和 Samples。
- -help：查看更多高级选项。

之后，按照提示进行安装即可。笔者依次选择了如下选项。

```
accept  # 同意安装
n     # 不安装 Driver，因为已安装最新驱动程序
y     # 安装 CUDA Toolkit
<Enter>  # 安装到默认目录
y     # 创建安装目录的软连接
n     # 不复制 samples，因为在安装目录下有 /samples
```

（3）CUDA Sample 测试。

编译并测试设备 deviceQuery。

```
cd /usr/local/cuda-8.0/samples/1_Utilities/deviceQuery
sudo make
./deviceQuery
```

编译并测试带宽 bandwidthTest。

```
cd ../bandwidthTest
sudo make
./bandwidthTest
```

如果这两个测试的最后结果都是 Result = PASS，则说明 CUDA 安装成功。

3. 设置环境变量

打开主目录下的 .bashrc 文件添加如下路径，如果找不到 .bashrc 文件，则按 Ctrl+H 组合键显示隐藏文件。

```
export LD_LIBRARY_PATH=$LD_LIBRARY_PATH:/usr/local/cuda-9.0/lib64
export PATH=$PATH:/usr/local/cuda-9.0/bin
export CUDA_HOME=$CUDA_HOME:/usr/local/cuda-9.0
```

在终端运行如下命令。

```
source ~/.bashrc
```

运行如下命令，如果显示了图 4.5 中所示的内容，就说明安装成功。

```
nvcc --version
```

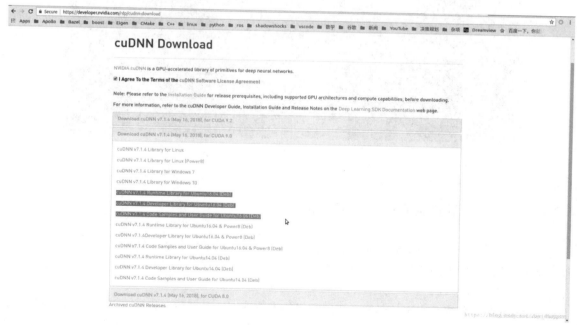

图 4.5　安装成功的显示信息

4. 安装 cuDNN 加速包

安装并配置 cuDNN 7.1 for CUDA 9.0。

（1）下载 cuDNN 7.1 for CUDA 9.0。下载 cuDNN 需要在官网注册账号，登录后下载 cuDNN 7.1 for CUDA 9.0（共三个文件），下载界面如图 4.6 所示。

图 4.6　下载 cuDNN 界面

（2）安装 cuDNN 7.1 for CUDA 9.0。进入 cuDNN 7.1 for CUDA 9.0 三个文件所在的目录，执行如下命令进行安装。

```
cd ~/tools/cudnn/7.1_for_cuda9.0
sudo dpkg -i libcudnn7_7.1.4.18-1+cuda9.0_amd64.deb
sudo dpkg -i libcudnn7-dev_7.1.4.18-1+cuda9.0_amd64.deb
sudo dpkg -i libcudnn7-doc_7.1.4.18-1+cuda9.0_amd64.deb
```

（3）验证 cuDNN 7.1 for CUDA 9.0 是否安装成功。使用如下命令将示例代码复制到当前目录下，编译并运行其中的一个示例程序 mnistCUDNN。

```
cp -r /usr/src/cudnn_samples_v7/ ~
cd ~/cudnn_samples_v7/mnistCUDNN
make clean && make
./mnistCUDNN
```

如果 cuDNN 安装成功，则测试结果如图 4.7 所示。

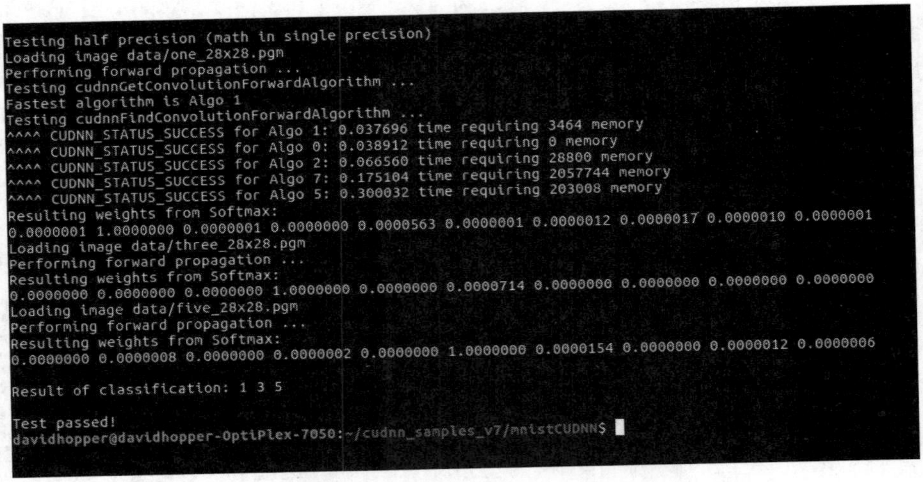

图 4.7　测试 cuDNN

4.2.2　在 Linux 下安装 PyTorch 和 Torchvision

在 Linux 下安装 PyTorch 是在终端使用 pip 包管理工具采用命令行的方式进行的，安装的具体命令要在 PyTorch 官方网站获取。安装过程如下。

1. 查看安装命令

在 PyTorch 下载界面中根据需要选择所使用的操作系统、语言和安装包，不同方式的安装命令也不相同。例如，选择 Linux 系统下稳定版本的 Python 语言包，安装方式为使用 pip 工具，CUDA 版本为 10.1，那么配置界面和安装命令如图 4.8 所示。

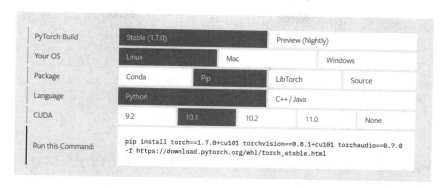

图 4.8　PyTorch 安装命令界面

根据官网上给出的命令进行复制并在终端中执行命令进行安装，命令如下：

```
pip install torch==1.7.0+cu101 torchvision==0.8.1+cu101 torchaudio==0.7.0 -f
https://download.pytorch.org/whl/torch_stable.html
```

使用上述命令将同时安装 PyTorch 和 torchvision 两类库，torchvision 是独立于 PyTorch 的一个图像库，其作用主要是处理图像。torchvision 库主要分为 4 个部分，分别为 torchvision.datasets、torchvision.models、torchvision.transforms 和 torchvision.utils，其作用分别如下。

（1）torchvision.datasets 主要用于对输入模型的数据进行加载处理。

（2）torchvision.models 提供一些简单的模型，可直接使用。

（3）torchvision.transforms 提供数据中需要进行的一般转换处理，如尺寸变换、数组转张量操作等。

（4）torchvision.utils 用于将输入到模型的一个批次的图像进一步处理排列成为网格形状。

使用 pip 默认的源安装速度比较慢，需要更换为第三方的源进行安装。更换源的方式有两种，一种是直接在配置源的文件中添加第三方的源，这种方式是永久安装；另一种是在命令行下通过添加参数的方式更换源，这种方式是临时更换。以下分别使用两种方式来配置清华源。

（1）永久更换源方式。打开源列表文件，代码如下：

```
sudo vim /etc/apt/sources.list
```

打开的界面中 deb 命令后的网址为系统中的源，如图 4.9 所示。

图 4.9　系统中的源

（2）临时更换源方式。使用临时更换源的方式是在命令行后增加参数并增加源的路径。命令如下：

```
pip install torch==1.7.0+cu101 torchvision==0.8.1+cu101 torchaudio==0.7.0 -f
https://download.pytorch.org/whl/torch_stable.html -i https://pypi.tuna.tsinghua.
edu.cn/simple
```

📢 **注意：**

> 本次实验使用的源为清华源。使用国内的源进行安装时，除了清华源外，也可以使用豆瓣等其他国内源。

2. 测试 PyTorch 安装结果

安装完 PyTorch 之后可以在命令行中测试是否安装成功。首先在命令行终端中输入 Python 命令进入 Python 环境交互界面，然后在该环境下输入导入 PyTorch 包的命令 import torch，并进一步调用 PyTorch 中的包进行测试，测试结果如图 4.10 所示。

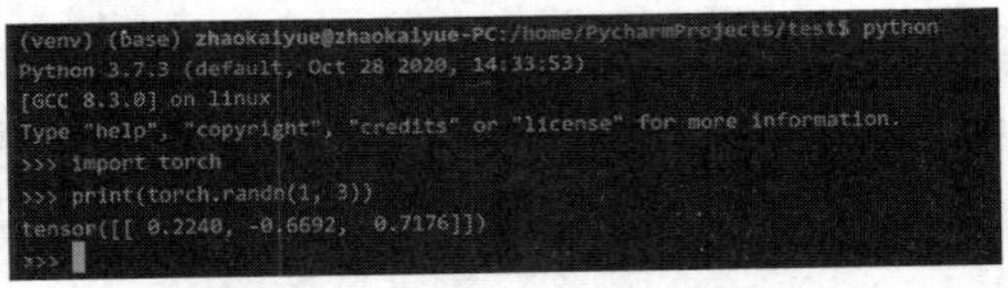

图 4.10　成功安装 PyTorch 的界面

4.2.3　在 Linux 下安装 OpenCV

在 Linux 下安装 OpenCV 有两种方式，一种是直接下载源码在本地上进行编译安装；另一种是直接使用 pip 命令对 OpenCV 进行安装。下面对这两种方式分别进行介绍。

1. 以源码编译的方式进行安装

用源码编译的方式进行安装前，要在 OpenCV 官网上搜索对应版本的源码进行下载，打开官网后界面如图 4.11 所示。

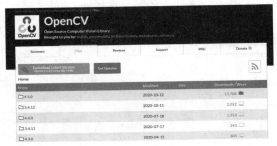

图 4.11　OpenCV 官网

在官网下载对应版本的压缩包，由于本身的运行环境缺少编译过程中必需的依赖包，因此在安装完成后还不能直接进行编译，需要对环境的依赖包进行安装。安装环境的依赖包的命令如下：

```
sudo apt-get install build-essential

sudo apt-get install cmake
sudo apt-get install libgtk2.0-dev
sudo apt-get install pkg-config
sudo apt-get install python-dev python-numpy
sudo apt-get install libavcodec-dev libavformat-dev libswscale-dev libjpeg-dev
libpng-dev libtiff-dev libjasper-dev
```

此时，可以进一步对环境进行安装，解压压缩包之后，需要对安装包进行编译安装。在当前的解压目录下建立 build 文件夹，并指定编译的路径为 /usr/local。编译命令如下：

```
cmake -D CMAKE_BUILD_TYPE=RELEASE -D CMAKE_INSTALL_PREFIX=/usr/local ..
make
```

编译完成后，可以直接运行 make 命令进行安装，安装命令如下：

```
sudo make install
sudo ldconfig
```

除了上述直接从官网上下载源码并重新编译的方式外，也可以直接从 GitHub 上下载已经编译好的安装包进行安装，相比源码编译的方式可以省略对依赖库的安装和重新编译的步骤，这里不再讲述。

2. 以 pip 的方式进行安装

直接使用 pip 工具内的安装包进行安装是最简单、最快速的方式。安装命令如下：

```
pip install opencv-python
```

这种方式会直接默认安装 OpenCV 中的所有组件。安装完成后可以查看 OpenCV 版本测试是否安装成功，安装成功的测试结果如图 4.12 所示。

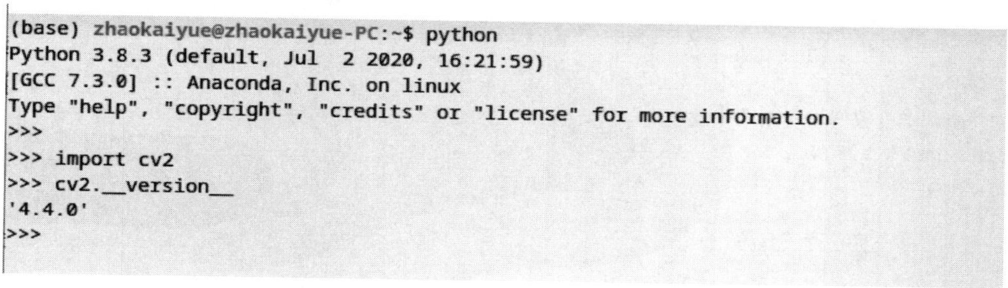

```
(base) zhaokaiyue@zhaokaiyue-PC:~$ python
Python 3.8.3 (default, Jul  2 2020, 16:21:59)
[GCC 7.3.0] :: Anaconda, Inc. on linux
Type "help", "copyright", "credits" or "license" for more information.
>>>
>>> import cv2
>>> cv2.__version__
'4.4.0'
>>>
```

图 4.12　成功安装 OpenCV 的界面

4.3　PyTorch 基本语法

4.3.1　PyTorch 的张量 Tensor

不同应用场景下采用的软件及其计算的数据格式也不相同，如常用于数据建模的 MATLAB 采用的数据格式多为 NumPy（即矩阵），但在 PyTorch 框架下，为了适应神经网络的计算，产生了 Tensor（即张量）的数据格式。接下来介绍 PyTorch 框架下张量的详细使用方法。

首先，张量是 PyTorch 中封装的 Variable 变量的数据，其中的属性包括，data：所封装的张量的数据；dtype：所封装的张量的数据类型；shape：所封装的张量的形状；device：选择运行数据的设备 CPU 或 GPU；requires_grad：判断是否需要梯度；grad：张量的梯度值；grad_fn：主要用于自动求导；is_leaf：判断变量是否为叶子节点。torch.Tensor 的封装关系如图 4.13 所示。

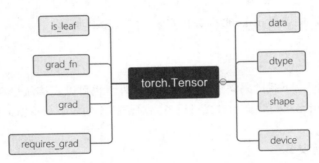

图 4.13　torch.Tensor 的封装关系

PyTorch 中直接提供接口进行张量矩阵的创建，代码如下：

```
# 创建 PyTorch 框架下的全零张量
torch.zero((3,3))
>> tensor([[0., 0., 0.],
           [0., 0., 0.],
           [0., 0., 0.]])

# 创建全部维度数值均为 1 的张量
Torch.ones((3,3))
>> tensor([[1., 1., 1.],
           [1., 1., 1.],
           [1., 1., 1.]])

# 创建等差张量
torch.arange(4)
>> tensor([0, 1, 2, 3])
```

```
# 创建单位对角矩阵
torch.eye()
>> tensor([[1., 0., 0.],
           [0., 1., 0.],
           [0., 0., 1.]])
```

除了直接通过接口创建张量外，还可以通过转换的方式将其他格式的数据转换为张量，从而参与神经网络中的数学计算。例如，使用 torch.tensor() 函数实现强制类型转换或者将 NumPy 转换为张量。实现的基本方式如下：

```
# 典型的创建张量的方式
data = torch.tensor(data, dtype=None, device=None, requires_grad=False)
# 将数据强制转换为张量
torch.as_tensor(data, dtype=None, device=None)
# 将数组格式的数据转换为张量
Data = torch.numpy(ndarray)
```

4.3.2　PyTorch 运算

张量的基本操作除了上述创建数据的操作外，还包括与 Python 中 list 列表操作类似的拼接、切分、索引和变换等操作。

1. 拼接

拼接数据使用的函数为 torch.cat(seq, dim=0, out=None)，其中 seq 为要拼接的数据，dim 为需要沿着制定的维度 dim 进行数据的拼接，out 为固定输出的参数。除了 torch.cat() 可以实现拼接功能外，torch.stack() 也可以实现张量的拼接，但两者的拼接方式不同，torch.cat() 函数直接在现有的维度上进行数据的叠加，会导致维度的增加或减少，torch.stack() 是通过在现有的维度上增加维度实现数据的拼接，两种不同拼接方式的实现代码如下：

```
# 生成维度为 (2,3) 的张量
x=torch.randn(2,3)
>> tensor([[-0.9613, -1.5435, -0.8332],
           [0.2587,  0.0970,  1.2792]])

# 对数据的第 1 个维度进行拼接
torch.cat((x,x), 0)
>> tensor([[-0.9613, -1.5435, -0.8332],
           [0.2587,  0.0970,  1.2792],
           [-0.9613, -1.5435, -0.8332],
           [0.2587,  0.0970,  1.2792]])

# 对数据的第 2 个维度进行拼接
torch.cat((x,x), 1)
```

```
>> tensor([[-0.9613, -1.5435, -0.8332, -0.9613, -1.5435, -0.8332],
           [ 0.2587,  0.0970,  1.2792,  0.2587,  0.0970,  1.2792]])

# 在第 1 个维度上新增一个维度进行续接
torch.stack((x, x), 0)
>> tensor([[[-0.9613, -1.5435, -0.8332],
            [ 0.2587,  0.0970,  1.2792]],

           [[-0.9613, -1.5435, -0.8332],
            [ 0.2587,  0.0970,  1.2792]]])

# 在第 2 个维度上新增一个维度进行续接
torch.stack((x, x), 1)
>> tensor([[[-0.9613, -1.5435, -0.8332],
            [-0.9613, -1.5435, -0.8332]],

           [[ 0.2587,  0.0970,  1.2792],
            [ 0.2587,  0.0970,  1.2792]]])
```

2. 切分

张量中的切分将完整数据按照维度分成两个或多个数据。与图像中的拼接类似，切分数据同样由 PyTorch 框架中提供的两个函数进行处理，分别是 torch.chunk() 和 torch.split()，不同的是两个切分函数中的参数不同。

```
torch.chunk(tensor, chunks, dim)
```

torch.chunk() 函数中的 tensor 表示需要切分的数据，chunks 表示需要切分数据被除的参数，如果不能被整除，那么被切分数据必然会导致一个数据块较大，另外一个数据块较小，参数 dim 表示被切分数据的维度。

```
torch.split(tensor, split_size_or_sections, dim)
```

与 torch.chunk() 函数不同，torch.split() 的第 2 个参数 split_size_or_sections 为切分后该维度的维度值。两个切分函数的示例代码如下：

```
# 生成容易切分的数据
>>> x=torch.randn(2,3)
>>> print(x)
tensor([[ 0.5864,  0.8905, -1.3881],
        [-0.9775,  1.8159,  1.1794]])

# 对数据进行切分
torch.chunk(x, 2, dim=0)  # 按照 dim=0 的维度分为两块
>>> (tensor([[0.5864, 0.8905, -1.3881]]), tensor([[-0.9775, 1.8159, 1.1794]]))

# 对数据进行切分
torch.split(x, 1, dim=0)  # 按照某个维度依照第 2 个参数给出的 list 或者 int 切分
>>> (tensor([[0.5864, 0.8905, -1.3881]]), tensor([[-0.9775, 1.8159, 1.1794]]))
```

3. 索引

PyTorch 框架中提供了可以直接用于索引的函数接口 torch.index_select()，该函数的使用方法如下：

```
torch.index_select(input, dim, index)
```

其中，参数 input 为输入的数据张量；参数 dim 为维度参数，是指搜索所在序列的维度；参数 index 为搜索目标所在维度的序号，其参数类型为张量。

```
# 被索引的数据
a=torch.tensor([[4,5,6],[1,2,3],[3,4,5]]) # a.shape = (3,3)

# 对数据进行搜索
out = torch.index_select(a, dim=0, index=torch.tensor([0, 2]))
>>> tensor([[4, 5, 6],
            [3, 4, 5]])
```

4. 变换

PyTorch 中对张量的变换方式包括增加或者减少张量的维度，交换张量中的不同维度。增加或减少维度为 1 的接口函数为 torch.squeeze() 或 torch.unsqueeze()，交换维度的函数为 torch.transpose()，与只能减少维度为 1 的接口函数相同，PyTorch 中去除指定维度的函数为 torch.unbind()，各函数的示例代码如下：

```
# 产生一个可测试的数据
>>>import torch
>>>x=torch.randn(3,4)
>>> tensor([[-0.3862, -0.8682, -0.4077, -0.0568],
            [-0.5828,  0.8887, -0.6926, -1.5648],
            [ 0.3948,  1.0812, -0.8342,  0.2187]])

# 使用 transpose 函数交换数据 x 的两个维度
>>>torch.transpose(x, 0, 1)    # 交换张量的两个维度
tensor([[-0.3862, -0.5828,  0.3948],
        [-0.8682,  0.8887,  1.0812],
        [-0.4077, -0.6926, -0.8342],
        [-0.0568, -1.5648,  0.2187]])

# 使用 unsqueeze 接口函数增加维度
>>> b=torch.unsqueeze(x, 1)
>>> print(b)
tensor([[[-0.3862, -0.8682, -0.4077, -0.0568]],
        [[-0.5828,  0.8887, -0.6926, -1.5648]],
        [[ 0.3948,  1.0812, -0.8342,  0.2187]]])

# 通过 squeeze 接口函数在 b 的基础上减少维度为 1 的维度
>>> torch.squeeze(b, 1)
```

```
tensor([[-0.3862, -0.8682, -0.4077, -0.0568],
        [-0.5828,  0.8887, -0.6926, -1.5648],
        [ 0.3948,  1.0812, -0.8342,  0.2187]])

# 去掉其中维度为 0 的维度
>>> torch.unbind(b, 0)
(tensor([[-0.3862, -0.8682, -0.4077, -0.0568]]), tensor([[-0.5828,  0.8887,
-0.6926, -1.5648]]), tensor([[ 0.3948,  1.0812, -0.8342,  0.2187]]))
```

5. 数学运算

　　PyTorch 框架中包含众多的数学运算，如基本的数学运算加、减、乘、除，在 PyTorch 框架中对应的函数分别为 torch.add()、torch.sub()、torch.mul()、torch.div()。除了基本的数学运算之外，还可以进行数学计算，如矩阵之间的乘积函数 torch.mm() 和 torch.matul()，其中 torch.mm() 采用的是二维矩阵之间的乘积，torch.matul() 采用的是高维矩阵之间的计算。PyTorch 框架中还提供了向上取整、向下取整、四舍五入以及张量维度的裁剪等功能，这里只摘取部分示例代码进行展示。

```
>>> import torch
>>>
>>> x = torch.randn(3, 4)
>>> print(x)
tensor([[-0.1537,  2.2031,  2.5601,  0.9848],
        [ 0.1473, -1.0675, -1.6501,  0.4665],
        [-0.2284, -1.0288, -1.7026,  1.7299]])
>>> y = torch.randn(3, 4)
>>> print(y)
tensor([[ 0.6100,  0.0613, -1.1354, -1.0760],
        [-0.0340,  0.9977, -0.4651,  1.7617],
        [ 1.0570, -0.2695,  0.1836,  0.1388]])
>>> x + y
tensor([[ 0.4563,  2.2644,  1.4247, -0.0912],
        [ 0.1133, -0.0698, -2.1153,  2.2281],
        [ 0.8286, -1.2983, -1.5190,  1.8687]])
>>> torch.add(x, y)
tensor([[ 0.4563,  2.2644,  1.4247, -0.0912],
        [ 0.1133, -0.0698, -2.1153,  2.2281],
        [ 0.8286, -1.2983, -1.5190,  1.8687]])
>>> y1 = torch.randn(4, 1)
>>> print(y1)
tensor([[-1.5409],
        [ 0.9013],
        [ 0.4056],
        [ 0.2212]])
>>> torch.mm(x, y1)
tensor([[ 3.4786],
        [-1.7552],
        [-0.8832]])
```

4.4　PyTorch 自动梯度

4.4.1　构建自动梯度变量 Variable

变量 Variable 是 PyTorch 中的一种数据类型，与张量不同，张量中的参数是 Variable 的形式，不能用于反向传播算法，而 Variable 可以。使用 Variable 变量进行反向梯度传播时，会逐渐生成计算图，即将反向传播中的所有计算点进行连接，PyTorch 框架中的 Variable 类型和 TensorFlow 框架中构建计算图的过程中所用的 tf.Variable 类型的使用方式类似，但 Variable 可以被当作 PyTorch 框架进行反向传播算法的数据类型。在进行反向传播时，PyTorch 框架提供了专门的 Variable 模块，可以直接通过调用该模块进行反向传播算法的构造。

以下通过几个示例来了解一下变量 Variable 的用途。

```
>>> import torch
>>> from torch.autograd import Variable
>>>
>>> tensor = torch.FloatTensor([[1,2],[3,4]])
>>> variable = Variable(tensor, requires_grad=True)
>>>
>>> print(tensor)
tensor([[1., 2.],
        [3., 4.]])
>>>
>>> print(variable)
tensor([[1., 2.],
        [3., 4.]], requires_grad=True)
>>>
>>> print(variable.grad)
None
```

从上面的代码中可以看出，张量和 Variable 变量输出的数据相同，但 Variable 变量的输出中包含梯度信息，参数 requires_grad=True 表示计算梯度值并在反向传播时进行梯度更新。此时对梯度进行输出，因为还未对该变量进行反向梯度算法的传播，输出该梯度值为 None，梯度的属性为 grad。

除了可以查看 Variable 的梯度值外，还可以查看 Variable 值中的数据以及包含的数据的个数，使用如绝对值 abs、正弦 asin 和余弦 acos 等对数据进行数学计算，还能对数据进行转换等操作。示例代码如下：

```
print(variable.data)
>> tensor([[1., 2.],
           [3., 4.]])
```

```
print(variable.size())
>> torch.Size([2, 2])

print(variable.data.numpy())
>> [[1. 2.]
    [3. 4.]]
```

从以上介绍可以看出 Variable 的基本操作和张量的基本操作基本相同。需要注意的是在训练算法的过程中进行多次反向传播会进行梯度的累计，一般来说，每次反向传播完成之后，需要将梯度清零，重新计算梯度，并进行反向传播以对参数进行更新。

4.4.2 自动梯度原理及实例

PyTorch 中有个模块叫作自动梯度，可以自动计算张量的梯度——原理是自动跟踪张量的全部操作，然后对每一步进行反向操作。自动梯度能够计算每一层的梯度值并记录，自动梯度下降算法最优化每个样本的损失函数，每一次迭代得到的损失函数都向着最优的方向进行优化，无论每次优化的方向是不是向着最优的方向进行，最终解都是在最优解的附近。

梯度下降中的步长使得在梯度下降迭代的过程中，每次都沿着梯度的负方向前进。卷积神经网络中使用的损失函数是用来衡量数据拟合程度的，每次沿着步长损失的下降过程就是不断计算损失函数进行损失更新的过程，接下来将详细介绍在 PyTorch 中如何进行梯度的下降和更新。

首先，需要控制张量执行自动梯度的操作。要先创建一个张量，并对张量中是否保存梯度的参数进行设置，该参数表示创建的张量需要对其梯度值进行跟踪并保存，实现过程如下：

```
>>> import torch
# 生成 2×2 大小的张量，并设置保存其张量的梯度值
>>> x=torch.randn(2,2,requires_grad=True)
# 输出的值
>>> print(x)
tensor([[0.5492, 1.1461],
        [0.5500, 2.1113]], requires_grad=True)
```

其次，需要对张量进行数学运算，如指数运算、平方运算等，输出结果中的属性参数 PowBackward0 表示已经记录了上次操作时进行的幂运算，其后的 0 表示第 1 次的数学运算，下面代码中 0 表示幂运算。

```
# 进行幂运算
>>> y=x**2
# 打印并输出幂运算的值
>>> print(y)
tensor([[0.3016, 1.3137],
        [0.3025, 4.4575]], grad_fn=<PowBackward0>)
```

进行幂运算之后继续对 y 进行求平均值的计算并输出计算结果，代码如下：

```
# 对 y 值进行求平均值计算
>>> z=y.mean()
>>> print(z)
tensor(1.5938, grad_fn=<MeanBackward0>)
```

最后，通过输出最后的值 z 来查看张量 z 的梯度，由于没有进行反向操作，因此输出的梯度值仍为空，即 z.grad=None，代码如下：

```
print(z.grad)
None
```

进行完数学运算之后即可进行反向梯度的计算，由于在数学运算之前已经对各个张量的 requires_grad 参数进行了设置，每个张量都默认保存数学运算的各层梯度值，因此，在最后一步即可直接进行反向梯度的计算，代码如下：

```
# 反向梯度参数的计算
>>> z.backward()
# 打印输出参数 x 的梯度值
>>> print(x.grad)
tensor([[0.2746, 0.5731],
        [0.2750, 1.0556]])
```

以上只是进行了简单的反向梯度参数计算，与在深度卷积神经网络中的原理相同，由此可知，通过对每层神经网络的张量中的梯度值参数的保存，最终可以完成对神经网络反向梯度参数的更新。

4.5　PyTorch 模型的保存与加载

4.5.1　保存与加载可训练参数

本小节主要介绍 PyTorch 框架下训练后的模型的保存与加载过程，在 PyTorch 中涉及的模型保存与加载的方式共有三种函数。函数 torch.save() 可以保存整个模型，也可以只保存模型的可训练参数；涉及模型加载的函数分别为 torch.load() 和 torch.load_state_dict()，torch.load() 直接读取整个模型，包括可训练参数和模型的结构文件，torch.load_state_dict() 直接对模型中的可训练的参数进行读取，除了读取包含所训练模型的参数之外，也读取优化器中的超参。

- torch.save()：按照序列化的字典格式对模型进行序列化后保存到磁盘中。
- torch.load()：与 torch.save() 序列化的方式相反，将序列化的模型进行反序列读取。
- torch.load_state_dict()：与 torch.load() 的读取方式相同，不同的是该方法只能反序列读取模型中的字典数据，该字典数据即保存的可训练的参数。

深度学习中模型的保存数据可以分为两部分，一部分是训练的网络模型文件，其存储该模型的网络结构，通常这部分文件所占内存比较小；另一部分是保存的网络模型的可训练参数，保存格式为字典，其中键值对分别为各层网络结构的名称和各层网络结构中节点的网络参数。

下面直接通过加载代码中定义的模型结构查看 torch. load_state_dict() 函数读取参数的结果。

代码 4.1　自定义模型加载权重示例代码

```python
# 定义模型
class TheModelClass(nn.Module):
    def __init__(self):
        """
        初始化模型网络节点结构
        """
        super(TheModelClass, self).__init__()
        self.conv1 = nn.Conv2d(3, 6, 5)
        self.pool = nn.MaxPool2d(2, 2)
        self.conv2 = nn.Conv2d(6, 16, 5)
        self.fc1 = nn.Linear(16 * 5 * 5, 120)
        self.fc2 = nn.Linear(120, 84)
        self.fc3 = nn.Linear(84, 10)

    def forward(self, x):
        """
        前向传播
        """
        x = self.pool(F.relu(self.conv1(x)))
        x = self.pool(F.relu(self.conv2(x)))
        x = x.view(-1, 16 * 5 * 5)
        x = F.relu(self.fc1(x))
        x = F.relu(self.fc2(x))
        x = self.fc3(x)
        return x

# 初始化模型
model = TheModelClass()

# 初始化优化器
optimizer = optim.SGD(model.parameters(), lr=0.001, momentum=0.9)

# 打印模型的 state_dict，即字典结构
print("Model's state_dict:")
for param_tensor in model.state_dict():
    print(param_tensor, "\t", model.state_dict()[param_tensor].size())
```

运行上述代码的输出结果如下：

```
Model's state_dict:
conv1.weight          torch.Size([6, 3, 5, 5])
conv1.bias            torch.Size([6])
conv2.weight          torch.Size([16, 6, 5, 5])
conv2.bias            torch.Size([16])
fc1.weight            torch.Size([120, 400])
fc1.bias              torch.Size([120])
fc2.weight            torch.Size([84, 120])
fc2.bias              torch.Size([84])
fc3.weight            torch.Size([10, 84])
fc3.bias              torch.Size([10])
```

从输出结果中可以看出 torch.load_state_dict() 方法可以读出模型中各网络层对应的名称和尺寸的大小。由于上述代码中已经包含了网络的结构，可以直接进行模型的加载，即可直接使用 torch.load_state_dict() 加载权重文件中的参数，保存和加载的代码如下：

```
# 保存
torch.save(model.state_dict(), PATH)  # 保存模型中的参数
# 加载
model = TheModelClass(*args, **kwargs)  # 加载模型的结构
model.load_state_dict(torch.load(PATH))  # 读取可训练参数
model.eval()  # 用于固化 DropOut 和批次归一化
```

4.5.2　保存与加载完整模型

4.5.1 小节直接使用代码中的网络结构，通过加载权重文件来完成模型的加载，但往往代码中是不存在网络结构的，所以要通过加载一个权重文件或者加载网络结构文件和权重文件的方式来进行推理，因此除了要对网络中的参数进行保存之外，也要对整个网络的结构进行保存，即保存和加载完整的模型。

在训练模型的过程中很可能有多个中间模型或者多个模型需要保存，此时，可以将保存过程中的多个中间权重文件或者多个模型的权重文件以字典的格式保存到一个文件中，起到随用随取的作用，这样做也是为了能对多个中间过程的文件进行保存，其中保存单个模型文件的代码如下：

```
# 保存
torch.save(model, PATH)  # 这种保存模型的方式，保存的是可训练参数和网络结构文件
# 加载
model = torch.load(PATH)  # 模型类必须在别的地方定义，加载模型的参数以及网络文件
model.eval()
```

◀))　**注意：**

> 在模型的保存和加载过程中都使用了 model.eval() 函数，这是因为在模型的网络中可能存在 DropOut 结构，model.eval() 函数的作用是固化该结构，从而在对模型进行推理时不会随机取训练值。

采用这种方式保存和加载所用的代码更加直观，但需要注意的是，torch.save() 是采用 pickle 模块进行模型保存的，因此，只在序列化时将数据绑定到固定的路径下，如果代码中不存在模型的定义，使用 torch.load() 的方法加载模型会提示错误。保存多个模型到一个文件中的代码如下：

```
# 保存
torch.save({
            'modelA_state_dict': modelA.state_dict(),          # 模型 A 的训练参数
            'modelB_state_dict': modelB.state_dict(),          # 模型 B 的训练参数
            'optimizerA_state_dict': optimizerA.state_dict(),  # 模型 A 的优化器超参
            'optimizerB_state_dict': optimizerB.state_dict(),  # 模型 B 的优化器超参
            ...
            }, PATH)

# 加载
modelA = TheModelAClass(*args, **kwargs)          # 模型 A 的网络定义
modelB = TheModelBClass(*args, **kwargs)          # 模型 B 的网络定义
optimizerA = TheOptimizerAClass(*args, **kwargs)  # 模型 A 的优化器类定义
optimizerB = TheOptimizerBClass(*args, **kwargs)  # 模型 B 的优化器类定义

checkpoint = torch.load(PATH)       # 读取整个权重
modelA.load_state_dict(checkpoint['modelA_state_dict'])          # 读取整个权重中模型 A 的参数
modelB.load_state_dict(checkpoint['modelB_state_dict'])          # 读取整个权重中模型 B 的参数
optimizerA.load_state_dict(checkpoint['optimizerA_state_dict'])  # 读取模型 A 的优化器超参
optimizerB.load_state_dict(checkpoint['optimizerB_state_dict'])  # 读取模型 B 的优化器超参

modelA.eval()
modelB.eval()
```

从上述代码可以了解到，保存的多个模型以字典格式将多个模型的可训练的参数文件保存到一个文件中。同理，可以使用解析字典格式的方法随时对权重文件中对应模型的参数进行提取，其原理与保存单独模型的文件类似。

在 PyTorch 框架下训练的模型的保存格式有两种，分别是 pkl 文件和 pth 文件，无论是 pkl 文件还是 pth 文件，都以二进制的方式对模型进行存储，因此在使用 torch.load_state_dict() 或 torch.load() 进行加载时，其结果都是相同的，不同的是，存储为 pth 文件时，会自动将其路径添加到系统的 sys.path 的设置中。

4.6　PyTorch 跨设备模型加载

训练模型一般都需要较长的时间，为了提高运算效率，一般直接采用在 GPU 上进行训练。但在模型推理过程中，对时间要求不高的项目可以直接在 CPU 上进行模型的调用和推理，这就需要将在不同设备上训练得到的模型作进一步处理使其能够运行在不同的设备上。除了需要在 CPU 和 GPU 设备之间可以相互调用外，采用 GPU 训练时还可能存在同时调用多块 GPU 进行训练的情况，因此，设备之间的调用存在多种不同的情况。

4.6.1　CPU 与 GPU 跨设备加载

通过 4.5 节内容的介绍，已经可以了解到保存模型大致分为两种，一种是直接保存训练的参数，另一种是直接保存整个模型，包括可训练的参数和整个模型的网络结构。无论使用哪种保存方式，在权重文件中都要通过字典的方式进行存储，这种存储方式的特点是可以通过读取的方式对其中的参数进行修改。本次测试代码的保存和读取以 MNIST 手写数字数据集为例进行展示，代码如下。

代码 4.2　CPU 与 GPU 跨设备加载示例代码

```
# coding=utf-8

import torch
from torchvision import datasets, transforms
import torch.nn as nn
from torch import optim
from torch.utils.data.dataloader import default_collate

# 定义网络结构
class Models(torch.nn.Module):

    # 初始化网络参数
    def __init__(self):
        super(Models, self).__init__()
        self.connect1 = nn.Linear(784, 256)
        self.connect2 = nn.Linear(256, 64)
        self.connect3 = nn.Linear(64, 10)
        self.softmax = nn.LogSoftmax(dim=1)
        self.relu = nn.relu()

    def forward(self, x):
        # 前向传播
        x = self.connect1(x)
        x = self.relu(x)
        x = self.connect2(x)
        x = self.relu(x)
        x = self.connect3(x)
        x = self.softmax(x)
        return x


class Test:

    def __init__(self):
        # 初始化网络参数
        self.epoch = 5
        self.batch_size = 6
```

```python
        self.learning_rate = 0.005
        self.models = Models()

    def transdata(self):
        # 数据归一化
        transform = transforms.Compose(
            [transforms.ToTensor(), transforms.Normalize((0.5, ), (0.5, ))])
        return transform

    def loaddata(self):
        # 读取数据集
        dataset = datasets.MNIST(
            "mnist_data", download=True, transform=self.transdata())
        dataset = torch.utils.data.DataLoader(
            dataset, batch_size=self.batch_size)
        return dataset

    def lossfunction(self):
        # 定义损失函数
        criterion = nn.NLLLoss()
        return criterion


def main(datahandle, models):
    dataset = datahandle().loaddata()
    model = models()

    criterion = datahandle().lossfunction()
    optimizer = optim.SGD(model.parameters(), datahandle().learning_rate)
    epoch = datahandle().epoch

    for single_epoch in range(epoch):
        running_loss = 0
        for image, lable in dataset:
            image = image.view(image.shape[0], -1)

            optimizer.zero_grad()
            output = model(image)
            loss = criterion(output, lable)
            loss.backward()
            optimizer.step()

            running_loss += loss.item()
        print(f" 第 {single_epoch} 代，训练损失：{running_loss/len(dataset)}")


if __name__ == '__main__':
    main(Test, Models)
```

可以看到代码中只是进行规定迭代次数的训练，并且每次会将迭代后的损失函数打印出来，但并未对训练后的模型进行保存。如果在以上代码中实现模型的保存，就涉及 4.5 节中对模型的保存方式。本节在 4.5 节的基础上修改保存和读取的方式即可实现保存。对上述代码进行重构，保存模型的代码如下：

```python
def main(datahandle, models):
    dataset = datahandle().loaddata()
    model = models()

    criterion = datahandle().lossfunction()
    optimizer = optim.SGD(model.parameters(), datahandle().learning_rate)
    epoch = datahandle().epoch

    for single_epoch in range(epoch):
        running_loss = 0
        for image, lable in dataset:
            image = image.view(image.shape[0], -1)

            optimizer.zero_grad()
            output = model(image)
            loss = criterion(output, lable)
            loss.backward()
            optimizer.step()

            running_loss += loss.item()

        avg_running_loss = running_loss / len(dataset)
        torch.save(model, "model" + str(avg_running_loss) + ".pkl")
        print(f"第 {single_epoch} 代，训练损失：{running_loss/len(dataset)}")
```

（1）GPU 训练和 CPU 推理。在 GPU 上进行训练并保存模型的可训练参数，读取的方式为 CPU 读取，代码如下：

```python
# 在 GPU 上保存模型
torch.save(model.state_dict(), PATH)   # 只保存模型的可训练参数

# 在 CPU 上读取模型
device = torch.device("cpu")   # 选择加载的硬件设备 CPU
model = TheModelClass(*args, **kwargs)   # 模型
model.load_state_dict(torch.load(PATH, map_location=device))   # 读取模型的可训练参数
```

（2）GPU 训练和 GPU 推理、CPU 训练和 CPU 推理。在 GPU 和 CPU 设备上进行训练并调用所存储的模型进行推理的过程类似，不同的是调用设备需要将模型加载在对应的设备上。将模型分别加载在 GPU 和 CPU 设备上的代码如下：

```
# 在 CPU/GPU 设备上保存模型的可训练参数
torch.save(model.state_dict(), PATH)
# GPU 读取模型的可训练参数
device = torch.device("cuda")
model = TheModelClass(*args, **kwargs)
model.load_state_dict(torch.load(PATH))
model.to(device)
# CPU 读取模型的可训练参数
device = torch.device("cpu")
model = TheModelClass(*args, **kwargs)
model.load_state_dict(torch.load(PATH))
model.to(device)
```

（3）CPU 训练和 GPU 推理。在 CPU 上进行训练并保存模型的可训练参数，然后在 GPU 上进行模型的读取，代码如下：

```
# 在 CPU 上保存模型
torch.save(model.state_dict(), PATH)

# 在 GPU 上读取模型
device = torch.device("cuda")      # 选择需要读取模型的硬件设备
model = TheModelClass(*args, **kwargs)   # 模型
model.load_state_dict(torch.load(PATH,map_location="cuda:0"))  # 读取模型到设备 CUDA0 上
model.to(device)    # 加载模型到设备上
```

从代码中可以看出，在 CPU 上保存模型的方式与在 GPU 上保存模型的方式相同，不同的是平台上的模型读取的方式。

（4）GPU1 训练和 GPU0 推理。该部分与上述三种方式中在 CPU 和 GPU 平台上模型的读取方式相同，均是通过 torch.device() 函数来选择加载模型对应的平台。不同的是模型加载可训练权重文件的方式在不同的平台上有不同的实现方式，如在 CPU 平台上加载模型时，不需要调用 model.to() 函数将权重加载到 CPU 平台上，这是因为 model.to() 函数的作用是将权重文件中的数据转换为 CUDA 张量，而在 GPU 平台上需要调用该函数。同理，如果在 GPU 平台上实现不同设备之间的映射关系，直接在 torch.load() 函数中进行 CUDA 设备之间的映射即可。不同设备之间的读取方式如下：

```
torch.load('modelparameters.pth', map_location={'cuda:1':'cuda:0'})
```

4.6.2　多 GPU 模型加载

训练模型中为了提高训练的效率一般采用多 GPU 模型加载的同时进行训练，需要手动将模型复制到不同的 GPU 上，并将训练分块，训练完毕重新进行整合。除了手动加载之外，官方也给出了封装库，可以直接调用封装库完成多 GPU 上的训练，具体的使用方式如下。

1. DataParallel 方式

DataParallel 方式直接调用 PyTorch 框架下的接口，采用这种方式时代码会自动将模型复制到各

个 GPU 上进行训练，然后在多 GPU 下使用 DataParallel 进行模型的加载，再将整个网络模型包括网络的可训练参数和网络的结构模型共同保存，实现代码如下：

```
model=DataParallel(model)      # 通过 DataParallel 方式加载模型
torch.save('xx.pkl',model)     # 保存整个模型网络
```

使用 DataParallel 方式加载不能直接用 torch.load() 进行读取，解决这种问题的办法同样是用 PyTorch 框架下的接口对模型进行转换后再保存模型。保存的方式可以分为两种，一种是在保存时即进行转换；另一种是在读取时再进行转换，以下为两种方式的实现代码。

（1）保存时转换为单 GPU 设备可读取模型，代码如下：

```
model = DataParallel(model)      # 使用 DataParallel 进行模型的转换
real_model = model.module        # 此时提取的是真实可读取的模型
torch.save(real_model,'xxx.pkl') # 对模型进行保存
```

（2）读取时转换为单 GPU 模型再进行读取，代码如下：

```
model = TheModelClass(para).cuda(0)      # 网络结构
model = torch.nn.DataParallel(model, device_ids=[0])   # 将 model 转为 muit-gpus 模式
checkpoint = torch.load(model_path, map_location=lambda storage, loc: storage)
model.load_state_dict(checkpoint)       # 用 weights 初始化网络
gpu_model = model.module                # 转换为单 GPU 模型
model = TheModelClass(para)
model.load_state_dict(gpu_model.state_dict())
torch.save(cpu_model.state_dict(), 'cpu_mode.pth')
```

2. 读取权重文件进行修改

使用多 GPU 进行训练的模型不能直接进行读取的原因是该方式直接采用 nn.DataParallel 进行模型的保存。因此，除了使用 DataParallel 将模型转换后读取之外，还可以使用 Python 脚本对保存的权重文件进行修改，无论是采用 DataParallel 的方式还是采用修改权重文件的方式，都是为了去除权重文件中保存参数的名称，从而使其符合用单 GPU 设备进行读取的方式。

权重文件实际是一个以有序字典格式进行参数存储的文件，每一层网络结构均对应一个名称和参数，通过对权重文件进行遍历或者在已知修改的网络名称的情况下，可以对其中的名称和参数进行读取并加以修改，修改参数和对应的代码如下：

```
# 读取权重文件
state_dict = torch.load('myfile.pth.tar')
# 创建新的字典
from collections import OrderedDict
new_state_dict = OrderedDict()
for k, v in state_dict.items():
    name = k[7:]            # 去除关键字 module
    new_state_dict[name] = v
# 重新对模型进行读取
model.load_state_dict(new_state_dict)
```

4.6.3　模型推理模式

在进行模型的推理过程中，除了推理模型的硬件设备不同外，还需要注意算法上模型的推理方式，这是由算法中涉及的部分网络的特性所决定的，具体可以分为训练模式和梯度更新两部分。

1. 训练模式 model.train() 和推理模式 model.eval()

PyTorch 框架下可以分为训练模式 model.train() 和推理模式 model.eval() 两种，这两种模式的不同之处在于，model.train() 可以在训练中进行所有的参数更新，但 model.eval() 会自动将模型中 DropOut 和 Batch Normalization 两种网络结构的参数进行固定。这是由于模型的参数在学习的过程中会不断地进行更新，这很容易导致模型出现过拟合的情况，为了降低过拟合发生的概率，在模型中引入 Batch Normalization 的结构。在训练的过程中，会计算每一个 Batch 中的均值和方差，为了防止不同的 Batch 导致模型出现过大的波动，模型会自动累计之前 Batch 的权重参数并只改变其中的十分之一权重。因此，在训练过程中使用 model.train() 会进行 Batch Normalization 中网络参数的更新，但在推理过程中配置 model.eval() 则会对 Batch Normalization 中的参数进行固定，从而保证推理结果的正确。

2. 不进行梯度的更新 torch.no_grad()

模型训练过程中需要通过反向传播算法对模型的网络参数进行更新，反向传播算法需要不断地计算各层网络的梯度，但在模型的推理过程中只需要将训练好的参数加载到网络模型中，而不需要再次对各层的梯度重新进行计算，这样可以在测试时有效地减少显存的占用。torch.no_grad() 与 model.eval() 的不同点在于，eval 模式下 DropOut 会让所有的激活单元都通过，但 Batch Normalization 结构会停止计算和更新参数，直接使用在训练阶段训练出的参数；而 torch.no_grad() 的主要作用则是停止 autograd 模块的工作，起到加速 GPU 运算和节省显存的作用。

4.7　PyTorch 修改权重

本节主要讲述 PyTorch 框架如何通过 Python 脚本进行权重文件的修改。在实际的工业生产中修改权重文件有两个主要的目的，一个是初始权重文件的结构能够匹配修改后的网络结构，从而避免直接从零开始进行训练，主要的做法是修改权重文件的某一层结构的参数尺寸，多余的参数可以直接进行剔除；另一个是应对因不断研究和修改网络结构带来的相同结构的重复的参数训练，修改网络的结构可以在权重文件中直接构造对应层，并初始化该层的参数，从而产生新的权重文件。

想要修改权重文件中的参数就要能够可视化权重文件的结构，因此，本节分两部分讲述权重文件的构造。一部分是权重文件结构的可视化，另一部分是权重文件的修改。

4.7.1　权重文件结构的可视化

通过对前面几节内容的学习，已经大概了解到权重文件实际上就是一个有序的字典结构，通过遍历的方式读取权重文件即可得到对应网络结构的名称和参数表。除了可以通过模型的 named_ parameters() 属性实现对网络模型中参数和对应网络层名称的读取外，也可以直接通过 items() 函数对模型中的字典结构进行读取。读取权重文件的两种代码如下。

通过 named_parameters() 实现模型遍历：

```
import torch
import pandas as pd
import numpy as np
import torchvision.models as models

resnet18 = models.resnet18(pretrained=True)  # 加载模型文件
parm={}  # 定义的参数列表
for name,parameters in resnet18.named_parameters():  # 对模型中的参数进行遍历
    print(name,':',parameters.size())
    parm[name]=parameters.detach().numpy()
```

通过 items() 对字典进行解析：

```
import torch
import pandas as pd
import numpy as np
import torchvision.models as models

resnet18 = models.resnet18(pretrained=True)  # 加载模型文件
device = torch.device("cuda" if torch.cuda.is_available() else "cpu")
model = torch.load(resnet18, map_location=device)
parm={}    # 定义的参数列表
for name,parameters in model.items():  # 对模型中的参数进行遍历
    print("name:{}".format(name))
    print("shape:{}".format(parameters.size()))
```

通过对字典中的参数进行遍历，可以得到各个网络层的名称和对应的结构参数，再将各层的参数打印输出即可。例如，输出的一个本地权重文件的参数构造图如图 4.14 所示。

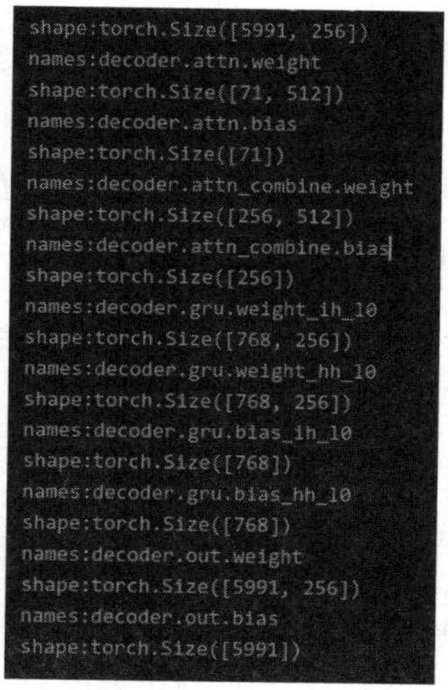

图 4.14　权重文件的参数构造图

4.7.2　修改 GPU 训练权重参数

　　在使用多网络模型进行训练时，为了能让模型更快地收敛和减少梯度爆炸现象的发生概率，一般都是在训练时直接加载模型的预训练权重文件对网络中的参数进行初始化，但由于固定的模型只能接收固定尺寸的图像进行训练，因此输入模型的图像要经过缩放和归一化的处理，但当对模型本身网络参数进行修改后，网络层尺寸的改变往往会直接导致初始化权重文件不可用，此时直接使用修改后的网络加载预训练权重文件会出现维度不匹配的错误。错误警告代码如下：

```
size mismatch for word_embeddings.weight:copying a param with shape torch.
Size([3403,128])from checkpoint,the shape in current model is torch.Size([12386,128]).
```

　　在不改变原来网络结构的条件下，可以直接通过修改预训练模型中的参数来修改维度大小，从而使其适合网络的加载。修改权重文件的代码如下：

```
def change_feature(check_point, num_class):

    device = torch.device("cuda" if torch.cuda.is_available() else "cup")
    check_point = torch.load(check_point, map_location=device)

    import collections
    dicts = collection.OrderedDict()

    for k, value in check_point.items(): # 根据实际网络修改参数
        if k == "decoder.embedding.weight":
         value = torch.ones(num_class, 256)
    if k == "decoder.out.weight":
        value = torch.ones(num_class, 256)
    if k == "decoder.out.bias":
        value = torch.ones(num_class)
    dicts[k] = value
torch.save(dicts, "model/changeWeight/chang_weight.pth")
```

　　在使用上述代码修改后要保存成一个新的 model 权重文件，否则只是一个 OrderedDict 字典，并不包含网络的信息。如果使用下面的代码，则会报错。

```
def change_feature(check_point, num_class):
    device = torch.device("cuda" if torch.cuda.is_available() else "cup")
    check_point = torch.load(check_point, map_location=device)

    import collections
    dicts = collection.OrderedDict()

    for k, value in check_point.items():
        if k == "decoder.embedding.weight":
            value = torch.ones(num_class, 256)
        if k == "decoder.out.weight":
```

```
                value = torch.ones(num_class, 256)
            if k == "decoder.out.bias":
                value = torch.ones(num_class)
            dicts[k] = value
    torch.save(dicts, "model/changeWeight/chang_weight.pth")

    # 此处保存模型后，调用的模型仍然只是修改的字典
    return dicts

weight = chang_feature(check_point, num_class)
model.load_state_dict(torch.load(weight, map_loacation="cpu"))
```

　　如果没有在调用权重文件时采用保存后的权重文件，而是直接将修改后的权重文件中的字典格式的数据返回，那么此时用的只是一个字典格式的数据，并不包含权重文件中的网络结构。因此，采用这种返回的字典数据作为模型调用，程序会报错，错误警告如下：

```
attribution has no seek！
```

4.7.3　固定网络模型参数

　　在得到网络结构对应的权重文件之后，直接使用 Python 脚本对原模型的权重文件的结构进行微调，是为了能够在训练模型时初始化网络中的参数。除了可以在训练之前调整网络中的参数外，还可以在训练网络过程中动态地固定参数，使其达到固定网络层的参数更新和学习的效果。

　　（1）冻结部分网络参数层。权重文件中的参数以有序字典的格式进行存储，其中数据采用张量的形式进行存储，读取权重文件中需要固定的层的参数并设置其数据的属性 requires_grad=False，即不再保留该参数的梯度信息。通过这种操作可以固定权重文件中的部分参数，设置参数 requires_grad=False 只是不会将对应的参数进行更新，但仍会计算该网络层参数的梯度。

```
model=resnet()   # 根据需要构建的模型，这里以 resnet 为例
model_dict = model.state_dict()
pretrained_dict = torch.load('xxx.pkl')
pretrained_dict = {k: v for k, v in pretrained_dict.items() if k in model_dict}
model_dict.update(pretrained_dict)
model.load_state_dict(model_dict)

#k 是可训练参数的名字，v 是包含可训练参数的一个实体
# 可以先执行 print（k），找到需要进行调整的层，并将该层的名字加入 if 语句中
for k,v in model.named_parameters():
    if k!='xxx.weight' and k!='xxx.bias':
        v.requires_grad=False #固定参数
```

　　（2）训练部分参数。通过固定权重文件的网络层参数可以将模型提取网络特征结构的参数固定，除了实现参数的固定外，还需要网络能够对部分参数进行训练，因此将该部分网络参数加载到

优化器中使其能够在进行方向梯度计算时更新参数。这部分要将需要训练的参数放入优化器中进行参数的计算，操作代码如下：

```
optimizer2=torch.optim.Adam(params=[model.xxx.weight
model.xxx.bias],lr=learning_rate,betas=(0.9,0.999),weight_decay=1e-5)

# 第 1 种方式
for p in freeze.parameters(): # 将需要冻结的参数的 requires_grad 设置为 False
      p.requires_grad = False
for p in no_freeze.parameters(): # 将 fine-tuning 的参数的 requires_grad 设置为 True
      p.requires_grad = True
optimizer.SGD(filter(lambda p: p.requires_grad, model.parameters()), lr=1e-3)
# 将需要 fine-tuning 的参数放入 optimizer 中

# 第 2 种方式
optim_param = []
for p in freeze.parameters(): # 将需要冻结的参数的 requires_grad 设置为 False
      p.requires_grad = False
for p in no_freeze.parameters(): # 将 fine-tuning 的参数的 requires_grad 设置为 True
      p.requires_grad = True
      optim_param.append(p)
optimizer.SGD(optim_param, lr=1e-3) # 将需要 fine-tuning 的参数放入 optimizer 中
```

4.8　小　　结

　　本章中主要从模型的搭建、保存、跨设备调用、修改权重几个方面介绍模型是怎样进行训练和保存的，为模型的网络搭建打下基础。除了具体讲述 PyTorch 框架下针对模型的一些处理，也详细介绍了 PyTorch 的一些基本用法，如模型中参与数据计算的基础数据类型都是张量等。本章专门针对 PyTorch 框架下的张量类型数据的基本操作进行讲解，以便可以直接在 PyTorch 框架下处理权重文件中存储的参数值。

第 5 章　目标检测算法

本章着重讲解深度神经网络算法中目标检测算法的独特的神经网络结构及其具体的实现方法。目标检测算法与分类网络不同的地方主要在于网络的后半部分，在前边的讲解中可以了解到神经网络络的基本组成主要可以分为两部分，第一部分是对图像中所包含的各种复杂的信息进行提取，第二部分则是对提取的特征进行分类或回归分析。也就是说，在深度学习算法中，实现目标的分类和检测主要是在算法的第二部分。目标检测算法中主要解决的难题是如何在图像上对目标进行定位。本章中对目标定位的几种实现方法和原理进行了分析，并对当前目标检测算法中常用的主干网络进行了介绍。

本章主要涉及的知识点如下。

- 滑动窗口技术：通过在目标图像上不断地进行窗口的滑动来定位目标，这种实现方式通常计算量很大，这里主要了解其实现的原理。
- 区域归并技术：通过图像分割的方式对图像所包含的纹理、颜色等特征进行区域定位。
- 参差连接技术：参差网络的基本组成结构，参差网络对主干网络的作用。
- 锚框（Anchor）技术：锚框技术的原理和实现的具体过程。
- 区域生成网络：区域神经网络 RPN 的组成结构分析。
- 边框回归算法：一种线性的回归分析方式，该算法是目前常用的一种回归分析算法。
- 主干网络：对图像特征进行提取的主流网络结构。

5.1　候选框选取方案

在目标检测算法中主要实现的算法可以分为两个部分，第 1 部分完成对图像中目标的定位分析，以左上角顶点为原点建立坐标系，通过算法可以得到图像的 4 个顶点在建立的坐标系中的位置；第 2 部分是在完成对目标的定位之后，需要对已获得图像的区域进行分类。通过定位和分类即可完成目标检测任务。本节就对候选框的选取方法进行介绍。

5.1.1　滑动窗口算法

滑动窗口算法的英文全称为 Sliding Window，在卷积神经网络中有广泛的应用，不仅在模型的具体实现过程中有所应用，在目标检测算法中也可以根据滑动窗口算法的实现思想实现目标的定位。目前在目标检测中主要应用的是传统的目标检测算法，在传统的目标检测算法中实现目标检测分为三个过程。首先通过算法提取包含所需物体的区域，其次对包含物体的区域进行特征提取，最后对包含特征区域的特征进行检测分类，如图 5.1 所示。

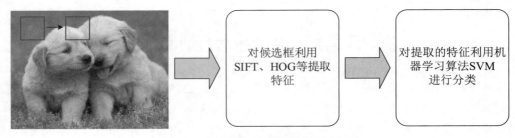

图 5.1　传统卷积神经网络实现过程图

1. 基于滑动窗口的目标检测算法

滑动窗口，顾名思义就是用一个窗口不断地在图像上进行滑动。通过这种方式搜索目标，并对每个框进行特征提取和分类。针对不同大小的物体，需要在算法中固定不同尺度和大小的窗口。

在目标检测算法中，实现图像的目标检测可以分为分类和定位两个步骤，分类是通过全连接层之后再利用 Sigmoid 函数或者 Softmax 函数实现的。窗口的定位功能是通过滑动窗口算法实现的，下面讲解滑动窗口实现的具体过程，如图 5.2 所示。

图 5.2　滑动窗口过程图

滑动窗口的实现过程如下。

（1）训练分类器，不同的物体具有不同的特征，首先通过 CNN 或者 SVM 网络训练一个分类器，输入不同的图像可以输出一个固定类别概率。

（2）将图像分成多个固定大小和尺寸的窗口，把图像输入分类器后比较输出各个类别的概率，其中概率较高的类别为最终输出的确定类别。

（3）实际过程中由于识别类别大小的不同，分割的窗口也不相同，需要窗口具备不同的尺寸，经过多次的图像分割后，识别后的窗口会产生多个不同的矩形框，需要使用 NMS 算法去除重叠目标。

2. 通过识别后的位置和类别的纠正

可以用标注的数据进行回归，对位置进行纠正。使用滑动窗口的传统目标检测算法具有很多缺点，如不同尺寸的目标会导致算法需要使用不同大小的窗口，产生了大量的计算，从而导致运算速度的降低，还会产生多个正确识别的结果。在网络中可以通过图 5.3 所示的结构图进行了解。

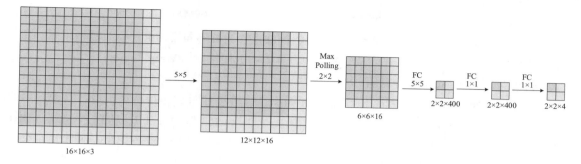

图 5.3　滑动窗口结构示意图

例如，输入的图像尺寸为 16×16×3，第 1 层卷积的卷积核大小为 5×5，可知在实际卷积过程中特征图是不断减小的。图 5.3 中最后部分的结构图中的左上角对应的是原图中阴影部分的图像，也可以理解为图像的卷积过程实际就是一种特殊映射的过程。

但从图 5.3 中也可以看出，最后映射后的位置与原图会存在较大的误差，因此对使用滑动窗口的卷积神经网络可以增加位置回归算法对位置进行纠正。

5.1.2　区域建议算法

区域建议算法的英文全称为 Region Proposal Algorithm，是指在图像上对目标划定不同的建议区域，并通过算法对矩形框所在的图像区域进行特征提取并识别，最终实现对目标的定位和分类。从区域建议算法的使用过程可知，实际算法通过两部分来实现，第一部分是提取图像中目标所在的区域，即位置信息；第二部分是通过对图像区域的特征提取和识别进行目标分类。例如，在 R-CNN 网络中就使用了区域建议算法，这里用 R-CNN 网络的示意图来分析区域建议算法是如何实现目标定位的，如图 5.4 所示。

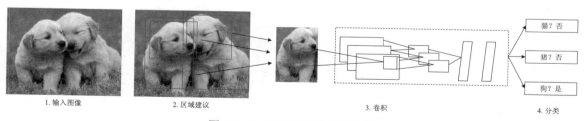

图 5.4　R-CNN 网络结构示意图

图 5.4 中的第 2 幅图对图像的不同目标进行了识别，并在图像上对目标进行了划分。在 R-CNN 中，每一个图像都划分出 2000 个目标所在区域框，由选择性搜索算法来确定。该算法通过图像中的纹理、颜色等因素进行特征提取后确定目标位置所在的矩形框。获取了目标所在的矩形框后可以通过卷积提取所在区域的特征，进行分类处理。使用区域建议算法实现目标检测的过程如下。

1. 提取候选区域

提取 2000 个候选区域作为目标的待提取目标区域，并通过不同候选框的得分进行排列，为了使模型算法能识别不同的尺寸，在缩放过程中也进行了部分优化，如 Wrap Region 等。

2. 训练用于提取特征的深度网络

不论是目标检测还是分类网络，都需要一个专门的网络对图像进行特征提取，这部分网络也被称为主干网络。例如，在 YOLO 系列算法中采用 Darknet53 作为特征提取的主干网络，而在 R-CNN 网络中则是使用 VGG16 作为主干网络。不同的算法中除了在主干网络的基础上对部分结构进行改进外，一般主要的做法是结合主干网络增加其他的算法共同改进和提高算法的精度和识别速度。

3. 分类

对提取到的区域需要进一步进行分类，常用的分类器有 SVM 分类器等，对建议区域进行特征提取后通过分类器进行分类，得到最终的结果中可能包含重叠的矩形框，可以通过 NMS 算法对重叠框进行过滤得到最终识别结果。

4. 回归

使用位置回归算法是为了在候选区域的基础上进行位置的精修，由于在候选框的选取中并不能对目标的位置定位得十分精确，这点可以从滑动窗口的实现过程中得知，因此需要使用位置回归算法进行位置矫正。

5.1.3　选择性搜索算法

选择性搜索算法的英文全称为 Selective Search，该算法基于滑动窗口思想，图像中不仅包含众多的目标，而且也有复杂的背景信息。滑动窗口算法严格来说是一种穷举法，即将所有的可能位置进行罗列，并在所有候选框中选择可能性更大的位置作为最后的目标位置，这也导致算法不仅具有很复杂的实现过程，而且计算量巨大。选择性搜索算法实际上也是一种穷举法，与滑动窗口不同，选择性搜索算法并没有将所有的窗口进行罗列，只是产生需要的候选框。选择性搜索算法的基本思想是，首先将图像分割为多个区域，然后使用贪心算法策略计算相邻区域间的相似度并进行合并，直至最后将所有的区域合并为一整幅图像。

选择性搜索算法的详细计算过程总结如下。

（1）将图像进行区域划分。

（2）提取各区域的特征，并比较相邻区域的相似性。

（3）计算相邻区域的相似度并对相似度高的相邻区域进行合并。

（4）不断重复直至合并后的区域为一整幅图像。

选择性搜索算法实现如图 5.5 所示。

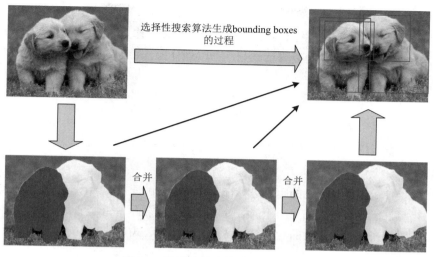

图 5.5　选择性搜索算法实现示意图

从图 5.5 中可以看出选择性搜索算法主要的实现思想是，通过图像分割的方式对具有相同纹理、特征的区域进行合并，并在经过不断地循环迭代之后实现图像前后景图像的分离。由于图像中包含的特征众多，选择性搜索算法能够搜索到的区域也会无限多，因此，该算法会对选取区域的个数进行限制，一般在算法中所划分区域的个数为 2000 个，划分区域的个数可以根据实际需求自定义。除此之外，算法也会对划分的每个区域打分，并根据划分区域的分数进行排序得到最佳的区域。

计算相似度的过程较为复杂，包含的信息众多，为了兼顾不同目标之间不同方面的特征，要尽可能完整地描述目标的特征。本小节结合了众多方面的特征进行描述，主要对颜色、纹理、尺度和形状 4 个方面采取保持多样性的策略。主要计算的过程为不同距离之间的计算到计算各个不同区域之间的距离。

1. 颜色距离

在讲述颜色区域之间的距离计算之前，先来了解颜色是如何划分的。颜色之间的距离是通过颜色直方图衡量的。其中一个重要的概念是 bins，由于颜色区域众多，每个单独的颜色区域可以划分成 256 个区域。也就是说，一幅图像（RGB）区域的颜色坐标可以分为 256×256×256 种，为了方便计算，在颜色区域中引入了 bins 的概念，即将颜色相近的区域划分为一个 bins，如红色区域 R 的值的范围为 0～256，如果将每 32R 的值划分为一个 bins，那么一共可以划分为 8 个 bins，同理绿色区域 G 和蓝色区域 B 类似，即可以划分的类别为 8×8×8=512（种）。将每个颜色划分为 25 个 bins，那么每个区域可以得到一个 $n=75$ 维度的向量，计算公式如下：

$$s_{\text{colour}}(r_i, r_j) = \sum_{k=1}^{n} \min(c_i^k, c_j^k) \tag{5.1}$$

其中，c 表示每个颜色通道的 bins。

2. 纹理距离

除了颜色外，对纹理也可以进行划分。纹理实际上可以看作是不同颜色或差异较大的两种颜色之间的梯度距离，即如果对纹理距离进行划分，可以划分为 $8 \times 3 \times x$，其中 x 为 bins 的数目，那么纹理距离的计算公式如下：

$$s_{\text{texture}}(r_i, r_j) = \sum_{k=1}^{n} \min(t_i^k, t_j^k) \tag{5.2}$$

$T_i = \{t_i^1, \cdots, t_i^n\}$ 表示每一个区域的纹理直方图，有 $24 \times x$ 维。

3. 尺度衡量

实际上如果仅使用纹理和颜色的距离进行合并操作，会由一点开始逐渐蚕食周围的区域，而在模型中需要的是算法能够在图像的多个不同区域进行识别和合并，通过尺度衡量计算的方式能够保证图像的每个位置都在进行多尺度的合并。尺度衡量的计算公式如下：

$$s_{\text{size}}(r_i, r_j) = 1 - \frac{\text{size}(r_i) + \text{size}(r_j)}{\text{size}(\text{im})} \tag{5.3}$$

4. 形状重合度计算

图像中形状的重合度计算考虑的不仅仅是每个区域特征的吻合度，除了在进行特征的计算外，对图像中识别目标与识别物体的区域吻合度的计算也至关重要。直接体现出来的就是经过不断合并之后的区域与识别物体区域也是相互吻合的，形状吻合度的计算公式如下：

$$s_{\text{fill}}(r_i, r_j) = 1 - \frac{\text{size}(BB_{ij}) - \text{size}(r_i) - \text{size}(r_i)}{\text{size}(\text{im})} \tag{5.4}$$

5. 综合计算

以上是各个不同分量之间的计算，此时需要将各个计算出的距离进行整合。在综合计算的公式中采取了较为简单的加权方法，给予各个分量不同的权重参数，权重的参数越大，该距离在最终计算的距离中所占据的比重就越大。计算各个距离的综合公式如下：

$$s(r_i, r_j) = a_1 s_{\text{colour}}(r_i, r_j) + a_2 s_{\text{texture}}(r_i, r_j) + a_3 s_{\text{size}}(r_i, r_j) + a_4 s_{\text{fill}}(r_i, r_j) \tag{5.5}$$

式中：a_1 为颜色距离的权重；a_2 为纹理距离的权重；a_3 为尺度的权重；a_4 为形状重合度的权重。

5.2　独特的神经网络结构

5.2.1　残差连接技术

由于残差卷积网络的结构特点，使得模型可以在深度上有很大的提升，进而提升模型的识别能力。也正是由于残差卷积网络所具有的特点，才使其被用于多个模型，并作为提取特征的主干网络。残差卷积网络随着 2012 年 AlexNet 模型的提出开始发展，但 AlexNet 模型只有 8 层，随着神经网络中的结构不断改进，在 AlexNet 模型的基础上残差卷积网络从 8 层的网络模型提升至 19 层的 VGG 网络，并在此后不断地进行改进，最终发展为 152 层的 ResNet 网络。在进行残差卷积网络的构建之前需要明白以下几个问题。

1. 构建残差卷积网络的原因

从卷积网络构建模型的过程中可以得知，卷积网络中的每一层都会提取不同层次的特征信息，越底层的网络提取的特征信息越少，底层的网络提取的特征信息包括纹理、颜色等表征意义；层次越高，提取的特征信息越多，越容易识别两个极为相似的目标，这也就是在同等条件下需要不断加深网络模型的层次的原因。

2. 为何残差卷积网络可以达到很深的层次

网络模型的深度一定程度上可以决定其识别模型结果的程度，也就是说两个相同的网络结构，网络层次越多，目标识别的效果越好。但模型会随着网络深度的增加而出现梯度消失和梯度爆炸等问题，所以网络模型的深度不能无限制地增加，目前一般是通过 Batch Normalization 或模型正则化消除梯度爆炸和梯度消失的现象。残差卷积网络是在网络的结构上进行了改进，在一定程度上可以减少梯度消失和梯度爆炸现象的发生。

3. 残差卷积网络的实现过程及其原理

残差卷积网络通过模型来学习其网络结构单元输入与输出之间的差值，其基本原理为：假如网络层的输入为 x，经过网络层的非线性的函数可以看作为 H，那么经过网络层后的输出为 $H(x)$，残差卷积网络的输出是学习网络层的输入和输出之间的差值 $H(x) - x$，残差卷积网络的结构单元如图 5.6 所示，其主要通过以下网络结构进行组合以实现残差卷积网络的构造。

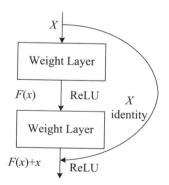

图 5.6　残差卷积网络结构单元

残差卷积网络中一般采用的最小的网络结构是两层，因为如果残差卷积网络是由一层网络结构组合而成，那么该层网络所学习到的输入前后数据之间的映射关系与输入前后数据之间的差值是等效的关系。例如，输入数据 x 在经过第 1 层的卷积和激活之后输出的结果为 $H(x)$，与输出的 $H(x) - x$ 具有相同的作用。也正因如此，残差卷积网络结构单元最少需要由两个结构单元组合而成。从

图 5.6 所示的残差卷积网络结构图中可以看到，该残差卷积网络是由两个普通的卷积激活结构组合而成的，经过第 1 层的卷积激活之后的输出为 $F(x)$，满足 $F(x) = H(x)-x$，其中的 $H(x)$ 是普通卷积网络结构 CNN 卷积激活的输出，即 $H(x) = F(x)$，残差卷积网络是卷积输出 $F(x)$ 与输入 x 的和。

从卷积网络最后特征融合的阶段可以看出，其中 $F(x)$ 与输入 x 具有相同的特征维度，使得其输入和经过卷积网络结构的输出可以直接进行叠加，在卷积网络中可以进一步使用 1×1 和 3×3 的网络结构来替换原网络，替换后的残差卷积网络结构单元也被称为 BottleNeck，如图 5.7 所示。

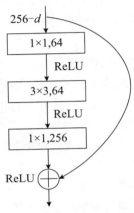

图 5.7　替换后的残差卷积网络结构单元

使用这种方式的好处是 1×1 的卷积核可以最大化地保持特征图在尺度不变的情况下增加非线性特征的表达，并可以进一步增加网络的深度，便于优化和易于进行反向传播。

残差卷积网络在 PyTorch 框架下的实现代码如下：

```
def forward(x):
    identity = x

    out = self.conv1(x)
    out = self.bn1(x)
    out = self.relu(x)

    out = self.conv2(x)
    out = self.bn2(x)

    if self.downsample is not None:
        identity = self.downsample(x)

    out += identity
    out = self.relu(x)

    return out
```

不同的残差卷积网络之间会在深度、结构的组合等方面存在差异，所造成的实验结果也不相同，不同残差卷积网络的实验效果见表 5.1。

表 5.1 不同残差卷积网络的实验效果对比

网络类型	Original		Re-implementation			SENet		
	top-1 err	top-5 err	top-1 err	top-5 err	GFLOPs	top-1 err	top-5 err	GFLOPs
RestNet-50	24.7	7.8	24.80	7.48	3.86	23.29	6.62	3.87
RestNet-101	23.6	7.1	23.17	6.52	7.58	22.38	6.07	7.6
RestNet-152	23.0	6.7	22.42	6.34	11.30	21.57	5.73	11.32
RestNet-50	22.2	—	22.11	5.90	4.24	21.10	5.49	4.25
RestNet-101	21.2	5.6	21.18	5.57	7.99	20.70	5.01	8.00
BN-Inception	25.2	7.82	25.38	7.89	2.03	24.23	7.14	2.04
Inception-RestNet-v2	19.9	4.9	20.37	5.21	11.75	19.80	4.79	11.76

表格中进行了两种对比，一种是对自身算法的纵向对比，另一种是与其他算法的横向对比。通过不同的对比方式可以直观地观察出算法相互之间的局限性和优劣性，在残差卷积网络中可以看到随着卷积网络层数的不断增加，网络模型的识别错误率也在逐渐下降，卷积网络的层数在 152 时基本可以获得较为优秀的识别效果。

5.2.2 锚框

锚框也称为 Anchor，其提出和使用的目的是提高目标的识别速度。锚框最初是在 Faster R-CNN 网络中提出的，并在其后的 One-Stage 网络模型中起到了重要的作用。锚框的概念在 SDD、YOLO 系列算法中都被提出和使用过，在使用锚框之前，以往的模型在图像对应的窗口都只能预测一个目标，使用锚框则可以在一个窗口中同时识别多个目标。除此之外，也可以解决图像中的多尺度问题。在对锚框进行介绍之前，先来看看之前的目标检测算法是如何对目标进行识别和定位的。

1. 滑动窗口

滑动窗口算法是在图像中选择一个固定大小和尺寸的窗口，并按照设置好的步长进行滑动，窗口每滑动一步，模型都对已得到的既定区域进行预测，并判断该区域中是否存在目标。滑动窗口的算法在实现上相对比较简单，但这种傻瓜式的执行方式带来了巨大的计算量，而且由于滑动窗口的固定尺寸，也很难能识别过大或过小的目标。

2. 区域建议

如果滑动窗口直接在图像上进行滑动选取目标区域，那么区域建议算法则是在卷积后的特征图上选取候选区域。由卷积过程的实现原理可知，图像在经过模型中的层层卷积之后生成的特征图会越来越小，因此对特征图进行对候选区域提取的过程相比滑动窗口可以得到更加广阔的感受野区域。区域建议算法主要应用在 Two-Stage 网络模型中，如 Faster R-CNN 网络，区域建议算法中也引入了锚框的概念。

锚框不仅只用作 Two-Stage 网络模型的区域建议算法，在 One-Stage 网络模型中也可以直接使用锚框进行目标检测，如 SDD、YOLO 系列算法。

锚框在卷积神经网络中的使用其实不仅是在网络的训练阶段，在网络的预测阶段中也使用，在 One-Stage 的网络中锚框同样是在特征图的基础上进行目标的预测。例如，YOLOv3 算法中图像的输入为 $224 \times 224 \times 3$，将其进行几层卷积操作之后可以得到的特征图尺寸为 $7 \times 7 \times N$，其中 N 为通道数，如果对特征图中的每个位置都进行一次预测，并预测 9 个预测框，那么可以得到锚框的总个数为 $7 \times 7 \times 9 = 441$（个），原图为 $224 \times 224 \times 9 = 451584$（个），要少很多，可以看出如果使用锚框可以极大地减少目标预测所带来的复杂的运算过程。锚框的生成示意图如图 5.8 所示。

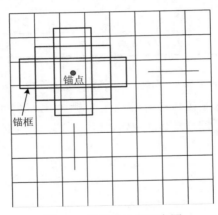

图 5.8　锚框的生成示意图

锚框的个数通过聚类算法得到，一般常用的个数是 3，即 3 种不同方向和尺寸的预测框，锚框对特征图中的每个窗口的中心点进行预测，如果目标存在于该点上，则以该点为中心点进行预测并将其与真实的目标框进行 NMS 计算。在每个目标的预测过程中，每个预测框输出的信息包括中心点的坐标、宽、高、置信度和类别等。

5.2.3　SPP-Net

传统的卷积神经网络 CNN 将原图进行裁剪以及缩放等预处理操作后再送入卷积神经网络中进行特征提取，这么做也是因为卷积神经网络不具备根据输入图像特征的大小来适应卷积神经网络的特点。在卷积神经网络结构确定的情况下，仍需要统一固定输入图像特征图的尺寸，这也就是要进行图像预处理的原因。SPP-Net（spatial pyramid pooling network，空间金字塔池化网络）可实现图像不进行缩放或裁剪而直接送入卷积神经网络中。

1. SPP-Net 在神经网络中的结构

为什么卷积神经网络需要对输入图像的尺寸有固定的要求呢？实际上，网络中的卷积层对输入的任意尺寸的图像都可以产生对应大小的特征图，主要的限制条件是卷积层后的全连接层。根据定义，全连接层需要输入固定尺寸的特征才可以实现，提出 SPP-Net 就是为了解决这个问题。加入SPP-Net 的网络结构与普通卷积神经网络的结构对比如图 5.9 所示。

图 5.9　特征结构对比图

从对比图中可以看出，SPP-Net 和普通卷积神经网络 CNN 直接的区别有以下两点。

（1）在普通卷积神经网络中首先对图像进行裁剪和缩放操作后再进行卷积操作，由于在进入卷积层之前已经对图像执行过预处理的操作，这也决定了经过卷积层之后的特征图的输出是固定尺寸，不会对之后的全连接层结构产生影响。

（2）在新的网络结构中引入了 SPP-Net 网络结构，该结构直接连接在卷积层之后，卷积层对特征图的尺寸并没有要求，因此 SPP-Net 网络结构直接连接在卷积层和全连接层之间，可对卷积之后的特征图进行维度尺寸的固定，以便进入全连接层中达到和在 CNN 网络中对图像进行预处理同样的目的。

2. SPP-Net 的详细组成及其介绍

SPP-Net 实际上是由三个不同的池化层组合而成的，如图 5.10 所示，其中不同池化层的步长可以自行设置，不同的步长导致经过 SPP-Net 的特征图的维度也不相同，该数值可以根据需要自行设置。默认经过 SPP-Net 后分别生成的特征图大小为 4×4、2×2 和 1×1，并将其结果进行平铺得到16+4+1=21（个）维度，如果最后存在 256 个特征图，那么一幅图像具有的总的特征图的维度就是21×256=5376。

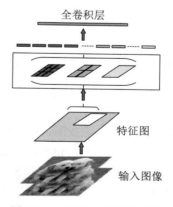

图 5.10　SPP-Net 网络结构图

在 PyTorch 框架下的 SPP-Net 结构代码如下。

代码 5.1   PyTorch 框架下的 SPP-Net 网络实现示例代码

```
#coding=utf-8

import math
import torch
import torch.nn.functional as F

# 构建SPP（空间金字塔池化）层
class SPPLayer(torch.nn.Module):

    def __init__(self, num_levels, pool_type='max_pool'):
        super(SPPLayer, self).__init__()

        self.num_levels = num_levels
        self.pool_type = pool_type

    def forward(self, x):
        num, c, h, w = x.size() # num:
        for i in range(self.num_levels):
            level = i+1
            kernel_size = (math.ceil(h / level), math.ceil(w / level))
            stride = (math.ceil(h / level), math.ceil(w / level))
            pooling=(math.floor((kernel_size[0]*level-h+1)/2), math.floor((kernel_
            size[1]*level-w+1)/2))

            # 选择池化方式
            if self.pool_type == 'max_pool':
                tensor = F.max_pool2d(x, kernel_size=kernel_size, stride=stride,
                padding= pooling).view(num, -1)
            else:
                tensor = F.avg_pool2d(x, kernel_size=kernel_size, stride=stride,
                padding= pooling).view(num, -1)

            # 展开、拼接
            if (i == 0):
                x_flatten = tensor.view(num, -1)
            else:
                x_flatten = torch.cat((x_flatten, tensor.view(num, -1)), 1)
        return x_flatten
```

代码中对 SPP-Net 的实现是通过两部分组合达成的，第一部分是初始化函数，该函数的作用是初始化在 SPP-Net 网络层中需要用到的一些网络结构和参数；第二部分是前向卷积神经网络，这部分用于组合 SPP-Net 网络。从图 5.10 中可以看到，在 SPP-Net 网络层中对特征图进行了三次不同尺度的池化，在代码中直观的体现是参数 num_levels 的大小可以根据构造的网络进行设置，如图 5.10 中所画的结构，默认的代码中 num_levels 的值应为 3。

5.2.4　RPN

RPN 的英文全称为 Region Proposal Network，即区域生成网络，该网络结构主要在 Faster R-CNN 网络中应用，用于对目标进行检测，并用其替代之前的 R-CNN 网络和 Faster R-CNN 中的选择性搜索算法。Faster R-CNN 网络中的 RPN 网络结构如图 5.11 所示。

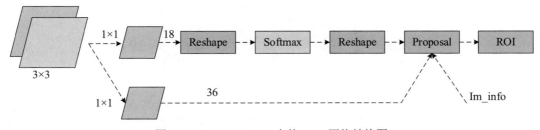

图 5.11　Faster R-CNN 中的 RPN 网络结构图

RPN 网络之前是 Faster R-CNN 网络的主干网络，主要用于提取图像特征，并将其传入到 RPN 网络中。在 RPN 的结构图中可以看出，RPN 网络主要可以分为两个部分，经主干网络提取到的特征图尺寸为 4060×256。首先将特征图进行 3×3 的卷积操作，其次将卷积后的特征图一部分通过 1×1 的卷积后，进行尺度变换、Softmax 等一系列操作获得 9 类锚框，主要作用是获得锚框的前景和背景分类；另一部分则仍然进行 1×1 的卷积，然后计算目标的位置进行回归分析。最后将两个计算结果进行 ROI 池化操作，再通过全连接层后进行目标的分类，可以将其总结为以下三个步骤。

（1）为了获取 9 类锚框中的前景与背景，在生成 RPN 网络之前首先将 CNN 提取的特征图进行 3×3 网络的卷积，这么做是为了能更好地融合特征图中的特征信息。该层结构中每个目标会得到 9 个锚框，每个锚框可以分为前景和背景两种，在卷积层后进行两次的尺度变换操作是为了便于进行 Softmax 的分类操作。

（2）对锚框进行边框回归，对锚框的具体位置进行精确定位，回归需要定位锚框的四个边框，分别是左上和右下两个点四个值。

（3）Proposal 的目的是对通过以上两个步骤得到的特征信息进行合并。除了使用 RPN 的网络结构图进行表示之外，使用流程图也可以使模型的训练过程更加清晰。

5.2.5　边框回归算法

在目标检测算法中首先需要完成的功能是对图像中的目标进行识别和定位，边框回归则是在实现目标定位的功能过程中对目标所识别的位置进行修正。在目标检测算法中如果不使用目标的回归算法，只靠卷积神经网络提取出的目标位置会出现较大的误差，不使用边框回归算法所识别的目标位置和修正后的目标位置如图 5.12 所示。

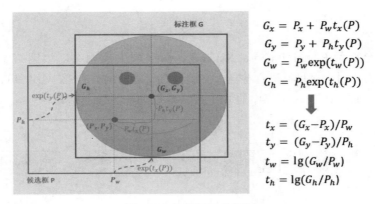

图 5.12   边框回归分析图

如果想要描述图像中目标的位置情况仅通过 4 个参数即可实现，具体包括目标中心点坐标 x、y 以及目标图像的宽和高。如果对目标的位置进行修正，也同样需要完成对中心点 x 和 y 的参数修正和宽、高两个参数的位置修正。边框回归算法通过对目标的缩放和移动实现边框回归，其中针对原算法的 (x, y) 进行的是中心点的移动，对目标的宽和高进行的是缩放。边框回归分析算法的公式如下：

$$\begin{cases} T_x = P_x + \Delta x \\ T_y = P_y + \Delta y \end{cases}, \begin{cases} T_w = P_w S_w \\ T_h = P_h S_h \end{cases} \tag{5.6}$$

式中：P_x 和 P_y 分别为目标以图像左上角顶点为原点的中心点坐标；P_w 和 P_h 为目标的宽和高。目标的中心点坐标通过偏移进行修正，横坐标和纵坐标的偏移量分别为 Δx 和 Δy，目标的宽和高通过参数 S_w 和 S_h 实现缩放。T_x 和 T_y 为修正后目标的中心点坐标；T_w 和 T_h 为修正后目标图像的宽和高。

从对上述实现位置修正的过程可以看出，边框回归算法是一种线性回归算法。除了线性回归算法外，还存在非线性回归算法，如典型的逻辑回归算法是二分类算法，属于非线性回归算法。由于边框回归算法属于线性回归算法，因此在使用上也存在一定的限制，如果目标检测算法的预测结果和真实目标的位置存在较大的差别，则不适用边框回归算法，预测框和真实框的相差程度可以用交并比（IoU）值表示。

如图 5.12 所示，当 $x \to 0$ 时，有 $x = \lg(x+1)$。对缩放变换公式进行变形可得

$$d_w(P) = \lg \frac{T_w}{P_w} = \lg \frac{P_w + T_w - P_w}{P_w} = \lg\left(1 + \frac{T_w - P_w}{P_w}\right) \tag{5.7}$$

$$d_h(P) = \lg \frac{T_h}{P_h} = \lg \frac{P_h + T_h - P_h}{P_h} = \lg\left(1 + \frac{T_h - P_h}{P_h}\right) \tag{5.8}$$

可见，当交并比 IoU 的值足够高时，T_w 和 P_w 相互接近、T_h 和 P_h 相互接近，有

$$d_w(P) = \frac{T_w - P_w}{P_w}, \quad d_h(P) = \frac{T_h - P_h}{P_h} \tag{5.9}$$

近似于一个线性变换，因此可以使用线性回归进行求解。

5.3　主干神经网络

5.3.1　ResNet 网络结构解析

相比其他卷积算法，残差卷积网络中的残差结构能够计算稀疏矩阵，进一步增加网络模型的深度。在卷积神经网络的模型中深度的增加往往带来识别效率的提高，这是因为网络越深，模型提取的特征维度越高，识别的效果也就越好。但由于反向传播算法的局限性，在反向更新参数的过程中，由于网络深度的增加使得网络在浅层网络中不能学习到足够的特征，此时 Loss 图中损失也不能进一步降低，这意味着如果一味地增加模型的深度，只会增加模型的识别时长，而对识别的准确率没有太大的帮助。残差网络的出现解决了这个问题，使得模型可以进一步增加网络的深度以提高算法的识别率。不同深度的 ResNet 网络结构见表 5.2。

表 5.2　不同深度的 ResNet 网络结构

layer name	output size	18-layer	34-layer	50-layer	101-layer	152-layer
conv1	112×112	7×7, 64, stride 2				
conv2_x	56×56	3×3 max pool, stride 2				
conv2_x	56×56	$\begin{bmatrix} 3\times3,64 \\ 3\times3,64 \end{bmatrix} \times 2$	$\begin{bmatrix} 3\times3,64 \\ 3\times3,64 \end{bmatrix} \times 3$	$\begin{bmatrix} 1\times1,64 \\ 3\times3,64 \\ 1\times1,256 \end{bmatrix} \times 3$	$\begin{bmatrix} 1\times1,64 \\ 3\times3,64 \\ 1\times1,256 \end{bmatrix} \times 3$	$\begin{bmatrix} 1\times1,64 \\ 3\times3,64 \\ 1\times1,256 \end{bmatrix} \times 3$
conv3_x	28×28	$\begin{bmatrix} 3\times3,128 \\ 3\times3,128 \end{bmatrix} \times 2$	$\begin{bmatrix} 3\times3,128 \\ 3\times3,128 \end{bmatrix} \times 4$	$\begin{bmatrix} 1\times1,128 \\ 3\times3,128 \\ 1\times1,512 \end{bmatrix} \times 4$	$\begin{bmatrix} 1\times1,128 \\ 3\times3,128 \\ 1\times1,512 \end{bmatrix} \times 4$	$\begin{bmatrix} 1\times1,128 \\ 3\times3,128 \\ 1\times1,512 \end{bmatrix} \times 8$
conv4_x	14×14	$\begin{bmatrix} 3\times3,256 \\ 3\times3,256 \end{bmatrix} \times 2$	$\begin{bmatrix} 3\times3,256 \\ 3\times3,256 \end{bmatrix} \times 6$	$\begin{bmatrix} 1\times1,256 \\ 3\times3,256 \\ 1\times1,1024 \end{bmatrix} \times 6$	$\begin{bmatrix} 1\times1,256 \\ 3\times3,256 \\ 1\times1,1024 \end{bmatrix} \times 23$	$\begin{bmatrix} 1\times1,256 \\ 3\times3,256 \\ 1\times1,1024 \end{bmatrix} \times 36$
conv5_x	7×7	$\begin{bmatrix} 3\times3,512 \\ 3\times3,512 \end{bmatrix} \times 2$	$\begin{bmatrix} 3\times3,512 \\ 3\times3,512 \end{bmatrix} \times 3$	$\begin{bmatrix} 1\times1,512 \\ 3\times3,512 \\ 1\times1,2048 \end{bmatrix} \times 3$	$\begin{bmatrix} 1\times1,512 \\ 3\times3,512 \\ 1\times1,2048 \end{bmatrix} \times 3$	$\begin{bmatrix} 1\times1,512 \\ 3\times3,512 \\ 1\times1,2048 \end{bmatrix} \times 3$
	1×1	average pool, 1000-d fc, softmax				
FLOPs		1.8×10^9	3.6×10^9	3.8×10^9	7.6×10^9	11.3×10^9

从表 5.2 中可以看到，在残差网络中不论网络层级有多少，都可以分为 4 个 Block，不同的是不同的 Block 结构不同。为了说明方便，下面以 ResNet 的深度命名 ResNet，如深度为 50-layer，命名为 ResNet-50，以此类推。在 ResNet-34 和 ResNet-50 网络中每一个 Block 分别有 3、4、6、3 个 BottleNeck 结构，从表中可以看出，所有的 BottleNeck 的结构都是由 1×1 的网络层和 3×3 的网络层组合而成的，不同的 Block 之间卷积核的个数是不同的。

ResNet-50 网络输入图像的尺寸是 224×224×3，经过第 1 个卷积层，卷积核的个数为 64，步长为 2，经过卷积核后输出的特征图尺寸为 112×112×64。经过卷积后要进行最大池化，需要注意的是，池化操作只会改变特征图的尺寸，而不会影响特征图的个数。

5.3.2　基于 PyTorch 搭建 ResNet-50 网络

ResNet-50 中第 1 部分是第 1 层卷积层，其卷积核尺寸为 7×7×64，经过卷积后通过 3×3 最大池化对特征图进行缩放；第 2 部分是 BottleNeck 层，由于 ResNet-50 由 4 个不同层数、不同个数的结构组合而成，因此，在代码中可以通过设置不同的参数实现 BottleNeck 层，从而避免代码过于冗余。基于 PyTorch 框架搭建 ResNet-50 网络的代码如下。

代码 5.2　基于 PyTorch 框架搭建 ResNet-50 网络示例代码

```python
import torch
import torch.nn as nn
import torchvision
import numpy as np

print("PyTorch Version: ",torch.__version__)
print("Torchvision Version: ",torchvision.__version__)

__all__ = ['ResNet50', 'ResNet101','ResNet152']

def Conv1(in_planes, places, stride=2):
    return nn.Sequential(
nn.Conv2d(in_channels=in_planes,out_channels=places,kernel_size=7, stride=
stride, padding=3, bias=False),
        nn.BatchNorm2d(places),
        nn.ReLU(inplace=True),
        nn.MaxPool2d(kernel_size=3, stride=2, padding=1)
    )

class Bottleneck(nn.Module):
    def __init__(self,in_places,places,stride=1,downsampling=False,expansion = 4):
        super(Bottleneck,self).__init__()
        self.expansion = expansion
        self.downsampling = downsampling

        self.bottleneck = nn.Sequential(
            nn.Conv2d(in_channels=in_places,out_channels=places,kernel_size=1,
```

```
                             stride=1, bias=Flase),
                        nn.BatchNorm2d(places),
                        nn.ReLU(inplace=True),
                        nn.Conv2d(in_channels=places, out_channels=places, kernel_size=3,
                        stride=stride, padding=1, bias=False),
                        nn.BatchNorm2d(places),
                        nn.ReLU(inplace=True),
                        nn.Conv2d(in_channels=places, out_channels=places*self.expansion,
                        kernel_size=1, stride=1, bias=False)),
                        nn.BatchNorm2d(places*self.expansion),
                )

            if self.downsampling:
                self.downsample = nn.Sequential(
                        nn.Conv2d(in_channels=in_places, out_channels=places*self.expansion,
                        kernel_size=1, stride=stride, bias=False)),
                        nn.BatchNorm2d(places*self.expansion)
                    )
        self.relu = nn.relu(inplace=True)
    def forward(self, x):
        residual = x
        out = self.bottleneck(x)

        if self.downsampling:
            residual = self.downsample(x)

        out += residual
        out = self.relu(out)
        return out


class ResNet(nn.Module):
    def __init__(self,blocks, num_classes=1000, expansion = 4):
        super(ResNet,self).__init__()
        self.expansion = expansion

        self.conv1 = Conv1(in_planes = 3, places= 64)

        self.layer1=self.make_layer(in_places=64,places=64,block=blocks[0],stride=1)
        self.layer2=self.make_layer(in_places=256,places=128,block=blocks[1],stride=2)
        self.layer3=self.make_layer(in_places=512,places=256,block=blocks[2],stride=2)
        self.layer4=self.make_layer(in_places=1024,places=512,block=blocks[3],stride=2)

        self.avgpool = nn.AvgPool2d(7, stride=1)
        self.fc = nn.Linear(2048,num_classes)

        for m in self.modules():
            if isinstance(m, nn.Conv2d):
                nn.init.kaiming_normal_(m.weight,mode='fan_out', nonlinearity='relu')
            elif isinstance(m, nn.BatchNorm2d):
                nn.init.constant_(m.weight, 1)
```

```
                              nn.init.constant_(m.bias, 0)
        def make_layer(self, in_places, places, block, stride):
            layers = []
            layers.append(Bottleneck(in_places, places,stride, downsampling =True))
            for i in range(1, block):
                layers.append(Bottleneck(places*self.expansion, places))

            return nn.Sequential(*layers)

        def forward(self, x):
            x = self.conv1(x)

            x = self.layer1(x)
            x = self.layer2(x)
            x = self.layer3(x)
            x = self.layer4(x)

            x = self.avgpool(x)
            x = x.view(x.size(0), -1)
            x = self.fc(x)
            return x

def ResNet50():
    return ResNet([3, 4, 6, 3])

def ResNet101():
    return ResNet([3, 4, 23, 3])

def ResNet152():
    return ResNet([3, 8, 36, 3])

if __name__=='__main__':
    #model = torchvision.models.resnet50()
    model = ResNet50()
    print(model)

    input = torch.randn(1, 3, 224, 224)
    out = model(input)
    print(out.shape)
```

📢 注意：

以上代码中输入的并非真实的图像数据，而是随机生成的尺寸为 224×224×3 的数据。input = torch.randn(1, 3, 224, 224) 中第 1 个参数为 batch，表示输入图像的个数；第 2 个参数为通道数，图像是由 RGB 三通道数据组成的；第 3 个和第 4 个参数为图像的宽和高。

5.3.3 AlexNet 网络结构解析

AlexNet 的网络结构比较简单，VGG16 网络是在 AlexNet 网络的基础上改进而来的。AlexNet 网络共有 8 层，其网络由 5 个卷积层和 3 个全连接层组合而成，最后通过 Softmax 函数对全连接层提取的网络特征进行分类。AlexNet 网络所具有的特点可以总结为以下几个。

（1）AlexNet 网络中使用的是 ReLU 激活函数，使用 ReLU 激活函数可以增加模型的非线性表达能力。

（2）将网络进行拆分，可以在不同的 GPU 上进行模型的分组训练，最后在全连接层对训练结果进行合并，这种方式极大地提高了算法的训练速度。

（3）使用双连接层提高了模型的非线性拟合能力。

（4）在全连接层中使用 DropOut 结构，也可以进一步提高模型的非线性表达能力。

（5）包含局部归一化的 LRN 结构。

AlexNet 的网络结构如图 5.13 所示。

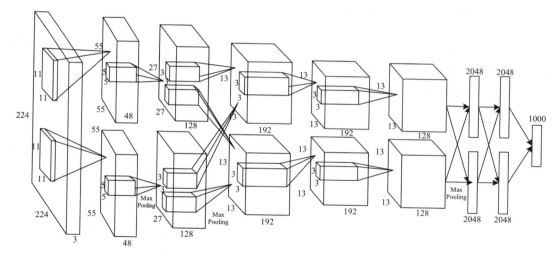

图 5.13 AlexNet 网络结构图

具体的网络结构解析如下。

第 1 层卷积层：在该层卷积核被分为两组，并分别存放在不同的 GPU 上，输入图像的大小为 224×224×3，卷积核的尺寸为 11×11×3，第 1 次卷积之后得到的特征图的尺寸为 55×55×48。

池化层：在该层除了对第 1 层的神经元使用激活函数进行激活外，还通过池化层对特征图进行池化以及进行局部响应的归一化操作。第 1 层卷积层和池化层结合后的结构是操作的一个基本单元。

第 2 层卷积层：第 2 层与第 1 层的操作类似，分别在各自的 GPU 上进行卷积和池化的操作，该部分所使用的卷积核尺寸为 5×5×48，生成特征图的尺寸为 27×27×128，其中池化层与第

1 层的池化层也类似。

第 3 层卷积层：该层的两组输入的特征图尺寸均为 27×27×128，卷积过程中卷积核的尺寸为 3×3×128，改进部分主要是特征图的通道，将其通过 ReLU 函数激活后，将所有的神经单元分为两组，每组均为 13×13×192。

第 4 层卷积层：该层分别对两组特征图进行激活，两组特征图的尺寸均为 13×13×192，其中卷积和激活的过程都分别在各自的 GPU 中进行。

第 5 层卷积层：该层是网络的深化层，共有 256 个 5×5×3 的卷积核，生成的特征图通道数为 256，生成的每组特征图尺寸为 13×13×128，该层输出的特征图尺寸为 6×6×256。

第 6 层和第 7 层全连接层：这一步实际上不是卷积操作，而是双连接层，每个 GPU 负责一个全连接层，一个全连接层所包含的神经元为 2048。

第 8 层全连接层：第 7 层输出的 4096 个数据与第 8 层的 n 个神经元进行全连接，输出一个元素个数为 n 的一维向量，其中的 n 为分类数。

5.3.4　基于 PyTorch 搭建 AlexNet 网络

通过以上介绍可以直接在 PyTorch 中编写 AlexNet 的代码，在 PyTorch 框架下有多种不同形式组合的网络，下面以其中一种为例进行说明。

代码 5.3　基于 PyTorch 框架搭建 AlexNet 网络示例代码

```python
import torch
import torch.nn as nn
import torch.nn.functional as F

# 网络结构
class Net(nn.Module):
    def __init__(self):
        super(Net, self).__init__()
        self.conv1 = nn.Conv2d(3, 96,11,4,0)    # 定义 conv1 为图像卷积函数：输入为图像
                                                  （3 个频道，即彩色图），输出为 6 张特征
                                                  图，卷积核为 5×5 的正方形

        self.pool = nn.MaxPool2d(3, 2)
        self.conv2 = nn.Conv2d(96, 256, 5, 1, 2)
        self.Conv3 = nn.Conv2d(256, 384, 3, 1, 1)
        self.Conv4 = nn.Conv2d(384,384, 3, 1, 1)
        self.Conv5 = nn.Conv2d(384,256, 3, 1, 1)
        self.drop = nn.Dropout(0.5)
        self.fc1 = nn.Linear(9216, 4096)
        self.fc2 = nn.Linear(4096, 4096)
        self.fc3 = nn.Linear(4096, 100)

    def forward(self, x):
        x = self.pool(F.relu(self.conv1(x)))
```

```
            x = self.pool(F.relu(self.conv2(x)))
            x = F.relu(self.conv3(x))
            x = F.relu(self.conv4(x))
            x = self.pool(F.relu(self.conv5(x)))
            x = x.view(-1, self.num_flat_features(x))
            x = self.drop(x)
            x = self.drop(F.relu(self.fc1(x)))
            x = F.relu(self.fc2(x))
            x = self.fc3(x)
            return x

        def num_flat_features(self, x):
            size = x.size()[1:]  # all dimensions except the batch dimension
            num_features = 1
            for s in size:
                    num_features *= s
            return num_features

    if __name__ == "__main__":
        net = Net()
        print(net)
```

代码中 forward 函数是前向传播算法，也是将初始化函数中的网络结构进行组合的一种主要实现方式。

5.4　小　　结

本章主要介绍了目标检测算法的一些主要实现过程，在目标检测中实现的功能分为目标定位和目标分类，而目标定位是目标检测中最主要的一环；在目标定位的检测算法中通过滑窗技术、RPN 等结构来实现。除此之外，神经网络结构算法中还有一些独特的神经网络结构，如锚框、SPP-Net 以及边框回归算法等，由此衍生出残差网络 ResNet、AlexNet 等。

第 6 章　单阶段目标检测

本章主要介绍目标检测神经网络中单阶段目标检测（One-Stage）的几种算法，之前的章节介绍过目标检测主要可以分为 One-Stage 和 Two-Stage 两类，本章中介绍的是 One-Stage 中几种主流的算法，包括 SSD、YOLOv3 和 YOLOv4 三种，其中 YOLOv4 是 YOLOv3 系列的进一步改进和发展。本章以这几类算法的原理和组成结构为例进行讲解，在 One-Stage 算法中需要着重注意的是目标定位的实现过程，这也是 One-Stage 和 Two-Stage 算法之间最主要的区别，是 One-Stage 算法中的精髓部分。无论哪种算法，都可以将其分解为模块进行学习，将不同结构在进行组合之后即可获得一个新的网络结构或算法。

本章主要涉及的知识点如下。
- 多尺度特征图：提取不同尺寸的特征图进行识别，提高不同尺寸目标的识别精度。
- 先验框：根据不同尺寸得到的先验框，能够获取对小目标较好的识别效果。
- 特征金字塔：为了适应不同尺寸图像对模型的作用，使用特征金字塔实现特征融合。
- NMS 算法：从多个预测框中选择出最优的矩形框。
- Mish 激活函数：Mish 激活函数具备能够保留更多非线性区域的特征信息。

6.1　SSD 算法

6.1.1　SSD 算法设计理念

目标检测近年来迅速发展，当前目标检测算法可分为两个主要的类型，一个是 Two-Stage，主要通过 CNN 网络提取图像特征并产生候选框，然后对候选框进行分类和回归；另一个是 One-Stage，主要利用 CNN 网络提取图像特征后直接对图像进行分类和回归，省略了 Two-Stage 中产生候选框的过程，因此 One-Stage 方法的检测速度要更快。在 One-Stage 中主要的代表算法分别是 YOLO 系列和 SSD 两类。这里对两者之间的结构进行对比，如图 6.1 所示。

1. 多尺度特征图

不同于 YOLO 算法在全连接层后进行检测的过程，SSD 算法通过提取不同尺寸的特征进行检测，不同尺寸的特征图对检测物体的位置和类别的精度要求不相同，可以在 SSD 算法中提取不同的特征图来进行物体目标的检测，对于底层的特征图来说，由于大特征图包含的特征信息也比较多，因此检测比较小的物体具有一定的优势；而对于高层的特征图来说，由于其包含高层特征语义对于检测大目标则具有一定的优势。

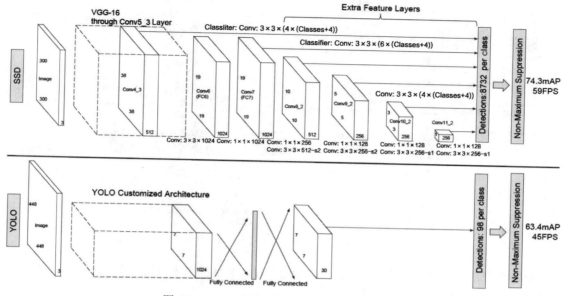

图 6.1　YOLO 算法和 SSD 算法的结构对比

2. 先验框

SSD 算法在识别目标位置的过程中采用了多尺度技术对目标进行检测，与 YOLO 系列不同，SSD 算法是在卷积层进行检测的。在 SSD 算法中，先验框是在 SPP 结构最后一层的特征图中进行不同尺寸比例目标的预测的，其中每个先验框都有一套独立的输出，包括类别的置信度、类别和位置。从网络结构图中也可以看到，SSD 算法对目标的回归在不同的层级上进行，这也能够在极大范围内保障小目标的识别。而 YOLO 算法则是先通过聚类得到目标尺寸比例，进而在不同尺寸的特征图上对不同比例的目标进行预测。

3. 网络结构

SSD 算法的主干网络是 VGG16，在 VGG16 的基础上新增加了更多其他特征图用于目标的检测。在 SSD 算法中，图像的输入尺寸为 300×300，在 YOLOv3 算法中，图像的输入尺寸为 416×416，采用的主干网络是残差网络，在经过全连接网络后进行目标的回归和分类。从识别后的效果可以看到，SSD 算法的识别效果在精度上比 YOLO 算法要高。

6.1.2　SSD 算法网络结构

在介绍 SSD 算法网络结构之前，首先需要对 SSD 算法的各部分结构进行拆解。SSD 算法网络的各部分结构如图 6.2 所示。

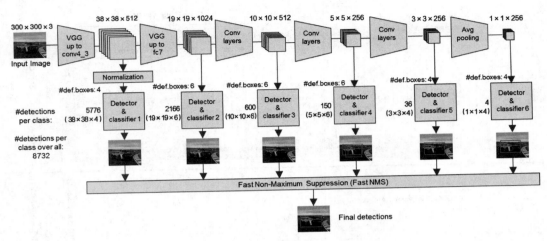

图 6.2 SSD 算法网络结构图

SSD 算法网络结构可以分为 3 个部分，分别是提取特征的主干网络 VGG16、部分卷积神经网络形成的特征金字塔网络和 NMS 层。

1. VGG16

VGG 网络是在 AlexNet 网络的基础上发展而来的，主要改进的地方是网络的深度和卷积核的大小，由于卷积核的个数增多和网络深度的增加，相比 AlexNet 网络也提高了算法对目标分类的准确性。除此之外，为了提高模型的非线性表达能力，VGG16 网络在全连接层后增加了 DropOut 的网络结构，用以对神经元进行随机失活处理，如图 6.3 所示。

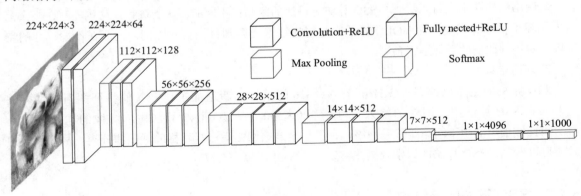

图 6.3 VGG16 网络结构

VGG16 网络的结构简单，其中每层之间都采用相同的 3×3 的卷积核，对特征图缩小尺寸基本也都是以 1/2 的形式进行递减，池化层之间采用的池化核参数均为 2 的最大池化方式，模型构成也比较简单，由若干个卷积层和池化层相互堆叠而成。虽然 VGG16 网络组成比较简单，但相比 AlexNet 网络的组成而言，容纳的参数更多，这也是提高了分类精度的一个重要原因。

2. 特征金字塔

关于特征金字塔的使用有多种实现方式，除了经常使用的 SPP 是通过特征金字塔池化的方式来实现不同尺寸的特征图与全连接层之间的连接外，特征金字塔其他的功能则是融合不同的特征图，即对卷积神经网络提取的特征图进行融合。SDD 算法中的特征金字塔实现的方式如图 6.4 所示。

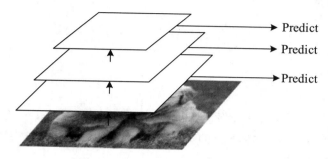

图 6.4　SDD 算法实现特征金字塔

特征金字塔中对不同尺寸的特征图进行了目标检测，这么做的原因是底层的特征图所包含的信息更多，对于小目标而言，底层的特征图对目标所识别的位置则更为精确，而高层的特征图所包含的语义更为丰富，对大目标的识别效果更好。除此之外，该金字塔高层的特征图是通过前向算法实现的，而并不需要额外的算法，也就是说这种实现的方式并不会因为增加目标检测而消耗额外的时间。

在 SSD 算法中目标检测是算法的重中之重，如果采用 FPN 的算法得到候选框的位置，那么会直接变成 Two-Stage 算法。而 SSD 算法则是直接在特征金字塔的每一层都进行锚框操作，从 SSD 网络结构图中也可以看到锚框的具体实现过程。首先在不同尺寸的特征图上进行目标检测，每个特征图中生成不同比例的矩形框，在不同特征图中生成的矩形框大小也不相同。

SSD 算法分别生成 6 个不同大小的特征图，并对每个特征图进行先验框的预测，各个特征图的尺寸分别为 38×38、19×19、10×10、5×5、3×3、1×1，其中每个特征图中包含的先验框的个数和尺寸也不相同。

先验框的设置包括先验框的尺寸和长宽比。先验框的尺寸遵循以下公式：

$$s_k = s_{\min} + \frac{s_{\max} - s_{\min}}{m-1}(k-1), \quad k \in [1, m] \tag{6.1}$$

式中：m 表示特征图的个数，其值为 5；s_k 表示先验框的大小对于图像的比例；$s_{\min}$ 和 $s_{\max}$ 表示比例的最小值和最大值，这里选取 0.2 和 0.9 作为默认值。第 1 个特征图尺寸为 30。

SSD 算法中不同先验框的长宽比的计算公式如下：

$$w_k^a = s_k \sqrt{a_r}, \quad h_k^a w_k^a = s_k \sqrt{a_r}, \quad h_k^a = s_k / \sqrt{a_r}$$

对于长宽比为 1 的先验框，使用以下两种尺度：

$$\begin{aligned} \text{scale}_1 &= s_k \\ \text{scale}_2 &= \sqrt{s_k s_{k+1}} \end{aligned} \qquad (6.2)$$

每个特征图有 6 个先验框，但在实现的过程中，中间的 3 个特征图只使用 4 个先验框，每个先验框的中心点坐标的计算公式如下：

$$\left(\frac{i+0.5}{|f_k|}, \frac{j+0.5}{|f_k|} \right), \ i, j \in \left[0, |f_k| \right) \qquad (6.3)$$

式中：f_k 为第 k 个特征图的尺度。

3. NMS

在进行目标检测后，每个特征图所预测到的目标包含众多的矩形框，一个目标应该有且仅有一个最优的矩形框，并将该矩形框作为最终的矩形框。为了从众多的矩形框中选择出最优的矩形框，需要进一步对矩形框进行处理。

NMS 算法的实现过程如下。

（1）对于某个类别，将分类预测的小于置信度阈值的矩形框删除。

（2）将该类别筛选后的矩形框按照置信度降序排序。

（3）对筛选后的矩形框应用 NMS 算法。

● 计算置信度最高的矩形框与后面所有矩形框的 IoU，IoU 大于阈值则删除该矩形框。

● 在筛选后的矩形框中找到除了当前矩形框的另一个置信度最高的矩形框，重复步骤（1），遍历，直到结束。

（4）对除了背景类以外的所有类别执行步骤（1）～步骤（3）。

6.1.3　基于 PyTorch 搭建 SSD 网络

通过对 SSD 算法的分步介绍，可以进一步使用 PyTorch 框架对 SSD 算法中的各个部分进行实现。首先是 VGG16 主干网络部分，SSD 算法中输入的图像尺寸为 300×300，这与 6.1.2 小节 VGG16 结构示意图中的尺寸不同。

1. 构造主干网络

（1）输入一张图像后，将图像尺寸处理为 300×300×3。

（2）卷积层 1，经过两次 3×3 卷积网络，输出的特征层为 64，输出 net 为 (300, 300, 64)，再经过 2×2 最大池化，输出 net 为 (150, 150, 64)。

（3）卷积层 2，经过两次 3×3 卷积网络，输出的特征层为 128，输出 net 为 (150, 150, 128)，再经过 2×2 最大池化，输出 net 为 (75, 75, 128)。

（4）卷积层 3，经过三次 3×3 卷积网络，输出的特征层为 256，输出 net 为 (75, 75, 256)，再经过 2×2 最大池化，输出 net 为 (38, 38, 256)。

（5）卷积层 4，经过三次 3×3 卷积网络，输出的特征层为 512，输出 net 为 (38, 38, 512)，再经过 2×2 最大池化，输出 net 为 (19, 19, 512)。

（6）卷积层 5，经过三次 3×3 卷积网络，输出的特征层为 512，输出 net 为 (19, 19, 512)，再经过 2×2 最大池化，输出 net 为 (19, 19, 512)。

（7）利用卷积代替全连接层，经过两次 3×3 卷积网络，输出的特征层为 1024，因此输出的 net 为 (19, 19, 1024)（从这里往前都是 VGG 的结构）。

（8）卷积层 6，经过一次 1×1 卷积网络，调整通道数，经过一次步长为 2 的 3×3 卷积网络，输出的特征层为 512，因此输出的 net 为 (10, 10, 512)。

（9）卷积层 7，经过一次 1×1 卷积网络，调整通道数，经过一次步长为 2 的 3×3 卷积网络，输出的特征层为 256，因此输出的 net 为 (5, 5, 256)。

（10）卷积层 8，经过一次 1×1 卷积网络，调整通道数，经过一次 padding 为 valid 的 3×3 卷积网络，输出的特征层为 256，因此输出的 net 为 (3, 3, 256)。

（11）卷积层 9，经过一次 1×1 卷积网络，调整通道数，经过一次 padding 为 valid 的 3×3 卷积网络，输出的特征层为 256，因此输出的 net 为 (1, 1, 256)。

根据其中的过程可以得到算法实现的代码如下。

代码 6.1　VGG 神经网络结构示例代码

```python
# 按照以上各层直接输出的通道数，对模型进行构建
base = [64,64,'M',128,128,'M',256,256,256,'C',512,512,512,'M',512,512,512]

def vgg(i):
    layers = []
    in_channels = i
    for v in base:
        if v == 'M':
            layers += [nn.MaxPool2d(kernel_size=2, stride=2)]
        elif v == 'C':
            layers += [nn.MaxPool2d(kernel_size=2,stride=2,ceil_mode=True)]
        else:
            conv2d = nn.Conv2d(in_channels, v, kernel_size=3, padding=1)
            layers += [conv2d, nn.relu(inplace=True)]
            in_channels = v
    pool5 = nn.MaxPool2d(kernel_size=3, stride=1, padding=1)
    conv6 = nn.Conv2d(512, 1024, kernel_size=3, padding=6, dilation=6)
    conv7 = nn.Conv2d(1024, 1024, kernel_size=1)
    layers += [pool5, conv6,
    nn.relu(inplace=True), conv7, nn.relu(inplace=True)]
    return layers

def add_extras(i, batch_norm=False):
    # Extra layers added to VGG for feature scaling
    layers = []
```

```
    in_channels = i

    # Block 6
    # 19,19,1024 -> 10,10,512
    layers += [nn.Conv2d(in_channels, 256, kernel_size=1, stride=1)]
    layers += [nn.Conv2d(256, 512, kernel_size=3, stride=2, padding=1)]

    # Block 7
    # 10,10,512 -> 5,5,256
    layers += [nn.Conv2d(512, 128, kernel_size=1, stride=1)]
    layers += [nn.Conv2d(128, 256, kernel_size=3, stride=2, padding=1)]

    # Block 8
    # 5,5,256 -> 3,3,256
    layers += [nn.Conv2d(256, 128, kernel_size=1, stride=1)]
    layers += [nn.Conv2d(128, 256, kernel_size=3, stride=1)]

    # Block 9
    # 3,3,256 -> 1,1,256
    layers += [nn.Conv2d(256, 128, kernel_size=1, stride=1)]
    layers += [nn.Conv2d(128, 256, kernel_size=3, stride=1)]

    return layers
```

2. 提取网络特征图

从 SSD 算法网络结构图中可以看到，在 6 个中间过程中提取特征图进行的目标检测，Conv4 的卷积特征图尺寸为 $38 \times 38 \times 4$，Conv5 的卷积特征图尺寸为 $19 \times 19 \times 6$，Conv6 的卷积特征图尺寸为 $10 \times 10 \times 6$，Conv7 的卷积特征图尺寸为 $5 \times 5 \times 6$，Conv8 的卷积特征图尺寸为 $3 \times 3 \times 4$，Conv9 的卷积特征图尺寸为 $1 \times 1 \times 4$，并对每个特征图进行了一次先验框的计算。

代码 6.2　SSD 神经网络结构示例代码

```
class SSD(nn.Module):
    def __init__(self, phase, base, extras, head, num_classes):
        super(SSD, self).__init__()
        self.phase = phase
        self.num_classes = num_classes
        self.cfg = Config
        self.vgg = nn.ModuleList(base)
        self.L2Norm = L2Norm(512, 20)
        self.extras = nn.ModuleList(extras)
        self.priorbox = PriorBox(self.cfg)
        with torch.no_grad():
            self.priors = Variable(self.priorbox.forward())
        self.loc = nn.ModuleList(head[0])
```

```python
        self.conf = nn.ModuleList(head[1])
        if phase == 'test':
            self.softmax = nn.Softmax(dim=-1)
            self.detect = Detect(num_classes, 0, 200, 0.01, 0.45)
    def forward(self, x):
        sources = list()
        loc = list()
        conf = list()

        # 获得 conv4_3 的内容
        for k in range(23):
            x = self.vgg[k](x)

        s = self.L2Norm(x)
        sources.append(s)

        # 获得 FC7 的内容
        for k in range(23, len(self.vgg)):
            x = self.vgg[k](x)
        sources.append(x)

        # 获得后面的内容
        for k, v in enumerate(self.extras):
            x = F.relu(v(x), inplace=True)
            if k % 2 == 1:
                sources.append(x)

        # 添加回归层和分类层
        for (x, l, c) in zip(sources, self.loc, self.conf):
            loc.append(l(x).permute(0, 2, 3, 1).contiguous())
            conf.append(c(x).permute(0, 2, 3, 1).contiguous())

        # 进行 resize
        loc = torch.cat([o.view(o.size(0), -1) for o in loc], 1)
        conf = torch.cat([o.view(o.size(0), -1) for o in conf], 1)
        if self.phase == "test":
            # loc 会 resize 到 batch_size,num_anchors,4
            # conf 会 resize 到 batch_size,num_anchors,
            output = self.detect(
            loc.view(loc.size(0),-1,4),self.softmax(conf.view(conf.
            size(0), -1,self.num_classes)),self.priors)
        else:
            output = (loc.view(loc.size(0), -1, 4),
                conf.view(conf.size(0),-1,self.num_classes),self.priors)
        return output
```

```
mbox = [4, 6, 6, 6, 4, 4]

def get_ssd(phase,num_classes):

vgg, extra_layers = add_vgg(3), add_extras(1024)

loc_layers = []
conf_layers = []
vgg_source = [21, -2]
for k, v in enumerate(vgg_source):
        loc_layers += [nn.Conv2d(vgg[v].out_channels,
                    mbox[k] * 4, kernel_size=3, padding=1)]
        conf_layers += [nn.Conv2d(vgg[v].out_channels,
                    mbox[k] * num_classes, kernel_size=3, padding=1)]

for k, v in enumerate(extra_layers[1::2], 2):
        loc_layers+=[nn.Conv2d(v.out_channels,mbox[k]*4,kernel_size=3,padding=1)]
        conf_layers += [nn.Conv2d(v.out_channels, mbox[k]
                        * num_classes, kernel_size=3, padding=1)]

SSD_MODEL=SSD(phase,vgg,extra_layers,(loc_layers,conf_layers),num_classes)
return SSD_MODEL
```

　　SSD 模型结构在代码方面主要是由模型初始化和网络结构的构造两部分组合而成的，首先在 SSD 类中使用 Python 中的内置函数 __init__() 对 SSD 算法中各个部分的结构单元进行初始化。例如，self.L2Norm=L2Norm(512, 20) 是对 L2 结构进行初始化；然后是对网络结构中所用到的各个不同部分架构进行组合，组合代码过程中要对模型中的结构参数进行初始化，如卷积核的个数、卷积后的特征图的大小等。

6.2　YOLOv3 算法

　　目前 YOLOv3 算法是 YOLO 系列算法中识别速度和精度比较好的一个，YOLOv3 算法相对于 YOLOv1 算法和 YOLOv2 算法并没有太大的提升，主要的改进是在精度方面。在保证算法速度的前提下，YOLOv3 算法融合了其他算法中较好的网络结构并提升了算法的预测精度，尤其是对小目标物体的识别。YOLOv3 算法主要的改进是调整了网络结构，利用多尺度的特征进行目标检测，除此之外，也使用 Logistic 的函数替代了原来的 Softmax 函数。

6.2.1　YOLOv3 算法设计理念

　　相比 YOLOv1 算法和 YOLOv2 算法，YOLOv3 算法在网络结构上采用了更深层次的 Darknet-53 框架并结合 ResNet 的结构特点，在保证网络不发生梯度消失的情况下使得网络的深度更深，从而提高了算法对小目标检测的准确性，YOLOv3 算法的网络结构如图 6.5 所示。

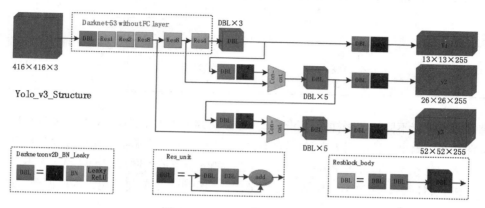

图 6.5　YOLOv3 算法网络结构

1. 主干网络 ResNet

YOLOv3 的主干网络采用了残差卷积神经网络 ResNet 的结构进行特征提取的操作，残差网络结构的特点是通过降低池化带来的梯度负面效果，使卷积神经网络的深度做到更深。在图像处理中，卷积神经网络的层数越多，网络能够提取到的复杂特征就越多，能够对更抽象的图像特征进行提取，也就意味着识别和分类的效果更好。

在卷积神经网络中随着网络深度的增加，梯度信号也随之下降。在反向传播的过程中，由于梯度已经降低到 0 或者接近 0 的值，网络深度的增加实际上并没有提高目标检测的精度，反而会因为模型的大量无用参数的增加而增加识别目标的时间。这就会产生梯度消失现象，甚至会产生比较极端的相反情况，即梯度值开始暴增，产生梯度爆炸。

从第 5 章的图 5.6 中可以看到，残差单元的流程主要为输入的数据 x 经过线性网络后通过 ReLU 激活函数进行激活，得到输出数据 $F(x)$，输出的数据再次经过线性网络后不直接对网络进行激活操作，而是将第 1 次输出的数据与之进行加和后再作为新的待激活数据，并将其通过激活单元进行激活。网络结构可以用公式表示如下：

$$y_l = h(x_l) + F(x_l, W_l)$$
$$x_{l+1} = f(y_l)$$

$$(6.4)$$

2. 多尺度先验框

除了在主干网络中使用残差网络进行特征的提取外，YOLOv3 算法在特征融合阶段还采用了 SPP-Net 的结构。SPP-Net 分别对特征图进行三次多尺度的检测，分别为 32 倍下采样、16 倍下采样和 8 倍下采样，然后将不同尺度的特征图进行拼接，得到同时具备不同维度的特征层。除此之外，还分别在三种特征维度的特征图上进行特征提取和先验框的预测，每个目标预测出 9 类先验框，见表 6.1。

表 6.1　金字塔先验框

特征图	13×13	26×26	52×52
感受野	大	中	小
先验框	116×90 156×198 373×326	30×61 62×45 59×119	10×13 16×30 33×23

　　在特征图上进行不同的下采样之后得到的尺寸分别为 13×13、26×26 和 52×52，其中针对每一种特征图均会预测出三种不同大小和位置的目标先验框，其中先验框的输出数据分别为框的中心点坐标、目标的宽和高、目标置信度和类别。通过预测先验框的不同尺寸可以预测出不同尺寸大小的目标，其中位置回归是通过不断校准中心点坐标、宽和高 4 个值使其能够逐渐拟合出最佳位置。多尺度先验框的网络结构如图 6.6 所示。

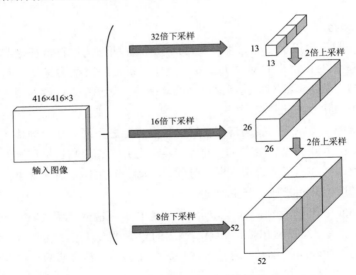

图 6.6　多尺度先验框的网络结构

　　YOLOv3 算法中每个预测框的预测结果包含 5 个坐标值，分别是 t_x、t_y、t_w、t_h 和置信度 t_o。YOLO 算法并非直接预测目标的中心点坐标以及宽和高等参数值，而是通过预测网格的中心点的相对坐标点位置，并增加位于左上角的网格位置（c_x，c_y），从而得到目标相对于整幅图像的中心坐标位置。中心点坐标的转换公式如下：

$$b_x = \sigma(t_x) + c_x \tag{6.5}$$

$$b_y = \sigma(t_y) + c_y \tag{6.6}$$

式中：t_x、t_y 分别为相对于所在网络单元格的位置坐标；$\sigma(t_x)$ 为 Sigmoid 函数；c_x、c_y 分别为中心点所在单元格相对于左上角网络单元格的整张图像的坐标；b_x、b_y 分别为最终预测框的中心点坐标。

针对算法预测出的目标区域则是在先验框的基础上通过学习预测框和真实框之间的伸缩比参数实现目标的检测和定位功能。预测目标的宽和高的计算公式如下：

$$b_w = a_w e^{t_w} \tag{6.7}$$

$$b_h = a_h e^{t_h} \tag{6.8}$$

式中：a_w、a_h 分别为预测先验框的宽和高；t_w、t_h 分别为预测框的宽和高。通过指数变化之后预测输出的宽和高为实际目标的宽和高。

3. 边框回归算法

边框回归算法不仅使用在 YOLOv3 的算法中，目标检测中的 R-CNN、Faster R-CNN 和 SSD 等算法在目标的定位中也都使用了边框回归算法。使用先验框可以快速定位目标的位置，但仍存在一定的误差，此时需要通过边框回归算法对目标的位置进行微调，接下来对边框回归算法进行介绍。

边框回归算法实际对已经定位到目标的几个参数进行了微调，通过先验框得到的参数是一个四维参数，分别是中心点坐标 x、y 以及位置的宽和高。边框回归算法是通过映射对目标进行微调的，简单来说就是位置的平移和尺度的缩放，可以用以下公式来分别表示。

平移变换的计算公式如下：

$$\begin{cases} G_x = \Delta x + p_x \\ G_y = \Delta y + p_y \end{cases} \tag{6.9}$$

尺度变换的计算公式如下：

$$\begin{cases} G_w = p_w S_w \\ G_h = p_h S_h \end{cases} \tag{6.10}$$

式中：Δx 和 Δy 分别为边框在 x 和 y 的方向上平移的长度；S_h、S_w 分别为对尺度的缩放。

经过以上公式的变换可以将目标位置调节到正确的位置上。进行变换的过程如图 6.7 所示。

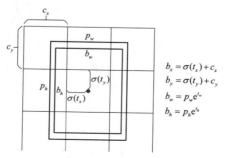

图 6.7 边框回归算法示意图

6.2.2　YOLOv3 算法网络结构

　　YOLOv3 算法摒弃了一般目标检测中使用滑动窗口的方式定位目标，使用了回归的思想，直接读取整张图像，使用卷积算法提取整幅图像特征，并对整幅图像进行 $n×n$ 的划分，n 表示一个整数，从其划分的区域中预测出目标类别和区域。相比之下，虽然 YOLOv3 网络牺牲了一些识别精度，但是却大大加快了检测的速度，YOLOv3 算法输入图像的尺寸为 416×416，经过一系列的卷积池化等操作后默认将图像划分为 7×7 的网络，并输出每个网络的置信度和位置坐标等信息，每个网格预测两个边框，YOLOv3 算法的网络结构如图 6.8 所示。

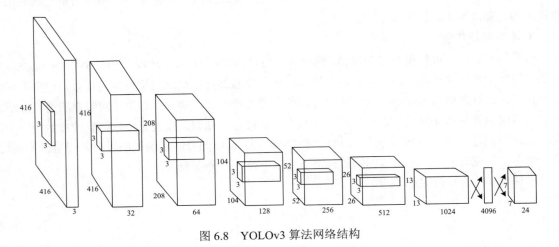

图 6.8　YOLOv3 算法网络结构

6.2.3　YOLOv3 算法网络模型搭建

　　搭建 YOLOv3 网络模型可以通过两种方式来实现，一种是直接在 GitHub 上下载已经编译好的源码，然后在本地进行环境的搭建；另一种是将源码下载到本地，通过本地的编译器对源码进行编译。本小节使用第二种方式进行搭建，首先需要为源码搭建可编译的环境，由于训练模型需要进行大量的计算，对模型的训练应尽量选择带有 GPU 的设备。具体过程如下。

1. 模型的搭建

　　关于 GPU 驱动、CUDA 和加速计算包 cuDNN 的安装此处不再赘述，读者可通过官方提供的方法或其他方法进行安装，安装过程中要注意版本之间的搭配关系。本次搭建使用的系统为 Linux 的 Ubuntu 系统，由于 Linux 系统是由 C 语言编写而成的，对于同样使用 C 语言编写而成的 YOLOv3 来说更方便对源码进行编译和二次开发。

2. 编译 Darknet 源码

　　将解压后的源码放置到本地的服务器中同时根据设备的配置情况进行参数的配置，代码如下：

```
GPU=1                          # 是否使用 GPU
CUDNN=1                        # 是否使用 cuDNN 进行加速
CUDNN_HALF=1                   # 是否为 Tensor 核心加速

OPENCV=1                       # 是否使用 OpenCV 图像处理库
OPENMP=0                       # 是否使用 OPENMP
```

在文件所在的 Darknet 主目录中进行编译，编译的命令如下：

```
make
```

3. 数据处理

对于网络来说，图像只包含需要提取的特征部分，并不包含目标的位置和种类信息；对于图像数据来说，需要对图像进行标注，使其包含目标的位置坐标和种类，并将其处理成算法需要的数据格式，标注后的数据存储为 txt 文本文档，其格式如下：

```
<类别>  <x_center>  <y_center>  <width>  <height>
```

其中各项参数所代表的含义见表 6.2。

表 6.2　各项参数所代表的含义

种　类	计算方式	数据类型
类别	class	0～class-1 的整数
x_center	x / image_width	0～1 的浮点数
y_center	y / image_height	0～1 的浮点数
width	width / image_width	0～1 的浮点数
height	height / image_height	0～1 的浮点数

表 6.2 中的参数说明如下。
- 类别用参数 class 表示，序号从 0 开始计算，范围为 0～class-1。
- x：目标中心点坐标的横轴坐标。
- y：目标中心点坐标的纵轴坐标。
- image_width：图像的宽。
- image_height：图像的高。

4. 修改配置文件

训练模型除了要对训练集进行处理外，还需要根据训练所使用的计算机的硬件设备修改模型的配置参数，详细的模型参数配置修改过程如下。

（1）修改配置文件。复制 darknet-master/cfg 目录下的 yolov3.cfg 网络结构文件并重命名为 yolo-obj.cfg，复制到可执行文件 darknet 所在的目录下。输入模型的图像大小为 416×416，修改参数 height=416，width=416；修改文件中批次参数 batch=64，表示每次读取 64 张图像后更新网络参数；修改参数 subdivisions=16，表示一次性读取 16 张图像送入模型。例如，识别的目标为 3 类，则修改参数 classes=3，filters=(classess+5)×3=(3+5)×3=24，修改的部分共有 4 部分，分别为训练 YOLOv3 算法的 4 个参数，包括 batch、subdivisions、输入图像的宽 width 和输入图像的高 height。

```
[net]
# Testing                    # 测试时，将 batch 和 subdivisions 设为 1
# batch=1
# subdivisions=1
# Training
batch=64                     # 每个迭代训练的图像数
subdivisions=16              # 将每个迭代分成 subdivisions 次训练，内存不足时可以适当调大

width=416                    # 输入图像的宽度
height=416                   # 输入图像的高度
channels=3                   # 输入图像的通道数
                             # darknet 有 resize 过程，不需要预先将图像转换成设定的宽和高
                             # width 和 height 影响图像在网络中的分辨率，可以调整为 32 的倍数

momentum=0.9                 # 梯度下降中的动量参数
decay=0.0005                 # 权重衰减正则项，防止过拟合
                             # 每次学习参数后，将参数按照 decay 的比例进行降低，防止过拟合
```

（2）配置 obj.names 文件和 obj.data 文件。新建 obj.names 文件和 obj.data 文件，放在目录 darknet-master/data 下。obj.names 中包含类别信息，分别是 blankPlate、fullCoverPlate 和 Others 3 类。obj.data 中包含 5 个参数，分别是模型待识别的类别数目 classes=2（数值 2 为处理识别的类别数）；存储数据集图像的路径 train=data/train.txt；存储验证集图像的路径 valid=data/valid.txt；obj.names 存放的位置 names=data/obj.names；训练出的模型待存放位置 backup=backup/。其中，所有配置的相对路径都是相对于可执行文件 darknet 所在的位置，代码如下：

```
classes = 2                  # 检测物体类别数，如检测 apple 和 orange 是两类物体，则类别数为 2
train = data/train.txt       # train 文件所在位置，需保持路径及文件名前后一致
valid = data/valid.txt       # valid 文件所在位置，需保持路径及文件名前后一致
names = data/obj.names       # names 文件所在位置，需保持路径及文件名前后一致
backup = backup/             # 训练过程产生的模型参数文件会保存在该文件夹下
                             # 这里设置为 darknet 根目录下的 backup 文件夹
```

（3）修改 makefile 文件。在 makefile 文件中指定 GPU=1、OpenCV=1 和 cuDNN=1。

（4）编写启动脚本。本小节模型的训练是在 Linux 环境下进行的，为了更方便地执行操作命令，在终端中使用 vim 工具编写 shell 脚本，进入可执行文件 darknet 所在的目录，新建文件 train.sh，训练命令包括 ./darknet detector train cfg/obj.data cfg/yolo-obj.cfg darknet53.conv.74 -gpu 0，指定显卡为 0，如果是多显卡同时训练，也可以同时指定多个显卡。

6.2.4　损失函数解析

　　YOLOv3 算法属于监督算法的一种，因此，除了使用各种策略和网络结构实现目标位置的定位和分类功能之外，还需要通过计算坐标误差、预测分类误差来加深网络的学习。与 YOLOv1 算法不同的是，在 YOLOv3 算法上使用交叉熵来替代平方误差的方式计算误差，这样做的好处是能够避免初始训练模型时发生损失过大而无法收敛的情况。YOLOv3 算法的误差由三部分组成，分别是坐标误差、IoU 误差和分类误差。其中，坐标误差仍为平方差的计算方式，分类误差则修改为交叉熵的计算方式，具体的实现公式如下。

　　中心点坐标和宽高误差的计算公式如下：

$$\sum_{i=0}^{S^2}\sum_{j=0}^{B} I_{ij}^{\text{obj}}[(x_i^j - \hat{x}_i^j)^2 + (y_i^j - \hat{y}_i^j)^2] \tag{6.11}$$

$$\sum_{i=0}^{S^2}\sum_{j=0}^{B} I_{ij}^{\text{obj}}[(\sqrt{w_i^j} - \sqrt{\hat{w}_i^j})^2 + (\sqrt{h_i^j} - \sqrt{\hat{h}_i^j})^2] \tag{6.12}$$

　　YOLOv3 算法中针对目标中心点和宽高的计算仍然延续了在 YOLOv1 算法、YOLOv2 算法中采用的平方差计算方式，在上述计算公式中，I_{ij}^{obj} 表示第 i 个网络单元格中的第 j 个的先验框是否存在；x_i^j、y_i^j、w_i^j、h_i^j 分别表示对应的中心点横坐标、中心点纵坐标、预测框的宽和高 4 个值；S^2 表示网络单元格的个数；B 表示先验框的个数。

　　置信度误差的计算公式如下：

$$-\sum_{i=0}^{S^2}\sum_{j=0}^{B} I_{ij}^{\text{obj}}[\hat{C}_i^j \lg(C_i^j) + (1 - \hat{C}_i^j)\lg(1 - C_i^j)] \tag{6.13}$$

$$-\lambda_{\text{noobj}}\sum_{i=0}^{S^2}\sum_{j=0}^{B} I_{ij}^{\text{noobj}}[\hat{C}_i^j \lg(C_i^j) + (1 - \hat{C}_i^j)\lg(1 - C_i^j)] \tag{6.14}$$

　　置信度损失误差的计算分为两部分，一部分如式（6.13）所示表示预测目标中包含真实目标的损失误差；另外一部分如式（6.14）所示表示预测目标范围中不包含真实目标的损失误差。其中，$\hat{C}_i^j$ 表示置信度参数，参数 λ_{noobj} 表示预测目标中不存在真实目标的损失权重。

　　分类误差的计算公式如下：

$$-\sum_{i=0}^{S^2} I_{ij}^{\text{obj}} \sum_{c \in \text{classes}} (\hat{P}_i^j \lg(P_i^j) + (1 - \hat{P}_i^j)\lg(1 - P_i^j)) \tag{6.15}$$

　　在 YOLO 系列算法中，损失函数的计算一直是需要不断改进的重点，与以往两个版本不同的是，损失函数中采用交叉熵的计算方式替换了原先损失函数中使用的平方差的计算方式，使用交叉熵的计算方式可以刻画出两者概率之间的大致分布情况。

6.3 YOLOv4 算法

6.3.1 算法改进策略

在计算机视觉领域，根据实现的过程，目标检测算法通常可以分为两类，一类是 Two-Stage 网络，主要实现的过程是提取图像中目标的特征信息，然后通过类似于 RPN 的网络进行目标定位和分类；另一类是 One-Stage 网络，即在网络中同时完成目标的定位分类，如 YOLO 系列算法。无论 Two-Stage 网络还是 One-Stage 网络，两类网络中通用框架基本可以表示为如图 6.9 所示的几个部分。

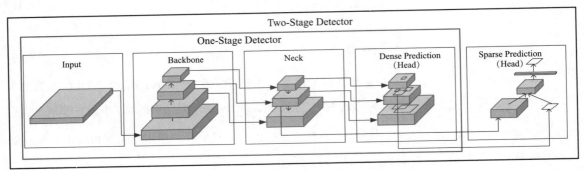

图 6.9　目标检测算法通用框架

从图 6.9 中可以看出，图像从输入端进入模型后，主干网络 Backbone 完成对目标的特征提取，利用提取的网络特征进一步通过 Neck 部分对目标进行检测，这部分是一系列混合图像特征的网络层；然后是 Dense Prediction 和 Sparse Predection 网络，这部分完成目标的预测，生成锚框和实现分类检测功能。

（1）Backbone：主干网络，其作用是提取图像中的信息。主干网络指的是提取特征的网络，以供后面的网络使用。例如，在 YOLOv3 算法中 Darknet-53 就是主干网络，在进行网络训练时都直接加载由官方提供的模型作为已经训练好的模型，直接对后面的网络进行训练，这样做不仅可以减少模型的训练时间，也可以减少模型发生过拟合。

（2）Head：这部分用于获取 Backbone 网络的输出，并利用已提取的网络特征进行检测。

（3）Neck：介于 Backbone 和 Head 之间，是一些卷积神经网络，主要是为了提高特征的利用率。

在 Two-Stage 网络中，这里以 Faster R-CNN 算法为例，主干网络为 VGG，用于实现图像的特征提取，Neck 则使用 RPN 网络完成目标位置的检测，最后 Dense Prediction 和 Sparse Prediction 则通过生成锚框完成分类和回归。

在 One-Stage 网络中，以 6.2 节中的 YOLOv3 算法为例说明，整个算法的实现只到 Dense Prediction 阶段即可，这是因为在主干网络提取特征后同时也对图像进行了先验框的分割。

通过算法的实现框架对 YOLOv4 算法进行分析（见图 6.10），通过对比可以发现，YOLOv4 算法相对于 YOLOv3 算法并没有较大的改变，主要是对其中的结构部分进行了改进。

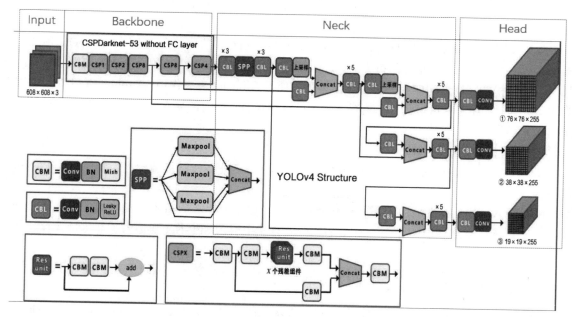

图 6.10 YOLOv4 算法实现框架

1. 模型的输入

YOLOv4 算法中对图像进行增强的主要实现过程是，在输入的图像中进行随机抽取并缩放、裁剪最后拼接形成一幅新的图像，如图 6.11 所示。这种方式的目的在于增强训练图像的数据集，提高算法的鲁棒性。

图 6.11 YOLOv4 算法的图像增强

2. 主干网络

原网络中使用的算法为残差卷积网络，相比其他算法可以具有更深的网络架构，YOLOv4 算法则将基于残差网络的 CSP-Net 网络结构应用在原算法中的 Darknet-53 的卷积神经网络中。生成的

CSPDarknet-53 的算法在提取图像特征方面解决了其大型卷积神经网络框架中网络梯度优化的信息重复问题，修改后的卷积神经网络减少了模型中的参数量，保证了推理速度和准确率。

（1）卷积过程中引入 1×1 的卷积层，可以增强提取特征的信息量，降低计算量和提升计算速度。

（2）使用 Dropblock 替代 DropOut，Dropblock 与 DropOut 的使用方式不同，DropOut 用在全连接层之后，对其中的单元进行随机失活，通过这种方式可以防止发生过拟合，但随着网络深度的增加，图像中相邻区域之间的相关性会逐渐增强，使得 DropOut 失去作用，Dropblock 则直接使用在卷积层，针对的是整片区域的失活情况，除了可以弥补 DropOut 的缺点外，也对模型的鲁棒性有一定的提升。

3. Neck 部分的改进

Neck 部分主要的改进有两方面的内容，一是引入了 SPP-Net 网络结构，二是引入了 PANet 网络结构。

（1）引入 SPP-Net 主要由于不同尺寸的图像在经过卷积层之后需要对提取的维度进行统一处理，才可以进行全连接层的操作，而在 YOLOv4 算法中引入 SPP-Net 则是为了能尽量保存特征信息，尽量扩大感受野。

（2）PANet 网络结构和 SPP-Net 一样，也是一种特征融合方式，不同于 SPP-Net 的处理方式，PAN 是自下而上的一种特征融合方式。

YOLOv4 算法中除了以上的改进外，对损失函数的计算也有改进，在 YOLOv3 算法中损失函数的计算方式是 IoU Loss，而 YOLOv4 的算法中使用的是 Ciou Loss 的损失计算方式。

6.3.2　YOLOv4 算法训练

YOLOv4 算法的卷积神经网络的结构主要由三部分组合而成，第一部分是 CSPDarknet-53 网络，它是构成 YOLOv4 算法的基础网络，主要作用是提取图像特征，该基础网络由多个 Resblock_body 组合而成；第二部分是 SPP-Net 特征金字塔结构，该结构的作用是将基础网络所提取的特征图进行不同维度的提取，并将在不同特征图上提取的特征进行融合，这样做可以进一步增强图像的特征信息；第三部分可以看作类似特征融合的部分，其作用是使在不同网络层中提取出的特征实现对应功能的预测，典型的功能是锚框的选取。YOLOv4 算法的卷积神经网络的组成结构如图 6.12 所示。

1. 配置环境及测试

搭建 YOLOv4 算法之前的准备工作与训练 YOLOv3 算法之前的过程基本相似。首先在 Ubuntu 系统的设备上安装硬件设备的驱动程序及其依赖库等，主要安装的有 Python 3.7 库、Cuda、cuDNN、OpenCV、cmake 和显卡驱动程序等。安装了必要的环境之后，就可以进一步对源码进行下载和重新编译工作。YOLOv4 的源码可以直接在 GitHub 上下载，也可以在命令行中使用 git 命令下载，下载命令如下：

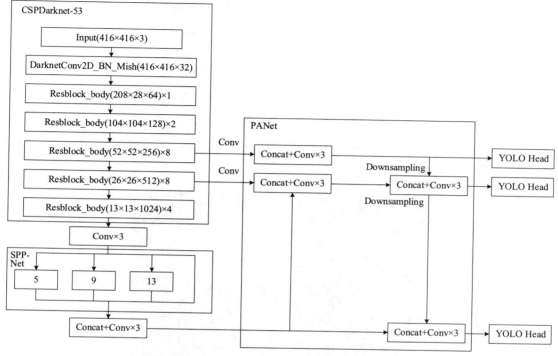

图 6.12　YOLOv4 算法的卷积神经网络的组成结构

```
git clone https://github.com/AlexeyAB/darknet.git
```

　　对源码的编译需要根据训练设备的具体配置进行，在源码的主目录中修改 Makefile 文件中的配置参数，根据自己的配置来选择是否修改配置文件，配置文件中的部分内容如下：

```
GPU=1
CUDNN=1
CUDNN_HALF=1
OPENCV=1
OPENMP=1
LIBSO=1
DEBUG=1
```

　　配置文件中对应选项设置的参数为 1，表示设备中含有该配置，若无对应的配置，则需要设置对应配置的参数为 0。配置后的文件可以进一步进行编译处理。在源码所在主目录下的命令行中运行如下编译命令。

```
make
```

或

```
make -j8
```

为了保证经过配置后的源码可以正常使用，需要对编译后的源码进行测试，测试源码的过程是直接运行开源的权重文件，观察是否能输出正常的识别结果。YOLOv4 源码中并未提供测试所需的权重文件，因此权重文件需要从网络中搜索和下载测试。本次测试直接采用了源码中提供的测试图像，测试图像存放于主目录下的 data 目录中，运行的测试命令如下：

```
./darknet detect cfg/yolov4.cfg yolov4.weights data/dog.jpg
```

运行命令后会在主目录下生成对应的图像，并且在图像中标注出识别目标所在位置的矩形框、类别以及置信度信息。YOLOv4 算法对图像中的多个目标进行了定位和分类，因此通过脚本可以将识别到的图像中的目标类别和位置信息进行标注，测试后得到的图像如图 6.13 所示。

图 6.13　测试后的图像

2. 准备训练数据

算法的训练除了需要图像外，还需要图像中目标的位置信息和类别信息，所以除了对图像进行处理外，还要对图像进行标注，标注的信息包括目标所在图像中的矩形框和类别，标注后的图像会生成与图像名称相同的文本文件，其中包含所标注的信息。由于不同的模型对数据的格式要求也不相同，因此需要在已经标注的基础上进一步对数据的格式进行处理，处理的过程如下。

（1）在主目录中新建专门用于存放数据的目录文件夹，代码如下：

```
mkdir test_data
```

（2）默认源码中的主目录为工作文件存放区，代码如下：

```
cd test_data
```

（3）在新建的文件目录中建立相关的文件夹和对应的文件，代码如下：

```
├──── JPEGImages
├──── ImageSets
│     ├──── Main
```

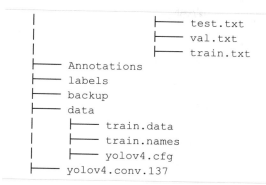

```
|                              ├──── test.txt
|                              ├──── val.txt
|                              └──── train.txt
├──── Annotations
├──── labels
├──── backup
├──── data
|        ├──── train.data
|        ├──── train.names
|        └──── yolov4.cfg
└──── yolov4.conv.137
```

其中，JPEGImages 文件夹中存放的数据是直接参与模型训练的图像数据；ImagesSet 中存放的是通过一定的设置比例生成的训练集、测试集和验证集三个文本文档；Annotations 中存放的是通过标注工具标注图像后生成的 xml 格式的文件；labels 中存放的是通过源码提供的格式处理工具处理后生成的对应的标注文件；backup 中存放的是训练过程中产生的中间模型；data 中存放的是三类在模型训练期间需要配置的过程文件；yolov4.conv.137 中存放的是预训练的网络权重文件。

介绍完文件结构之后，接下来讲述如何进一步生成 YOLOv4 需要的 label 和 txt 文件，也就是 labels 文件夹中存放的文件。在源码的生成工具中按照实际数据进行修改，代码如下：

```
build/darknet/x64/data/voc/voc_label.py
```

主要修改的内容可以分为以下几个部分。

（1）将数据集划分为训练集、测试集和验证集三个部分，对数据集的划分不是直接对图像进行划分，而是将图像按照一定的比例随机分配后再对其进行划分，将划分后的三部分数据集对应图像的名称分别存放到 train.txt、val.txt 和 test.txt 三个数据的集合中。这部分源码中并没有提供相应的代码，需要自行编写代码，这里也给读者提供了处理的代码。

代码 6.3　YOLOv4 模型数据处理示例代码

```python
import os
import random
import sys

# 对路径进行修改
root_path='/home/zhaokaiyue/Documents/yolov4/ 处理数据 / 新标注数据 -house/ 切图 /VOCdevkit'
xmlfilepath = root_path + '/Annotations'        # 修改 xml 的文件路径
txtsavepath = root_path + '/ImageSets/Main'     # 修改生成文件的路径

if not os.path.exists(root_path):   # 对路径进行验证
    print("cannot find such directory: " + root_path)
    exit()
if not os.path.exists(txtsavepath):   # 对不存在的路径进行新建
    os.makedirs(txtsavepath)
```

```
trainval_percent = 0.9      # 训练集和验证集的分割比例
train_percent = 0.8          # 训练集占据的比例

total_xml = os.listdir(xmlfilepath)
num = len(total_xml)
list = range(num)

tv = int(num * trainval_percent)
tr = int(tv * train_percent)

trainval = random.sample(list, tv)
train = random.sample(trainval, tr)
print("train and val size:", tv)   # 打印信息
print("train size:", tr)

# 4 个不同文件的读写
ftrainval = open(txtsavepath + '/trainval.txt', 'w')
ftest = open(txtsavepath + '/test.txt', 'w')
ftrain = open(txtsavepath + '/train.txt', 'w')
fval = open(txtsavepath + '/val.txt', 'w')

for i in list:
    name = total_xml[i][:-4] + '\n'
    if i in trainval:
        ftrainval.write(name)
        if i in train:
            ftrain.write(name)
        else:
            fval.write(name)
    else:
        ftest.write(name)

ftrainval.close()
ftrain.close()
fval.close()
ftest.close()
```

　　源码中需要修改的部分有两个，一部分是读取图像、标注文件和生成文件的保存路径；另一部分是划分数据集的分割比例。

　　（2）修改训练集的测试种类以及标注的类别信息，代码如下：

```
sets=['train',  'val',  'test']      # 将数据划分为三种，分别是训练集、验证集和测试集
classes = ["house"]                   # 数据集中划分的类别信息
```

📢 **注意：**

> 划分数据集的列表和类别数据可以通过在列表中进行增删来实现。

（3）修改脚本函数中存放图像和标注文件的路径信息，修改存放生成的文本文件的路径信息，代码如下：

```
def convert_annotation(image_id):
    in_file = open('VOCdevkit/Annotations/%s.xml'%(image_id))        # 修改路径
    out_file = open('VOCdevkit/labels/%s.txt'%(image_id), 'w')       # 修改路径
```

和

```
for image_set in sets:
    if not os.path.exists('VOCdevkit/labels/'):         # 修改路径
        os.makedirs('VOCdevkit/labels/')                # 修改路径
    image_ids = open('VOCdevkit/ImageSets/Main/%s.txt'%(image_set)).read().strip
().split()                                              # 修改路径
    list_file = open('%s.txt'%(image_set), 'w')         # 修改路径
    i = 0
    for image_id in image_ids:
        print(image_id)
        i = i+1
        list_file.write('%s/VOCdevkit/JPEGImages/%s.jpg\n'%(wd,image_id))
                                                        # 修改路径
        convert_annotation(image_id.split("\n")[0])
    list_file.close()
```

其中需要修改的路径有 7 处。需要注意的是，如果代码中配置的路径是绝对路径，那么脚本运行路径与存放的地址无关；如果代码中配置的路径是相对路径，对数据进行处理之前，需要将脚本存放至相对路径下，否则运行代码时会提示路径不存在。

3. 修改配置

经过代码的处理，已经在 labels 中生成 YOLOv4 算法需要的数据。接下来是对之前建立的 test_data 文件夹中的 data 中各文件的算法的配置。data 中存放的文件有 3 个，train.names 中存放的是此次训练数据所包含的类别；yolov4.cfg 中存放的是选择使用的模型的网络结构和训练参数，源码中提供了不同网络结构的配置文件，YOLOv4 算法的网络结构是 cfg/custom.cfg，将其复制到新建的 test_data/data 文件夹下，并重命名为 yolov4.cfg 文件；train.data 中存放的是种类的个数以及各类文件的存放路径，train.data 文件中的信息如下：

```
classes= 3                                              # 类别信息
train  = /qcy/yolo-v4/train.txt                         # 训练集
valid  = /qcy/yolo-v4/val.txt                           # 验证集
#valid = data/coco_val_5k.list
names = /home/zhaokaiyue/Documents/yolov4/obj.names     # 存放的种类
backup = /qcy/yolo-v4/darknet/backup/                   # 生成权重文件的存放路径
#eval=coco
```

YOLOv4 算法的部分配置参数如下：

```
[net]
# Testing
```

```
#batch=1
#subdivisions=1
# Training
batch=64
subdivisions=64
width=416              #  输入网络图像的宽度
height=416             #  输入网络图像的高度
channels=3            #  图像的通道
momentum=0.949
decay=0.0005
angle=0
saturation = 1.5
exposure = 1.5
hue=.1

learning_rate=0.001
burn_in=1000
max_batches = 5000
policy=steps
steps=4000,4500
scales=.1,.1
```

除了修改上述配置外，还需要对网络中的类别数以及过滤器的参数进行修改，修改的内容如下：

```
class = 3            # 类别数
filters = 24         # （类别数 +5）×3
```

其中，filters=（类别数 + 5）×3 中的"类别数"表示每个位置数值的大小类别；5 表示共有中心点位置坐标、图像的高和宽以及类别 5 个参数；3 表示每个图像分别由 3 个通道组合而成。

4. 预测

为了加快训练的速度和防止过拟合情况的发生，在执行 YOLOv4 算法之前在预训练权重的基础上进行一个新的模型的训练，这是因为对于网络来说不必重新对网络中的参数进行新的训练而只对其进行微调即可，这种做法能够大大减少过拟合情况的发生概率。

除了使用预训练权重作为新算法的权重进行训练外，为了防止其他突然情况的发生导致算法中断，YOLOv4 也支持在命令行中将前一阶段中保存的权重作为新的预训练权重接着进行训练，避免在训练过程中由于设置迭代次数过少或突然发生的情况导致算法需要重新训练，训练命令如下：

```
./darknet detector train cfg/obj.data cfg/yolo-obj.cfg backup/yolov4.conv.137
```

6.3.3　PANet 算法

YOLOv4 算法除了对结构有一些改变之外，还引进了一种新的网络结构——PANet 算法。本小节主要对 PANet 算法进行介绍，PANet 算法的网络结构如图 6.14 所示。

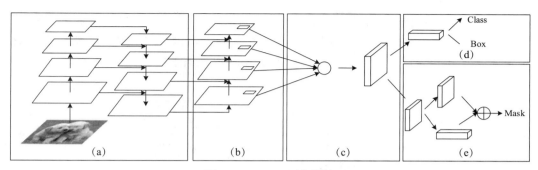

图 6.14　PANet 网络结构

PANet 算法实际上是在 Mask R-CNN 的基础上发展而来的，从图 6.14 中可以看出算法可以分为 4 个部分，第 1 部分是 FPN 结构，这部分主要应用从上至下特征融合的技术；第 2 部分是 Bottom-up path augmentation，该结构与 FPN 的融合方式截然不同；第 3 部分是 Adaptive feature pooling；第 4 部分是全连接层。下面主要对前 3 个部分进行讲解。

1. FPN 网络结构

FPN 网络结构可以看成是为了解决特征融合问题而提出的网络结构，网络中卷积层的层数越低，特征图中所包含的特征越多，可以提取的特征就越多，目标的位置就越准确，相反高层所提取的特征则能包含更丰富的语义特征。如果能通过一种结构融合不同网络层的特征图，即可解决这种问题，图 6.15 是 4 种融合特征的解决方案。

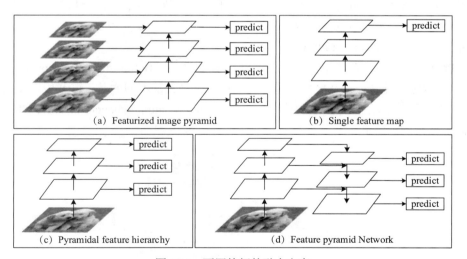

图 6.15　不同特征的融合方案

图 6.15 中，（a）是特征金字塔，它通过对图像进行不同尺寸的池化实现不同维度的特征提取，这种方式会极其地消耗时间；（b）是 SPP-Net 中自下而上的特征提取方式，只使用最后一层的特征图；（c）是多尺度融合的方式，是（b）实现的方式的进一步改进，提取特征的方式仍然是自下而

上的，但并不仅仅使用最后的特征图，也使用在提取特征过程中的不同尺度的特征图；（d）在（c）的基础上进一步对特征图进行处理，即对不同层次的特征图又自上而下地进行了特征融合的操作。这里主要对（d）即 FPN 的网络结构进行介绍，（d）中融合部分的结构如图 6.16 所示。

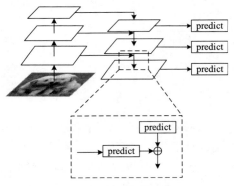

图 6.16　FPN 网络融合特征

　　FPN 网络实现融合特征实际上是两个过程，一个是自下而上的特征提取过程，一个是自上而下的特征融合过程，其中特征提取就是网络中的前向特征提取过程，因此，无论是否进行特征融合，这部分结构对于网络来说都不会过多地消耗时间，在自下而上的特征提取过程中，特征图会逐渐变小。在自上而下的融合过程中，顶层的特征图会进行上采样的操作，对特征图进行放大处理，放大之后的特征图再次与特征提取部分中对应大小尺寸的特征图进行融合，融合后的特征图会再进行一次卷积，这样做是为了消除特征图的混叠作用。

2. Bottom-up path augmentation

　　经过 FPN 中特征提取的过程可以得到最终融合的结果，Bottom-up path augmentation 结构如图 6.17 所示，是对特征又一次从底层到顶层的特征融合过程。不同的是，FPN 中自上而下的过程是为了使用高层的语义信息提高低层的特征，而 Bottom-up path augmentation 的反向操作则可以进一步提高底层信息的利用率。

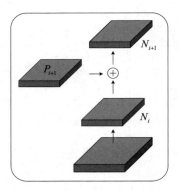

图 6.17　Bottom-up path augmentation 结构示意图

Bottom-up path augmentation 自下而上的特征融合部分与 FPN 中的自上而下的过程类似，也是在对对应的特征进行叠加之后经过 3×3 的卷积来消除混叠作用。

3. Adaptive feature pooling

Adaptive feature pooling 连接在 Bottom-up path augmentation 结构之后，这就会涉及如何通过不同尺寸的特征图进行特征融合的操作的问题。这里引入了 ROI 网络结构来解决，具体实现部分如图 6.18 所示。

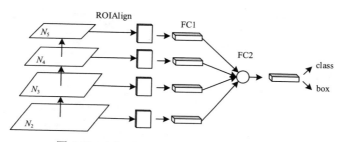

图 6.18　Adaptive feature pooling 结构示意图

6.3.4　激活函数 Mish 解析

YOLOv4 算法是一种单阶段的目标检测算法，是在 YOLOv3 算法的基础上进行了部分结构的改进，从而提升了目标检测的速度和精度。Mish 函数主要是对 CSPDarknet-53 主干网络的改进，将 YOLOv3 中的 ReLU 函数替换为 Mish 函数作为激活函数。Mish 函数是一种光滑的非单调激活函数，其定义的公式如下：

$$f(x) = x \tanh(\varsigma(x)) \tag{6.16}$$

$$\varsigma(x) = \ln(1 + e^x) \tag{6.17}$$

对应的图像如图 6.19 所示。

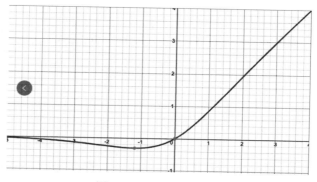

图 6.19　Mish 函数图像

从 Mish 函数的公式可以看出，Mish 函数由 x 和 tanh 函数组合而成，与 tanh 函数类似的还有 Sigmoid 函数。由 x 和 Sigmoid 函数组合后的函数称为 Swish 函数，Swish 函数的公式如下：

$$f(x) = x\,\mathrm{Sigmoid}(x) \tag{6.18}$$

通过对比可知，虽然两者的图像相同，但对模型实现的效果是不同的，不同激活函数的对比数据见表 6.3。

表 6.3　不同激活函数的对比

Model	Mish	Swish	ReLU
ResNet V2-20	92.02%	91.61%	91.71%
WRN 10-2	86.83%	86.56%	84.56%
SimpleNet	91.70%	91.44%	91.16%
Xception Net	88.73%	88.56%	88.38%
Capsule Net	83.15%	83.48%	82.19%
Inception ResNet V2	85.21%	84.96%	82.22%

从三个不同激活函数实现的效果来看，Mish 和 Swish 比 ReLU 激活函数实现的效果要好，无论是在同一个网络模型中还是在不同的模型中，两者都比 ReLU 激活函数的效果要好，Mish 和 Swish 两个激活函数之间的区别则比较小。

从 Mish 函数的图像中可以观察到 Mish 函数是一种光滑的函数，其具有以下性能。

（1）光滑非单调：Mish 函数在整个实数区域先呈现下滑的趋势，而后开始逐渐递增，并且横轴的负值区域对应的纵轴同样为负值，而在正值的区域，对应的纵轴数值也同样为正值。与 ReLU 激活函数不同的是，ReLU 的图像在整个横轴的区域内都呈现一种平滑的趋势。

（2）上边界与下边界：与 ReLU 激活函数相同的是，Mish 函数同样也在正向区域为递增且无边界，在横轴的负数区域也保留部分负数区域，对模型中的部分神经元也可以激活，增强了模型正则化的效果。

（3）计算量大：Mish 函数整体呈现光滑趋势，Mish 函数的导数相比 ReLU 也更加复杂，在进行反向传播的过程中也增加了计算量和计算时长。

（4）无穷性：Mish 函数因其无穷性而具有良好的泛化性和优化能力，可以提高模型整体的质量。

6.4　小　　结

本章主要介绍的是深度学习中的单阶段目标检测的方式，这种方式的好处是可以快速定位到图像中的目标并完成目标的分类。单阶段目标检测算法的主要模型有 SSD、YOLOv3 和 YOLOv4 等，本章中对该三部分算法分别进行了介绍，包括模型的构造理念、网络结构的组成以及网络模型的搭建等。

第 7 章　双阶段目标检测

本章中主要对双阶段目标检测算法的原理进行介绍和分析。双阶段目标检测算法有两类：一类是区域卷积神经网络，如 R-CNN、Fast R-CNN、Faster R-CNN；另一类是全卷积神经网络，如 R-FCN 网络。本章中除了对各个模型的网络结构进行详细的分析外，也对其模型的设计理念进行了详细的介绍。

本章主要涉及的知识点如下。

- SVM 分类器：一种基础的线性分类器，主要用于目标分类网络。
- SPP-Net：与 SDD 网络中的特征金字塔类似，都是对特征图进行池化的一种方式。
- ROI 池化：非均匀池化方式，仅对其感兴趣区域进行池化。
- Softmax：相当于多个 Sigmoid 集合，主要用于多分类算法。
- 注意力机制：对信息进行快速扫描，快速定位到重要信息。

7.1　R-CNN 模型

7.1.1　R-CNN 网络结构

在卷积神经网络中目标的检测和识别可以分为两类，一类是图像的分类，另一类是目标检测。其中，目标的分类是对整个图像中的信息进行提取并将图像分类；但目标检测不同，不仅需要识别图像中目标所在的位置，还需要对已识别到的目标进行分类，可以说目标检测是在图像分类的基础上更进一步的处理。人眼是通过扫描图像中的每一部分来提取信息进而确定物体在图像中的具体位置的。同样地，卷积神经网络模型的实现也采用了这个原理，即先通过算法对图像进行分割，然后利用卷积神经网络提取分割后的图像中的信息，以此来实现图像的目标检测算法，这也是实现 R-CNN 算法的一般步骤。

1. 实现图像目标检测的基本原理

识别图像中的目标后目标检测算法通过矩形框进行定位，除此之外，也对每个识别的目标及其置信度进行类别的识别。图像的目标检测算法也可以看作是在分类算法的基础上进一步实现的目标定位功能，定位算法有滑动窗口算法、区域预测网络、YOLO 系列算法中的锚框等。目标定位分析算法的主要要素是目标位置的中心点坐标、预测目标的宽和高 4 个数值。因此，目标检测算法的主要目标是预测目标的位置信息及其类别信息。

图 7.1 为目标检测算法的示意图，不同于一般的目标检测算法，在图 7.1 中所采用的算法除了包含位置信息、类别信息等信息外，还包括角度信息。

图 7.1　目标检测示意图

2. CNN 算法的基本思想和实现过程

卷积神经网络的原理是通过卷积操作提取图像的信息，R-CNN 同样如此。R-CNN 网络对于每个输入的图像不仅能识别到目标的具体位置，还能识别到目标的类别。接下来使用 CNN 算法实现目标检测，CNN 网络结构如图 7.2 所示。

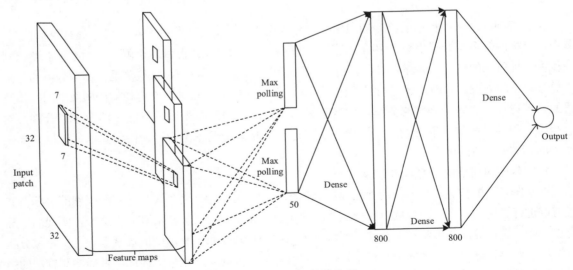

图 7.2　CNN 网络结构图

CNN 网络实现的原理：将图像进行归一化后输入模型，然后将图像分割成不同的区域。由于模型的输入是一定尺寸的图像，对于大像素图像中的小目标来说，对图像的缩放会导致目标过小而损失过多的特征，因此，在兼顾识别精度的情况下，要通过分割图像再分批送入模型的方式实现对图像的识别，并将识别的结果统一为整个图像的坐标。分割过程如图 7.3 所示。

（a）原图　　　　　　　　　　　　　　（b）分割后的图

图 7.3　图像分割

图 7.3（b）中的每个分割后的图都可以视为一个单独的图像进行识别，然后识别各个图像区域的类别信息，最后将各个区域的识别结果进行整合后即可实现与 R-CNN 循环卷积神经网络相似的结果。图 7.3 中是将原图分割成了 4 份，但并不能实现对图像中房子的识别。如果需要识别微小目标，则需要对图像更进一步地分割，分割的次数越多，识别一张图像所消耗的时间就越多，从识别的结果中可以看到图像被分割为相同尺寸大小的区域，这种分割方式也会对目标的形状和位置有一定的要求。为了进一步解决这个问题，R-CNN 算法中引入了基于目标检测的选择性搜索算法。

R-CNN 网络实现的流程可以分为以下几个步骤。

（1）与 CNN 实现目标检测的过程类似，从原图中提取 2000 个形状不一的建议区域。

（2）由于网络最后连接的是全连接层，全连接层中对数据的输入维度有严格的要求，因此不同尺寸的图像经过卷积层后需要对维度进行统一的操作才可以进入全连接层，将图像尺度变换为 227×227 即可，使用 CNN 进行特征的提取工作并输出特征向量。

（3）将提取的 2000 个建议区域输入 SVM 分类器中进行分类输出。

7.1.2　区域预处理

除了选择性搜索算法之外，还有 Exhaustive Search、Segmentation 等算法，选择性搜索算法是在其他区域选择的基础上进行改进，提出的一种用于解决不规则目标和区域之间的定位问题的算法，选择性搜索算法的主要特点是计算速度快且具备很高的召回率。

1. 选择性搜索算法的主要思想

R-CNN 算法不是在所有的区域上进行工作，而是在图像中划分出矩形框，并以矩形框中是否包含目标为标准选择性地从图像中提取出矩形框。

2. 选择性搜索算法具体实现流程

选择性搜索算法合并特征图的过程如图 7.4 所示。

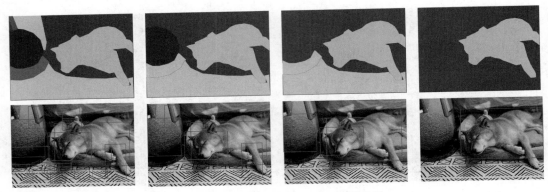

图 7.4　选择性搜索算法合并特征图过程

（1）生成候选区：一张图像一般分为 2000 个子区域块，同时也是作为下一步提取信息的区域，如图 7.4 中的第 1 排第 2 幅图像。

（2）特征提取：这部分主要是通过 CNN 网络对区分后的各个子区域块进行信息的提取，用于下一步候选区合并的操作。

（3）区域合并：选择性搜索算法通过计算相邻区域之间的相似度进行区域块的匹配以及合并，相似的区域可以直接合并为一个新的区域 R，直到完成整个图像的合并。

（4）相似度计算：选择性搜索算法中的相似度计算可以分为颜色相似度计算、纹理相似度计算、尺寸相似度计算以及填充相似度计算等，相似度的计算公式结合了所有分量的相似度进行加权的计算。其中的权重参数为 0 或 1。

（5）区域搜索：在进行区域合并时已经根据相邻区域的相似度完成了不同区域的计算并记录为集合 R，直接在已记录的区域中搜索出边界框的目标区域。

（6）根据已经提取出的区域调节尺寸，将每个提取的区域传递给卷积神经网络 CNN，用于对每个区域进行分类，分类使用的是 SVM 算法。

（7）进行边界框回归分析，用于预测每个已识别区域的边界框。

7.1.3　SVM 分类器

SVM 分类器是一种线性分类器，首先需要了解什么是线性。例如，在二维平面中随机分布着一些杂乱的红色和蓝色的点，如果可以用函数将红点和蓝点完美地分割开，则可以称这些点为线性可分的点，这条函数所描述的线称为线性分类器。如果把二维平面伸展为三维，那么扩展后的线为超平面，如果扩展后的多维空间的点仍能被一个超平面所分开，这个平面也被称为最大间隔超平面。此时的样本点应该分布在超平面的两边。二维空间中的点分割如图 7.5 所示。

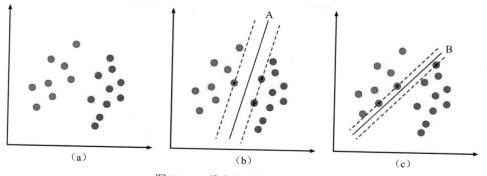

图 7.5 二维空间中的点分割示例

从图 7.5 中可以看到，可能存在不止一条线或者一个平面可以实现对空间的点的分割，这时就涉及 SVM 算法中的一个性能评价标准的判定。SVM 中使用分类间隔的概念进行性能的评价，对决策面或者决策线进行平移，直至遇到两侧的样本点停止，此时相接触的点称为支持向量。如此可以得到两条平行的决策面，此时两者之间的间隔越大，该分类器的性能越好，从图 7.5 中可以看到，A 的性能要比 B 的性能更好。

计算各类样本点到超平面的最优点实际就是寻找最大间隔超平面的问题，空间中任意样本点 (x, y) 到超平面 $Ax + By + C = 0$ 距离的计算公式如下：

$$d = \frac{|Ax + By + C|}{\sqrt{A^2 + B^2}}$$
（7.1）

将其扩展到 n 维的空间后，点 $x = (x_1, x_2, x_3, \cdots, x_n)$ 到直线距离的计算公式如下：

$$d = \frac{|w^T x + b|}{\|w\|}$$
（7.2）

式中：$\|w\| = \sqrt{w_1^2 + \cdots + w_n^2}$。根据定义，搜索最优点需要计算支持向量到超平面的距离。那么样本中所有的点符合如下公式：

$$\begin{cases} \dfrac{w^T x + b}{\|w\|} \geqslant d, & y = 1 \\ \dfrac{w^T x + b}{\|w\|} \leqslant -d, & y = -1 \end{cases}$$
（7.3）

当式（7.3）左边的值等于右边的距离 d 时，此时的公式表示的是上下两个超平面。式（7.3）中 w d 是大于 0 的一个值，如果令 w $d = 1$，那么转化后的公式如下：

$$\begin{cases} w^T x + b \geqslant 1, & y = 1 \\ w^T x + b \leqslant -1, & y = -1 \end{cases}$$
（7.4）

合并后的公式如下：

$$y(w^{\mathrm{T}}x+b)\geqslant 1 \tag{7.5}$$

根据式（7.5）可以得到

$$y(w^{\mathrm{T}}x+b)=\left|w^{\mathrm{T}}x+b\right|$$

于是可得到如下公式：

$$d=\frac{y(w^{\mathrm{T}}x+b)}{\|w\|} \tag{7.6}$$

最大化该距离公式如下：

$$\max 2\times\frac{y(w^{\mathrm{T}}x+b)}{\|w\|} \tag{7.7}$$

为了方便计算（去除$\|w\|$的根号），可以得到如下公式：

$$\min\frac{1}{2}\|w\|^2 \tag{7.8}$$

7.1.4　SPP-Net 模型

在 R-CNN 网络的基础上再次对与全连接层相连接的部分进行改进，即为 SPP-Net 的网络结构。SPP-Net 中主要涉及特征金字塔池化操作的网络结构，R-CNN 的主要问题是对于提取的每个特征建议区域都要进行一次特征的提取，如果对每个图像进行 2000 次的区域分割，那么需要使用 CNN 进行特征提取的次数就是 2000 次，也会同时进行 2000 次的 SVM 分类操作。SPP-Net 中是对整个图像进行了一次特征提取，通过对特征提取阶段的建议区域进行特征映射即可实现对图像仅提取一次的过程。SPP-Net 的网络结构如图 7.6 所示。

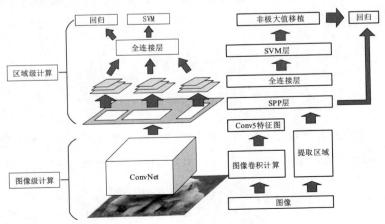

图 7.6　SPP-Net 网络结构图

从图 7.6 中可以看出，特征金字塔池化的操作是直接连接在卷积层之后，以此来实现图像仅提取一次特征的操作，但此时应考虑如何将 ROI 区域映射到特征图中。可通过计算左上和右下两个角点的实际位置和映射来实现，角点的位置映射计算公式如下：

$$x' = [x/S] + 1 \tag{7.9}$$

式中：x 为特征图上的坐标点；S 为从原图到特征图的过程中经过的所有乘积，得到的位置映射为 x'。右下角的位置同样如此，如果映射之后的图像比例发生变化则需要再次增加偏移量。特征金字塔结构除了可以完成位置点的映射外，也可以将不同维度图像特征转换为统一的特征，特征金字塔池化的过程如图 7.7 所示。

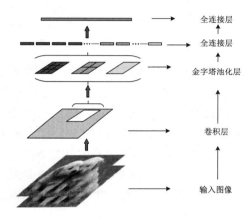

图 7.7　特征金字塔池化过程

特征金字塔是先将输入的图像进行卷积操作之后，再进行一个维度转换的操作。例如，图 7.7 中将特征图分别划分为 1×1、2×2、4×4 的窗口大小，并在每个窗口中进行最大池化的操作，以此可以得到不同大小的特征图，即 1+4+16 = 21 大小的特征向量，由于卷积神经网络中最后一层包含 256 个卷积核，经过全连接层的特征向量为 21×256 = 5376（维），将其输入全连接层进行分类后输出。

7.2　Fast R-CNN 模型

7.2.1　Fast R-CNN 网络结构

R-CNN 网络通过先分割再提取特征的方法进行目标检测，对分割后的图像进行合并识别时存在大量重叠的情况，加大了算法的训练时长，R-CNN 网络的缺点主要表现在以下两点。

（1）切割图像的区域耗时长，每个图像都要经过 2000 个区域的切割。

（2）特征提取过程麻烦，R-CNN 先对图像进行切割，再对图像进行 CNN 的信息提取。

Fast R-CNN 首先通过卷积神经网络对整幅图像进行一次特征提取，与 R-CNN 的实现过程不同，Fast R-CNN 是在切割图像之前对图像进行特征的提取，这种改变可以解决 R-CNN 结构中由于区域重叠导致的重复计算问题。其次是在输出部分对边界框和类别同时输出，不再分开训练分类器 SVM 和位置回归，Fast R-CNN 的网络结构如图 7.8 所示。

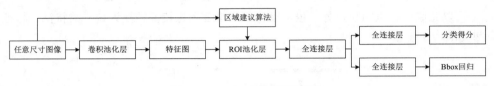

图 7.8　Fast R-CNN 网络结构

从 Fast R-CNN 的网络结构中可以看到，任意尺寸的图像经过网络时会先通过 CNN 进行特征提取，再进行区域建议算法和 ROI 池化层的提取，那么提取到的 ROI 在与全连接层进行连接时，有个问题是需要考虑的，即不同维度的 ROI 如何完成与全连接层的连接呢？这就用到了必需的结构，即 ROI Pooling 池化操作。Fast R-CNN 与 R-CNN 的不同点是，Fast R-CNN 改进不同尺寸的特征为，同一维度的算法上由原来的特征金字塔的算法替换成 ROI Pooling 池化算法。除此之外，算法中的分类器也不再是 SVM 线性分类器，取而代之的是与 Softmax 函数输出相对应的类别。所以，与 R-CNN 网络不同，Fast R-CNN 网络只通过一个模型就可以实现区域的特征提取、分类和边界框的生成。

但算法中同样是采用选择性搜索算法生成目标矩形框。由于该算法识别目标的过程仍然比较缓慢，使该算法仍具备一定的局限性，识别结果仍不够理想。

7.2.2　引入 ROI Pooling 结构

从图 7.8 中可以看到其中主要涉及的结构，如在全连接层之前除了使用 SPP-Net 外，还使用了 ROI Pooling 池化结构。ROI Pooling 也称为感兴趣池化操作，主要应用于目标检测算法中，其主要目的是对多个非均匀尺寸的目标进行池化操作，从而获得固定尺寸的特征图。从这点来说，ROI Pooling 和 SPP-Net 具有相同的作用，那么 ROI Pooling 是如何实现特征图转换后能够输出同样维度的向量呢？

ROI Pooling 针对不同模型提取不同尺寸的感兴趣区域进行池化，如果想要得到同样维度的特征向量，池化的操作也必然与传统的池化操作不同，传统的池化操作实际上可以看成是一种另类的卷积操作，其中操作的有步长、填充和对应的池化窗口，而 ROI Pooling 中池化的窗口大小不同。ROI Pooling 池化操作如图 7.9 所示。

图 7.9　ROI Pooling 池化操作

图 7.9 中有颜色的区域为待处理的池化区域，可以看出待处理区域的尺寸为 3×3，根据不同的规则和大小对其中的处理区域进行划分，可以分为 4 个部分，并按照最大池化中的操作选择其中最大的值作为最终池化后的值。

7.2.3　Softmax 分类器

提到 Softmax 函数，与之相似的可能会想到逻辑回归算法的 Sigmoid 函数，逻辑回归算法其实是将各个模型的输出映射到 0～1 的实数空间中，并用以表示概率分布。Sigmoid 函数的计算公式如下：

$$\sigma(t) = \frac{1}{1 + e^{-t}} \tag{7.10}$$

式中：t 为横轴上可以取到的任何实数。

将其横轴上的实数输入到式（7.10）中可以输出对应的值域为 0～1 区间上的值，实现了任何实数与 0～1 空间的映射。这也是二分法常用的计算方式，Sigmoid 函数的图像如图 7.10 所示。

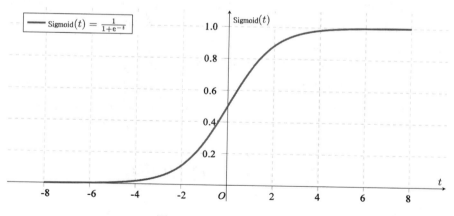

图 7.10　Sigmoid 函数图像

了解完 Sigmoid 函数，接下来通过公式来了解 Softmax 函数。两者的实质相同，都是通过函数对输入进行归一化的操作。Sigmoid 函数是将实数区域映射到 0～1 的范围中，但 Softmax 函数不同，它是将实数区域中多个类别的不同值进行归一化的操作，Softmax 函数的计算公式如下：

$$S_i = \frac{\mathrm{e}^{V_i}}{\sum\limits_{i=0}^{C} \mathrm{e}^{V_i}} \qquad\qquad (7.11)$$

式中：V_i 为每个类别的输出的数据；i 为类别的索引值；C 为总类别信息。

式（7.11）实际是对多个类别进行了归一化的操作，同样也可以理解为归一化后的数值可以表示为每个类别的相对概率。Softmax 函数除了作为分类器，也可以作为损失函数使用，关于这点此处不再赘述。

Softmax 函数图像如图 7.11 所示。

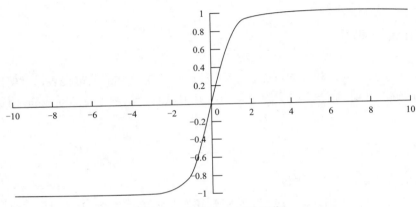

图 7.11　Softmax 函数图像

如果在实践中对 Softmax 函数不太熟悉，可能会使用多个二分类器而不是直接使用 Softmax 分类器表述多类别。值得注意的是，两者在使用方面是不同的，Softmax 对应的多类别之间是互斥的关系，即不可能共同存在两种类别，但多个二分类器之间是相互独立的，即其中的每个类别都有可能同时存在，如音乐可以分为男声和女声，又可以分为"80 后"音乐和"90 后"音乐，这种情况下两种类别是相互独立的，即男声中也可能存在"80 后"音乐或"90 后"音乐，这种情况则要使用多个二分类器。而如果将音乐分为古典、摇滚、爵士和其他，那相互之间是互斥的关系，这时就要使用 Softmax 分类器了。

7.3　Faster R-CNN 模型

Faster R-CNN 是在 Fast R-CNN 的基础上进一步改进算法而来的。由于在实现的过程中 Fast R-CNN 仍采用原来的选择性搜索算法，影响算法中目标识别的速度，因此 Faster R-CNN 则使用 RPN 替换了选择性搜索算法部分。由于 RPN 的输入是图像的特征图，可以直接生成一系列目标的位置。

Faster R-CNN 算法实现的过程可以分为以下 4 部分。

（1）图像经过 CNN 结构实现对图像中的特征提取，该部分与 R-CNN 部分是相同的。

（2）将经过特征提取后生成的特征图输入到 RPN 的网络中，经过 RPN 网络可以得到目标位置框和对应的置信度分数。

（3）使用 ROI Pooling 池化操作，将不同尺寸的特征图经过池化后输出同样维度的向量。

（4）将识别后的目标的特征图传入网络模型的全连接层中，生成目标物体所在图像的矩形框。

7.3.1　集成 RPN 结构

本小节着重介绍 Faster R-CNN 网络改进的地方，RPN 是 Faster R-CNN 中主要改进的网络结构。接下来讲解 Faster R-CNN 结构中的 RPN 网络结构，其中的组合如图 7.12 所示。

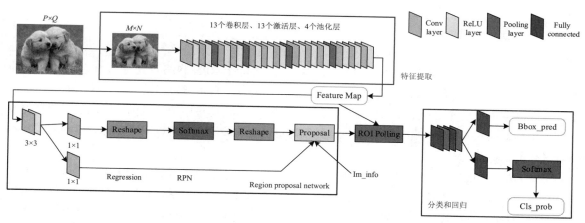

图 7.12　Faster R-CNN 网络结构

从图 7.12 中可以看到，其实 RPN 网络的组成结构可以分为两条线路，上面的线路主要实现的是目标的分类，经过尺寸变换后的图像在经过 Softmax 函数后可以识别到图像中目标所在位置的锚框；下面的线路则主要用来计算图像的偏移量，对目标的位置进行修正，同时也对较小的目标进行过滤操作，在网络的交汇处就已经可以得到位置和类别的具体信息。现在已知在算法实现的过程中 RPN 的使用方式和作用了，那么其中的参数是如何得到的呢？

从图 7.13 中可以看到，经过 CNN 提取特征之后，特征图中每个点都具有 256 个维度，即此时的特征图可以描述为 $256 \times (W \times H)$，其中 W 为特征图的宽，H 为特征图的高。左边分支对应的是图 7.12 中的上一分支（Bbox_pred），右边分支对应的是图 7.12 下一分支（Cls_prob），由于图像中识别目标可以分为前景和背景，每一类都对应 9 个不同大小不同形状的锚框，因此得到的置信度的分数应当为 18 个。同样地，每个位置对应 4 个坐标，那么对应的分数为 36 个数据。

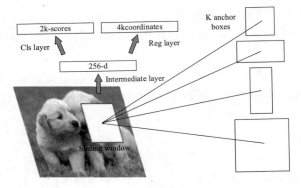

图 7.13　RPN 网络结构

7.3.2　注意力机制

在 5.2.4 小节中已经讲过 RPN 网络的预测机制，实际上 RPN 网络也是通过注意力机制（即 Attention）完成的锚框预测的。注意力机制实际上是通过网络自主学习得出的一组权重的数据，能够在输入的数据中选择比较主要的特征点。例如，在一个卡口图像中搜索目标车辆，那么模型需要对图像中车辆的基本特征，如纹理、颜色、外貌等特征更加关注，并可以通过注意力机制完成基本符合条件的目标筛选。

注意力机制通过算法使模型可以具备与人眼类似的注意力机制，即忽略图像中无关的信息而只关注需要提取或感兴趣的信息。计算机视觉中大体分为两种类型的注意力机制：一种是软注意力机制，另一种是强注意力机制。两者之间的区别是，强注意力是不可微的，其更加关注的是图像中一种动态的变化，训练的过程往往是通过增强学习来实现；软注意力在网络中是处处可微的，既可以参与图像的前向传播，也可以参与图像的反向传播。

注意力机制更多的是通过编解码来实现，图 7.14 所示是一个注意力机制的示意图。

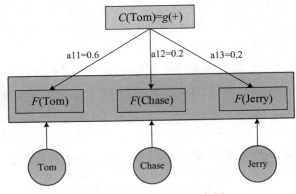

图 7.14　注意力机制示意图

注意力机制通过网络学习的方式自动获取每个通道之间的权重值，权重值越大，表明网络对该通道关注的程度就越高，通过对不同的通道赋予不同的权重系数即可获得不同的特征。例如，图 7.14 中的输入数据中的不同字符串赋予了不同的权重值，其中 Tom 值最大，也就是说该值最重要。在 Faster R-CNN 算法中使用的锚框实际也涉及了注意力机制。

7.3.3　使用 9 类锚框

在 Faster R-CNN 的网络中采用了 RPN 网络结构，对目标的定位也采用了锚框的方式，这种方式可以极大地缩短识别目标的定位时间，不仅用在 Faster R-CNN 的算法中，SSD 算法、YOLO 系列算法中也都采用了。这里仍然以 Faster R-CNN 中的锚框进行介绍（见图 5.8）。

锚框是以待检测中心点的位置为中心，具有指定的宽高比和面积的一组矩形框。在 Faster R-CNN 算法中采用的锚框一共可以分为 3 类 9 个锚框，3 类锚框的比例和 3 类的面积公式如下：

$$AspectRatio = \{1:1, 1:2, 2:1\}$$

$$Scale = \{128^2, 256^2, 512^2\}$$

通过面积和比例的两两组合，可以得到 9 个锚框，这也是 Faster R-CNN 算法中生成 9 个锚框的原因。在算法中得到的实际是锚框的中心点和宽、高的数据，那么通过这些数据就可以完成锚框的计算，生成锚框接口函数的代码如下：

```python
def generate_anchors(base_size=16, ratios=[0.5, 1, 2],
                     scales=2 ** np.arange(3, 6)):
    """
    Generate anchor (reference) windows by enumerating aspect ratios X
    scales wrt a reference (0, 0, 15, 15) window.
    """

    base_anchor = np.array([1, 1, base_size, base_size]) - 1
    ratio_anchors = _ratio_enum(base_anchor, ratios)
    anchors = np.vstack([_scale_enum(ratio_anchors[i, :], scales)
                         for i in range(ratio_anchors.shape[0])])
    return anchors
```

代码中涉及的参数一共有 3 个。

第 1 个参数是 base_size，在 Faster R-CNN 算法中是经过 CNN 特征提取之后再对图像进行映射的，通过最后识别的结果可以反向得到原图中目标的位置区域和类别信息，CNN 的层层卷积会使图像的特征图越来越小，指定的 base_size 参数实际就是从原图到特征图的一个指定比例值。

第 2 个参数 ratios 是需要生成锚框的宽高比，在之前已经介绍过，Faster R-CNN 的锚框实际可以分为 3 类不同的比例，[1/2, 1, 2] 分别表示的比例为 1:2、1:1 和 2:1，假设第 1 个参数为 16，则锚框的形状可以表示为如图 7.15 所示。

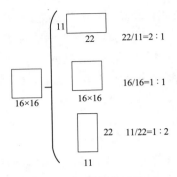

图 7.15　锚框的形状

第 3 个参数 scales 实际是 3 类锚框需要扩大的倍数，由于提供的类别数为 3 类，每类有 3 个不同面积的锚框，也就是说需要在第 3 个参数中提供 3 个对第一面积参数来说的放大参数。

7.3.4　Mini-batch 思想

在卷积神经网络的算法中对参数的更新可以分为两种情况，一种是先将所有的图像数据遍历一次后进行一次损失函数的计算，并将其模型中的参数进行一次更新；另一种是每遍历一次数据就进行一次损失函数的计算。无论是哪种方式，都是不可取的，因为第 1 种方式虽然可以取到所有样本的损失，但这种更新操作计算量巨大，而如果每进行一次遍历就对损失函数进行一次计算并更新，容易发生陷入振荡的情况，不能得到一个最优的点。目前一般采用的方式是模型每次读取一个小批次的数据并进行损失函数的计算后再进行模型参数的更新。

采用 Mini-batch 的好处是每次提取的是一小批次的数据，只占用一小部分内存，对硬件条件要求比较小。此外，从运算的角度来说也很合适，这是因为并不需要计算所有样本的损失。Mini-batch 中使用的数据也都是随机挑选的，其实也就是在做随机梯度下降的计算，这样就避免了模型陷入过拟合的情况发生，同时也可以加快模型的收敛速度。

Mini-batch 损失函数的计算过程如下。

（1）随机选择样本中 n 个样本。

（2）在 n 个样本中进行 m 次迭代。

（3）对 m 次迭代后得到的梯度进行加权平均后进行求和，并作为 Mini-batch 的下降梯度。

（4）在训练集中不断地进行重复，并使其模型达到收敛。

7.4　R-FCN 模型

7.4.1　R-FCN 设计理念

R-FCN 是基于区域的一个全卷积网络，可以说 R-FCN 是在 Faster R-CNN 基础上进行改进的一个算法，在之前的 R-CNN 算法中是通过 RPN 网络提取目标位置和类别信息的，并快速地提出建议区域，而对不同尺寸的算法则通过 ROI Pooling 的算法结构来实现。而 Faster R-CNN 首先通过 CNN 网络实现对图像的特征提取，然后通过 RPN 结构实现对目标的定位和分类，最后通过全卷积网络完成输出。如果直接使用卷积神经网络来替换网络中的全连接层部分会怎么样呢？结果发现替换后的网络结构识别的效率很低，2016 年，NIPS（神经信息处理系统大会）的一篇论文中提出造成该情况的主要原因是分类网络的位置不敏感性和检测网络的位置敏感性之间的相互矛盾。

在介绍 R-FCN 之前先回顾一下 Faster R-CNN 的几部分结构。

（1）普通的卷积神经网络 CNN 用于提取图像中的共享特征。

（2）使用 RPN 的网络结构以及 ROI Pooling 池化结构。

（3）使用全连接层，并计算分类损失和位置损失，用于对神经网络的反向传播。

R-FCN 网络结构基于 Faster R-CNN 的改进，第 1 部分是用于提取图像特征的普通卷积神经网络，该部分网络是所有的网络都需要和共享的部分，具有上面所说的位置不敏感性；第 2 部分是将第 1 部分中 RPN 计算的分类和回归部分送入全卷积网络中进行损失计算和参数更新，该部分中各部分的 ROI 之间是不共享的，这是因为模型需要对不同的 ROI 进行分类的计算，这就产生了分类网络的位置不敏感性和检测网络的位置敏感性之间的矛盾问题。R-FCN 的提出就是兼顾精度和速度的一个解决办法。

7.4.2　R-FCN 网络结构

相较 Faster R-CNN 的 3 部分网络，R-FCN 网络可以分为 4 个部分，其中第 1 部分为提取网络共享特征；第 2 部分是与 Faster R-CNN 中结构相似的 RPN 网络结构；第 3 部分是对 ROI 的区域图进行划分，并对其中各个部分投票并得出分数；第 4 部分是对卷积后的网络进行 ROI Pooling 池化操作。R-FCN 的网络结构如图 7.16 所示。

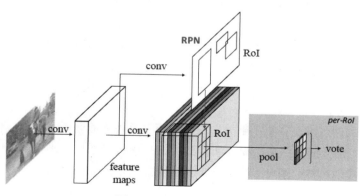

图 7.16　R-FCN 网络结构

1. 提取特征

R-FCN 网络中提取图像特征部分采用的是 ResNet101 网络并剔除全连接层后的前 100 层，该部分内容作为普通的卷积神经网络，主要用于提取图像的网络特征。这部分与目标检测中第 1 部分的内容类似，都采用类似 VGG、GoogLeNet、ResNet 的基础网络，该部分卷积神经网络所学习到的网络特征参数都是共享的。可以看出，不同的网络在基础网络的选择上大同小异，主要差别在其他的网络结构，如 R-FCN 网络使用参差卷积网络提取图像特征，使用 RPN 和 ROI 结构对图像进行分类和感兴趣区域的选择。

2. RPN 网络

RPN 网络在模型中的作用是从输入到模型的图像中得到目标所在的位置区域，并输出识别到的区域所得到的各个区域得分，该得分是目标在该位置的置信度，即包含物体的概率。RPN 网络的存在能够极大地提高算法的执行效率，算法如何快速地实现对目标的定位呢？从图 7.16 中可以看出，模型的第 1 部分是使用卷积神经网络进行特征提取，得到特征图后直接进入 RPN 网络对目标进行定位分析，RPN 的网络结构除了在 R-FCN 网络中使用之外，也在 Faster R-CNN 网络中使用。

例如，在进入 RPN 网络之前的特征图尺寸为 $W \times H$，其中每个单独的点为 256 的特征向量，那么该特征图表示的特征向量大小实际上为 $256 \times W \times H$，在经过两次的全连接之后，分别可以得到 $2k$ 和 $4k$ 个向量，其中 k 表示目标所预测的锚框个数，$2k$ 表示前景物体和背景的分数，$4k$ 表示相对原图坐标位置的 4 个偏移量。

3. 划分区域

对每个 ROI 区域进行划分，R-FCN 的网络是将每个 ROI 区域划分成 $k \times k$ 个格子，池化后得到每个格子的位置得分，每个格子中都应包含目标物体的各个部位，并因此也可以分为前景和后景，通过判断每个格子中的物体得分即可判定该格子中是否包含目标物体，当且仅当所有的格子中都包含目标物体的相应位置时，分类器才会将该区域判断为包含目标物体。

4. ROI Pooling 池化操作

ROI Pooling 池化操作用于基于卷积神经网络的目标检测任务当中。ROI Pooling 使用的是两层架构的目标检测网络，其中第 1 部分是区域建议网络，即查找到图像中可能存在目标的具体位置；第 2 部分是分类网络，实现的功能是对第 1 部分中提取的可能区域进行分类，即需要判断识别区域的目标属于前景还是背景。

ROI Pooling 作用的区域是在第 1 部分中得到的模型感兴趣的区域，由于目标尺寸的不同，也就导致了在经过第 1 部分的网络后，模型所得到的特征图的尺寸也各不相同，因此可以使用 ROI Pooling 池化操作来实现对特征图尺寸的统一处理，经过 ROI Pooling 处理后可以输出大小统一的特征图。

◀》注意:

> 与 ROI Pooling 池化操作类似的还有 SPP Pooling 池化操作,都可以实现统一特征图尺寸的功能,但需要注意的是,两者之间的处理方式并不相同。

例如,经过目标检测网络中的卷积神经网络之后得到大小相同的特征图,如图 7.17 所示,其中阴影部分标记的位置是提取的感兴趣区域,这意味着不同的目标在特征图中的位置和大小都不相同。ROI Pooling 的原理是将提取区域进行不规则区域的划分,并对划分的各区域进行最大池化操作或平均池化操作,池化后的特征图会有相同的尺寸。

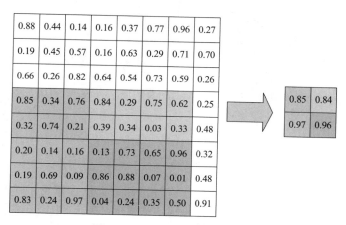

图 7.17 ROI Pooling 操作过程

7.4.3 改进的 ROI 区域的分类

从 R-FCN 的网络结构中可以看出,R-FCN 网络基本可以分为三个部分,第 1 部分是卷积神经网络的特征提取部分,这部分是普通的基础网络的卷积层,如 VGG、ResNet、GoogLeNet 等网络,该部分网络中所有的参数都共享,而与输入到模型的图像无关;第 2 部分是 ROI 层,该层的主要作用是在经过基础网络提取后的特征图中提取 ROI 区域,其中,每个 ROI 区域都对应着自己的特征向量;第 3 部分同样是卷积层,与第 1 部分中卷积神经网络不同的是,该部分的卷积神经网络不进行参数共享,也就是说,该网络对每个 ROI 区域都进行了分类和回归分析,对每个 ROI 区域都可以获得精确的位置信息。

经过 ROI 区域之前,R-FCN 卷积神经网络的提取特征部分都是参数共享的,而在经过 ROI 提取区域之后,卷积神经网络的分类部分仅对不同的感兴趣区域进行分类,这样的做法实际上降低了卷积神经网络模型的识别效率,R-FCN 网络最主要改进的地方就是 ROI 区域的分类网络部分,修改后的网络在分类部分也对整个特征图进行了分类和位置提取,这部分的处理方式类似于 YOLO

系列中的锚框部分。下面将着重对该部分进行介绍。

　　例如，R-FCN 网络中一共需要识别的类别数为 $C+1$，在 ROI 区域需要划分的个数为 $k\times k$，那么在经过 ROI 区域后一共可以划分出 $k\times k\times(C+1)$ 个区域。在经过 ROI 区域部分时，划分为 $k\times k$ 的 ROI 区域中的每个部分都会得到一个概率值。也就是说，每个 ROI 区域在经过 Softmax 分类器之后都可以获得类别的概率值。实现 R-FCN 主要的分类和回归分析部分如图 7.18 所示。

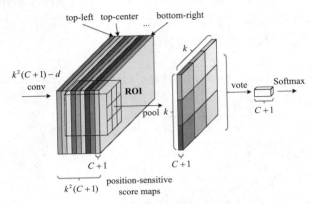

图 7.18　R-FCN 网络的分类和回归分析部分

　　同理，由于位置分类回归算法需要 4 个数值对目标进行位置修正，因此在位置上可以获得 $4\times k\times k\times(C+1)$ 个偏移量数值，也就是中心点坐标、宽和高。在获得位置信息之后，在 ROI 区域的 $k\times k$ 个子区域中以平均池化的方式进行投票决定是否为目标所在区域。R-FCN 算法中的损失函数由两部分组合而成，一部分是位置回归损失函数，即 L1 平滑损失；另一部分是分类损失，分类损失计算的是交叉熵损失。

7.5　小　　结

　　本章主要讲解基于深度学习的双阶段目标检测算法中的三个典型算法，包括循环卷积网络 R-CNN、在 R-CNN 网络的基础上进一步发展的 Fast R-CNN 网络和 Faster R-CNN 网络，除此之外，也对全卷积网络进行了简要介绍，无论是循环卷积网络还是全卷积网络都是先对图像的特征进行提取之后再进行分类或回归等操作。

第 8 章 神经网络示例

掌握了神经网络的基础知识之后，本章主要通过搭建小型卷积神经网络来加深对神经网络的理解。本章基于 PyTorch 框架进行整套神经网络模型的搭建，包括开发环境的搭建和打包、搭建神经网络的基本步骤和常用方法以及小型手写字神经网络的实践。为了加深读者对神经网络的开拓性思维和提升迁移学习的能力，本章将神经网络的思想用于特征对比的实验中，并通过卷积神经网络的框架实现特征对比的计算和排序加速。

本章主要涉及的知识点如下。

- 依赖管理：学会使用不同的依赖管理工具，在不同的开发环境下灵活选择和使用。
- 打包管理：实现不同平台下模型的迁移。
- 搭建模型：学会网络的搭建，了解工程的实现流程。
- 加速计算：在小型网络中实现 GPU 加速，可拓展至大型工程。
- 卷积神经网络的拓展思维：灵活运用 PyTorch 框架，解决实际工作中的问题。

8.1 Python 依赖管理

在进行 Python 项目开发时，一般最简单的方式是直接在系统默认的 Python 环境中使用 pip 工具进行安装，这种方式对于仅用来编写简单的脚本而言更为方便，因为其对第三方包的依赖更小，对环境的要求不是很高。但对于大型项目的开发，多人共用一个环境或多个项目共用一个环境，除了不好管理外，也容易导致因为版本问题发生的各种错误。因此，针对此问题，本节中介绍了几种 Python 环境管理的工具和方法，将运行各项目所需的环境进行隔离，以此实现对不同项目的管理。

8.1.1 环境管理 Venv

项目的环境管理一直是 Python 中比较难解决的问题，不同项目采用不同的第三方库版本很容易使系统环境出现库文件版本错乱的问题。针对此类问题，Python 社区提出了虚拟环境的概念，即依据系统 Python 环境创建一个虚拟环境供项目运行，并将项目所需的各种库文件安装到构建的虚拟环境中，从而保证系统 Python 环境的纯净，实现 Python 的环境依赖管理。

下面将在 Linux 系统上针对 Python 3 版本从虚拟环境的安装、创建、激活、使用、退出和移植 6 个方面对 Venv 虚拟环境管理进行介绍。

1. 安装 Venv 工具

在 Linux 系统环境下使用终端输入命令安装 Venv 工具，运行命令如下：

```
$ sudo apt-get install python3-venv
```

通过上述命令在获取账户的 root 权限后可以成功安装 Venv 工具。

2. 创建虚拟环境

成功安装 Venv 工具之后，可以在不同平台上通过 Venv 工具进行虚拟环境的构建。

在 Windows 平台中运行命令如下：

```
py -3 -m venv venv
```

或

```
python -m venv venv
```

在 MacOS 或者 Linux 平台中运行命令如下：

```
python3 -m venv venv
```

该条命令中第 1 个 venv 为 venv 命令，第 2 个 venv 为生成的虚拟环境的名称，该命令执行后的默认行为是在当前路径下创建名为 venv 的虚拟环境安装路径。

3. 激活虚拟环境

使用环境不同，对 Venv 工具构建的虚拟环境的激活方式也不相同。

Window 平台中激活虚拟环境的命令如下：

```
venv\Scripts\activate
```

或

```
cd venv\Scripts | activate
```

MacOS 或者 Linux 平台中激活虚拟环境的命令如下：

```
source venv/bin/activate
```

虚拟环境可以根据实际项目进行命名，这里默认的名称为 venv，激活虚拟环境后，当前的终端会自动进入虚拟环境中，表现方式是在当前终端路径前以括号中嵌入虚拟环境名称的方式来提醒用户已进入虚拟环境中，如图 8.1 所示。

```
drwxr-xr-x  3 zhaokaiyue zhaokaiyue 4096 9月   6 17:05 Utils
drwxr-xr-x  5 zhaokaiyue zhaokaiyue 4096 8月   7 16:29 venv
(venv) zhaokaiyue@zhaokaiyue-PC:/home/PycharmProjects/retinanet$
```

图 8.1　默认生成的虚拟环境

4. 使用虚拟环境

在详细介绍 Venv 工具之前，已经大概介绍了虚拟环境的一些功能。虚拟环境是根据系统的 Python 环境构建出的具备简单使用工具的纯净 Python 环境，因此，Venv 工具构建的虚拟环境不具备可移植的功能，Venv 构建的虚拟环境中不包含各类工具包。但同样为了方便在环境中进行库的安装，构建出的虚拟环境中自带 pip 安装工具，可根据项目自行进行库的安装。纯净的 Venv 虚拟环境中包含的工具如下：

```
Package                                    Version
---------------------  ---------
pip                        20.2
setuptools                 49.2.0
```

5. 退出虚拟环境

退出虚拟环境与平台无关，只需执行如下命令即可退出虚拟环境。

```
deactivate
```

退出虚拟环境后，终端命令行括号中的虚拟环境名称会自动消失，提示用户已退出当前虚拟环境，如图 8.2 所示。

图 8.2　退出虚拟环境

6. 移植虚拟环境

移植虚拟环境时除了要移植当前的工程文件，也需要移植已安装的大量的库和依赖文件，这就使得管理项目的移植存在问题。为了解决这个问题，在当前的 Venv 工具构建的虚拟环境中有两种解决办法。

- 使用 pip install 命令重新在虚拟环境中进行库的安装。
- 移植已经构建好的 Venv 环境。

📢 **注意：**

> 所有虚拟环境的建立都是在本地的 Python 环境下通过复制的方式进行的，仅仅强制将虚拟环境通过复制的方式进行移植并不能直接使用虚拟环境，这是因为不同机器上的环境不同，从其他地方复制过来的虚拟环境会因为路径发生改变而无法使用，此时需要进一步对移植过来的虚拟环境进行重新配置。具体要修改的文件包括 venv/Scripts 下的 activate 和 activate.bat，其中，activate 是 Linux 环境下的激活脚本，activate.bat 是 Windows 环境下的激活脚本，根据移植机器环境的不同修改对应脚本中的 $env: VIRIUAL_ENV，将其改为当前工程的 venv 路径即可。

（1）使用 pip 安装工具在虚拟环境中进行安装。使用 pip 安装工具安装虚拟环境之前，首先需要将原虚拟环境中的包和库的名称和版本号导出，并在有网络连接的情况下在新的虚拟环境中再次进行包的安装。具体的步骤可以分为库的导出与安装两部分。

导出的命令如下：

```
pip freeze > requirements.txt
```

该命令可以将使用 pip 安装的各类包和其版本号导出到 requirements.txt 文件中，requirements.txt 文件的名称可以根据需求进行修改，这里采用 requirements.txt 作为示例进行说明，在另一个虚拟环境中采用以下在线安装的命令进行安装。

```
pip install -r requirements.txt
```

除了使用 pip 安装工具对安装包的名称和版本进行批量导出外，还可以直接对离线的安装包批量下载后再进行离线安装。导出并下载到本地的命令如下：

```
pip3 download -r requirements.txt
```

通过以上命令对 requirements.txt 文件中的安装包进行下载后，在本地安装的命令如下：

```
pip3 install xxxxx.whl
```

其中，xxxxx.whl 为离线安装包。除了使用默认的官方安装源外，也可以使用第三方的安装源进行安装，临时换源的方式是在安装的命令后指定安装源，即仅对本次安装起作用。例如，指定"豆瓣"安装源的安装方式如下：

```
pip3 download -r requirements.txt -i https://pypi.douban.com/simple
```

（2）直接移植 Venv 虚拟环境。要移植当前存在的 Venv 虚拟环境，首先需要将当前的虚拟环境压缩后移植到需要的项目中并修改其中的配置使得其能够适配当前的项目并能够对其中的包和库进行调用。

移动当前虚拟环境到需要的项目中，如图 8.3 所示。

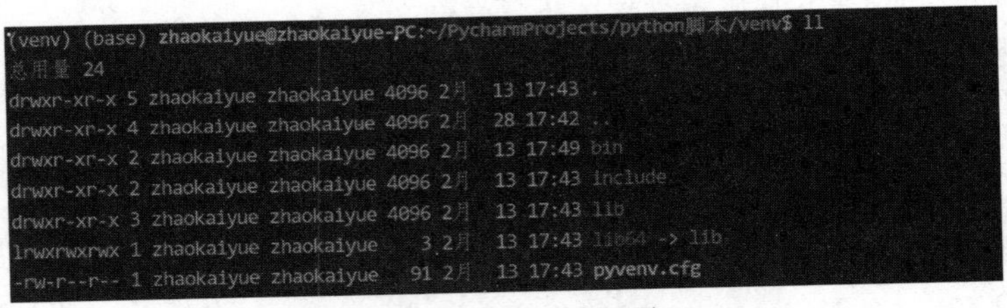

图 8.3　虚拟环境目录

重新对 venv/bin 下的 python 指定连接到本地的 Python 环境，注意版本要相同，如图 8.4 所示。

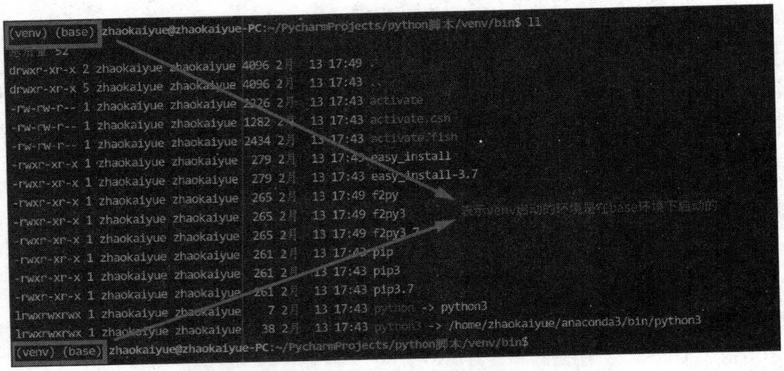

图 8.4　查看虚拟环境名称

如图 8.5 所示，框中的代码表示在 base 的环境下启动，如果只是出现"（venv）"而不是"（venv）（base）"，则表示有可能出现差错。

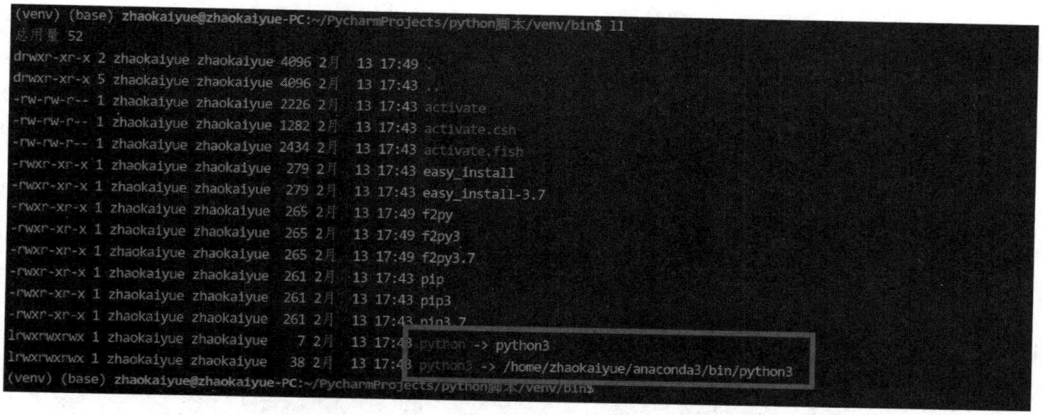

图 8.5　连接虚拟环境

接下来修改工程的启动文件中指向的 Venv 环境的路径。

在不同的平台中运行激活 Venv 虚拟环境的命令也不相同，因此本小节中根据各个不同平台上脚本的修改都进行了说明。

Windows 环境下的配置。 在 Windows 环境下建立的虚拟环境和在 Linux 环境下建立的虚拟环境中其文件目录是不同的。在 Windows 中激活脚本的路径在 venv/Scripts 下的 activate.bat 文件中，Windows 环境下建立的虚拟环境的目录如图 8.6 所示。

图 8.6　Windows 环境下建立的虚拟环境目录

activate.bat 文件中部分激活脚本的代码如下：

```
@echo off

rem This file is UTF-8 encoded, so we need to update the current code page while
executing it
for /f "tokens=2 delims=:" %%a in ('"%SystemRoot%\System32\chcp.com"') do (
    set "_OLD_CODEPAGE=%%a"
)
if defined _OLD_CODEPAGE (
```

```
    "%SystemRoot%\System32\chcp.com" 65001 > nul
)

# 这是需要修改和配置的虚拟环境的路径
set "VIRTUAL_ENV=C:\Users\Administrator\PycharmProjects\gan\venv"

if not defined PROMPT (
    set "PROMPT=$P$G"
)

if defined _OLD_VIRTUAL_PROMPT (
    set "PROMPT=%_OLD_VIRTUAL_PROMPT%"
)
```

Linux 环境下的配置。Linux 环境下建立的虚拟环境的目录如图 8.7 所示。

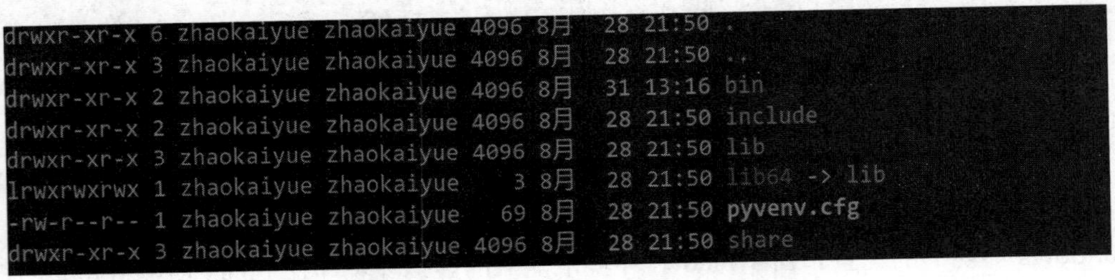

```
drwxr-xr-x 6 zhaokaiyue zhaokaiyue 4096 8月  28 21:50 .
drwxr-xr-x 3 zhaokaiyue zhaokaiyue 4096 8月  28 21:50 ..
drwxr-xr-x 2 zhaokaiyue zhaokaiyue 4096 8月  31 13:16 bin
drwxr-xr-x 2 zhaokaiyue zhaokaiyue 4096 8月  28 21:50 include
drwxr-xr-x 3 zhaokaiyue zhaokaiyue 4096 8月  28 21:50 lib
lrwxrwxrwx 1 zhaokaiyue zhaokaiyue    3 8月  28 21:50 lib64 -> lib
-rw-r--r-- 1 zhaokaiyue zhaokaiyue   69 8月  28 21:50 pyvenv.cfg
drwxr-xr-x 3 zhaokaiyue zhaokaiyue 4096 8月  28 21:50 share
```

图 8.7　Linux 环境下建立的虚拟环境目录

从图 8.7 中可以看出，与 Windows 中激活脚本所存放的文件夹的名称不同，Linux 环境下激活脚本存放在 bin 路径下。在 Linux 中激活脚本的方式有三种，分别是 activate、activate.csh 和 activate.fish，属于三种不同的 shell 脚本。Linux 系列一般默认且自动使用的是 shell 脚本，即第一种 activate 激活脚本。为什么构建的虚拟环境中会包含多重运行激活脚本，这也与 Linux 在 shell 上的历史发展有关，感兴趣的读者可以自行上网查阅。

activate 文件中部分激活脚本的代码如下：

```
# unset irrelevant variables
deactivate nondestructive

# 虚拟环境的路径
VIRTUAL_ENV="/home/zhaokaiyue/Desktop/test/python/kaiyue_venv"
export VIRTUAL_ENV

_OLD_VIRTUAL_PATH="$PATH"
PATH="$VIRTUAL_ENV/bin:$PATH"
export PATH

# unset PYTHONHOME if set
```

```
# this will fail if PYTHONHOME is set to the empty string (which is bad anyway)
# could use 'if (set -u; : $PYTHONHOME) ;' in bash
if [ -n "${PYTHONHOME:-}" ] ; then
    _OLD_VIRTUAL_PYTHONHOME="${PYTHONHOME:-}"
    unset PYTHONHOME
```

那么如何理解虚拟环境的路径呢？虚拟环境实际上是代码的解释器，即运行代码时需要让机器能读懂代码，对代码进行理解和解释的工具称为解释器。实际上在执行代码的过程中，由于已经在系统环境上配置了解释器，因此是不需要再次进行设置的，但在虚拟环境中运行代码时，如果不指定虚拟环境的解释器，系统会默认使用机器中配置的解释器。除了在代码中指定解释器外，也可以直接在激活了虚拟环境的命令行下执行代码。

```
#!/home/zhaokaiyue/PycharmProjects/python/venv/bin/python3
#-*- coding:utf-8 -*-

import re
import os
import sys

from pip._internal import main

if __name__ == '__main__':
    sys.argv[0] = re.sub(r'(-script\.pyw?|\.exe)?$','', sys.argv[0])
    sys.exit(main())
```

上面代码第一行中的 python 为指定的虚拟环境中的 Python。

📢 **注意：**

> 经过上述步骤之后，移植的虚拟环境已经可以正常使用，但由于在虚拟环境中使用的命令默认为本地绝对路径下的命令，因此仍然不能正常安装第三方的库。此时需要进一步在虚拟环境的脚本中修改声明命令的路径为当前移植后的 pip 路径。

8.1.2　依赖环境管理 Pipenv

在使用 Pipenv 命令之前，首先要了解什么是 Pipenv。Pipenv 是为了管理复杂的 Python 环境而诞生的一种依赖管理命令，由 pip 和命令 Virtualenv 组合而成，不仅可以使用该命令指定 Python 版本构建虚拟环境，也具备对该虚拟环境的管理和依赖包的安装功能。Pipenv 不会在项目中生成日志文件，只会生成以下两个文本文件。

● Pipfile：简明地记录与显示环境和依赖包。

- Pipfile.lock：详细记录环境的相关依赖，通过 hash 算法构建相关依赖包之间的关联关系，并保证其对应完整的关系。

下面对 Pipenv 命令的安装和使用两方面进行详细介绍。

1. 安装 Pipenv

在 Ubuntu 环境下默认安装的 Python 版本分为两种，一种是 Python 2.7，另一种是 Python 3.7，通过指定系统中 Python 的版本可以构建不同版本的虚拟环境，因此为了方便对版本进行管理，这里采用 Anaconda 来指定项目需要的 Python 版本进行 Python 的安装。Anaconda 的安装过程可参考安装教程，查看 Python 2 和 Python 3 的命令及其显示信息如下：

```
zhaokaiyue@zhaokaiyue-PC:~$ python2
Python 2.7.16 (default, Feb 26 2021, 06:12:30)
[GCC 8.3.0] on linux2
Type "help", "copyright", "credits" or "license" for more information.
>>>
KeyboardInterrupt
>>>
zhaokaiyue@zhaokaiyue-PC:~$ python3
Python 3.7.3 (default, Apr  2 2021, 05:20:44)
[GCC 8.3.0] on linux
Type "help", "copyright", "credits" or "license" for more information.
>>>
```

下面对 Pipenv 的两种安装方式进行介绍。Pipenv 安装根据用户的不同可以分为两种方式，一种是普通安装，安装在默认的 Python 的库中；另一种是指定用户安装，安装到用户指定的环境版本中。

（1）普通安装模式。普通安装模式直接使用 pip 安装工具进行安装，安装的路径为默认的 Python 环境下的库。安装命令如下：

```
pip install pipenv
```

由于本书中默认的 Python 版本为 Python 2.7，因此安装后的路径如下：

```
/usr/lib/python2.7/dist-packages/
```

（2）用户安装模式。用户安装模式下 Pipenv 命令的安装路径与普通安装模式下的路径不同，如果不清楚用户模式下默认安装的路径，可以执行如下命令进行查看。

```
$ python -m site --user-site
```

输出的路径为当前账户下的 Python 安装路径。

```
/home/zhaokaiyue/.local/lib/python2.7/site-packages
```

获得 Python 的安装路径后就可以在该模式下安装 Pipenv 了，安装命令如下：

```
pip install --user pipenv
```

使用用户模式安装 Pipenv 命令的好处是可以防止对系统的 Python 库产生影响。使用用户模式安装后如果 Pipenv 命令不可用，则需要把路径添加到环境变量 PATH 中。

2. 使用 Pipenv

选择安装方式进行安装后输入 Pipenv 命令，按 Enter 键可以输出命令的使用选项参数以及使用示例。输出的结果如下：

```
Options:
  --where                     Output project home information.
  --venv                      Output virtualenv information.
  --py                        Output Python interpreter information.
  --envs                      Output Environment Variable options.
  --rm                        Remove the virtualenv.
  --bare                      Minimal output.
  --completion                Output completion (to be executed by the shell).

  --man                       Display manpage.
  --support                   Output diagnostic information for use in
                                GitHub issues.

  --site-packages / --no-site-packages
                              Enable site-packages for the virtualenv.
                              [env var: PIPENV_SITE_PACKAGES]

  --python TEXT               Specify which version of Python virtualenv
                                should use.

  --three / --two             Use Python 3/2 when creating virtualenv.
  --clear                     Clears caches (pipenv, pip, and pip-tools).
                              [env var: PIPENV_CLEAR]

  -v, --verbose               Verbose mode.
  --pypi-mirror TEXT          Specify a PyPI mirror.
  --version                   Show the version and exit.
  -h, --help                  Show this message and exit.


Usage Examples:
  Create a new project using Python 3.7, specifically:
  $ pipenv --python 3.7

  Remove project virtualenv (inferred from current directory):
  $ pipenv --rm

  Install all dependencies for a project (including dev):
```

```
$ pipenv install --dev

Create a lockfile containing pre-releases:
$ pipenv lock --pre

Show a graph of your installed dependencies:
$ pipenv graph

Check your installed dependencies for security vulnerabilities:
$ pipenv check

Install a local setup.py into your virtual environment/Pipfile:
$ pipenv install -e.

Use a lower-level pip command:
$ pipenv run pip freeze


Commands:
  check       Checks for PyUp Safety security vulnerabilities and against PEP
              508 markers provided in Pipfile.

  clean       Uninstalls all packages not specified in Pipfile.lock.
  graph       Displays currently-installed dependency graph information.
  install     Installs provided packages and adds them to Pipfile, or (if no
                packages are given), installs all packages from Pipfile.

  lock        Generates Pipfile.lock.
  open        View a given module in your editor.
  run         Spawns a command installed into the virtualenv.
  shell       Spawns a shell within the virtualenv.
  sync        Installs all packages specified in Pipfile.lock.
  uninstall   Uninstalls a provided package and removes it from Pipfile.
  update      Runs lock, then sync.
```

　　如果输出以上结果，则表明安装成功，即可进一步构建虚拟环境。成功安装 Pipenv 命令后，使用 Pipenv 命令可以进行构建虚拟环境、项目虚拟环境同步、进入或退出虚拟环境、修改虚拟环境所在的位置、在虚拟环境下安装模块等操作。

　　（1）构建虚拟环境。在当前的命令行下，输入如下命令即可完成基于系统安装的 Python 版本的虚拟环境构建：

```
pipenv -- python 3.7
```

　　初始化虚拟环境之后，在项目目录中会直接生成 Pipfile 和 Pipfile.lock 两个 Pipenv 包的配置文件，替代原 pip freeze 命令生成的 requirements.txt 的文件。使用 Pipfile 和 Pipfile.lock 两个文件的好处是，在提交项目时可根据文件中记录的依赖包在新的环境下自主构建虚拟环境，除了在构建虚拟环境时构建文本文件之外，也可以手动生成两个文本文件。手动生成文本文件的命令如下：

```
pipenv install
```

结果如图 8.8 所示。

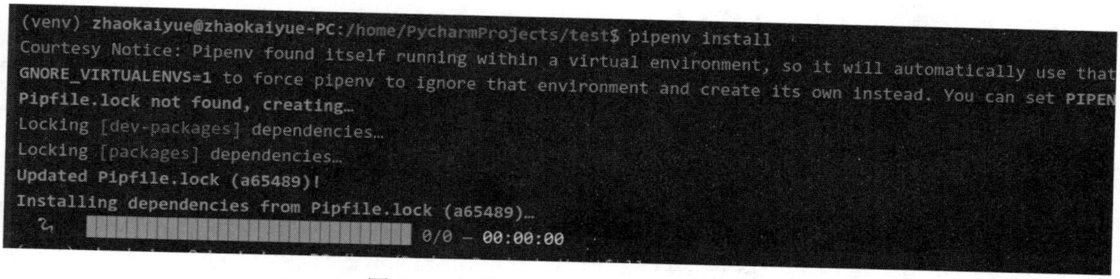

图 8.8 安装 Pipenv 命令，生成文件

根据输出的结果会自动安装当前项目下的依赖包和环境，在当前项目下生成 Pipfile 和 Pipfile. lock 文件。下面是 Pipfile 和 Pipfile.lock 两个文件的内容。

Pipfile 文件中的内容如下：

```
[[source]]
url = "https://pypi.python.org/simple"
verify_ssl = true
name = "pypi"

[packages]
requests = "*"


[dev-packages]
pytest = "*"
```

Pipfile.lock 文件中的内容如下：

```
{
    "_meta": {
        "hash": {
            "sha256":"7e7ef69da7248742e869378f8421880cf8f0017f96d94d086813baa518a65489"
        },
        "pipfile-spec": 6,
        "requires": {
            "python_version": "3.7"
        },
        "sources": [
            {
                "name": "pypi",
                "url": "https://pypi.org/simple",
                "verify_ssl": true
            }
```

```
        ]
    },
    "default": {},
    "develop": {}
}
```

（2）项目虚拟环境同步。项目虚拟环境的同步同样是 Pipenv 命令中的一个功能。执行命令与手动生成依赖文件的命令相同，具体命令如下：

```
pipenv install
```

Pipenv 会在项目文件夹下自动寻找 Pipfile 和 Pipfile.lock 文件，创建一个新的虚拟环境并安装必要的软件包，具体功能可分为以下三部分。

1）如果目录下没有 Pipfile 和 Pipfile.lock 文件，表示创建一个新的虚拟环境。

2）如果有，表示使用已有的 Pipfile 和 Pipfile.lock 文件中的配置创建一个虚拟环境。

3）如果后面带有如 django 这类的库名，表示为当前虚拟环境安装第三方库。

（3）进入或退出虚拟环境。使用 pipenv shell 命令即可进入虚拟环境，命令如下：

```
$ pip -V
pip 19.1.1 from \usr\lib\python\python37\lib\site-packages\pip (python 3.7)

$ py -V
Python 3.7.3

$ pipenv shell
Launching subshell in virtual environment…

(.venv) $ pip -V
pip 19.1.1 from \home\zhaokaiyue\.venv\lib\site-packages\pip (python 2.7)

(.venv) $ py -V
Python 2.7.16
```

退出虚拟环境的命令如下：

```
exit //
```

或

```
ctrl+d
```

（4）修改虚拟环境所在的位置。默认虚拟环境创建在 ~/.local/share/virtualenvs 目录中，如果需要直接在当前工程目录下生成虚拟环境的安装位置，需要在当前账户的 .bashrc 文件或 .bash_profile 文件中进行如下设置。

```
PIPENV_VENV_IN_PROJECT=1
```

或

```
WORKON_HOME=~/.venvs   # 这两个参数是指定 Python 的目录
```

　　此时可以在当前项目中重新构建虚拟环境，使用命令 pipenv --where 检查虚拟环境的位置，可以发现终端输出结果中的虚拟环境的位置已经发生了改变。

　　（5）在虚拟环境下安装模块。Pipenv 命令构建虚拟环境的原理实际上是将指定的系统 Python 环境映射到另外的位置空间，并将库安装到相应位置上，从而实现对虚拟环境的依赖管理。根据虚拟环境的原理可知，Pipenv 命令是将 Python 环境映射与 pip 安装工具两者结合而成的，由此可知，在虚拟环境下同样可以直接使用 pip 安装工具进行安装操作。除此之外，也可以直接使用 Pipenv 命令对模块进行安装操作，安装命令如下：

```
$ pipenv install <包名>
```

　　使用 Pipenv 命令安装模块会直接在 Pipfile 文件中精确记录所需要的依赖关系。例如，安装 Requiest 模块的过程如下：

```
(vscode-R5kwUx1U) $ pipenv install requests
Installing requests...
Adding requests to Pipfile's [packages]...
Installation Succeeded
Pipfile.lock (444a6d) out of date, updating to (a65489)...
Locking [dev-packages] dependencies...
Locking [packages] dependencies...
Success!
Updated Pipfile.lock (444a6d)!
Installing dependencies from Pipfile.lock (444a6d)...
   ============================== 5/5 - 00:00:02
```

　　除了对单一的模块进行安装外，在使用过程中为了方便实现项目代码的迁移，大多数情况下需要进行大批量模块的安装。同样也可以使用 Pipenv 命令根据 Pipfile 文件中的记录情况进行依赖的安装，安装命令如下：

```
# 根据 Pipfile 中的描述安装所有依赖
$ pipenv install

# 或根据 Pipfile.lock 中的描述安装所有依赖
$ pipenv install --ignore-pipfile

# 或只安装 dev 组的依赖
$ pipenv install --dev

# 或根据曾经在 pip 上导出的 requirements.txt 文件安装依赖
$ pipenv install -r <path-to-requirements.txt>
```

在实现项目管理的同时，为了使其能适应第三方模块的更新，通常需要对项目中的单一模块或者批量模块进行更新。更新单一模块这里以 requests 模块为例进行说明，命令如下：

```
# 更新 requests 包
pipenv update requests

# 更新所有的包
pipenv update
```

Pipenv 可以像 virtualenv 一样用命令生成 requirements.txt 文件，命令如下：

```
pipenv lock -r --dev > requirements.txt
```

也可以通过 requirements.txt 文件安装包，命令如下：

```
pipenv install -r requirements.txt
```

8.1.3　环境管理工具 Pyenv

环境管理工具 Pyenv 同 Venv 和 Pipenv 类似，但不同的是 Venv 和 Pipenv 管理工具都是依赖系统的 Python 版本来建立虚拟环境，实现隔离开发环境的目的，而 Pyenv 不仅可以隔离开发环境，同时也可以随意切换 Python 的版本，使得多个版本的 Python 之间不存在冲突，实现共存。

Pyenv 的实现原理是通过利用系统环境 PATH 的优先级控制 Python 到 Pyenv 命令上，将系统路径中的 Python 和 pip 在目录下生成不同的可执行脚本文件，当用户执行不同版本的 Python 时，系统根据优先级查找可执行脚本文件，以此实现灵活切换 Python 版本的目的。

1. 安装 Pyenv 命令

Pyenv 通过 GitHub 上的开源项目进行安装，安装的命令如下：

```
$curl -L https://github.com/pyenv/pyenv-installer/raw/master/bin/pyenv-installer | bash
```

下载的 pyenv-install 脚本所做的事情包括以下内容。

```
git clone --depth 1"git://github.com/pyenv/pyenv.git"              "${HOME}/.pyenv"
git clone --depth 1"git://github.com/pyenv/pyenv-doctor.git"       "${HOME}/.pyenv/
plugins/pyenv-doctor"
git clone --depth 1"git://github.com/pyenv/pyenv-installer.git"    "${HOME}/.pyenv/
plugins/pyenv-installer"
git clone --depth 1"git://github.com/pyenv/pyenv-update.git"       "${HOME}/.pyenv/
plugins/pyenv-update"
git clone --depth 1"git://github.com/pyenv/pyenv-virtualenv.git""${HOME}/.pyenv/
plugins/pyenv-virtualenv"
git clone --depth 1"git://github.com/pyenv/pyenv-which-ext.git"    "${HOME}/.pyenv/
plugins/pyenv-which-ext"
```

Pyenv 安装完成后，仍需要将 Pyenv 命令加入系统环境变量中，否则 Pyenv 仍然不能使用，会提示未安装该命令的错误，需要执行的命令如下：

```
echo 'export PATH="/home/python/.pyenv/bin:$PATH"' >> ~/.bash_profile
echo 'eval "$(pyenv init -)"' >> ~/.bash_profile
echo 'eval "$(pyenv virtualenv-init -)"' >> ~/.bash_profile
source ~/.bash_profile
```

执行完以上命令之后，在终端中输入 Pyenv 的查看版本命令，检查是否成功安装，命令如下：

```
# 查看 pyenv 版本
pyenv -v
# 更新 pyenv
pyenv update
```

2. 使用 Pyenv 命令

可以通过 pyenv help 命令查看 Pyenv 命令的详细内容，在终端输入 pyenv help 命令之后输出的参数和使用方法如下：

```
$ pyenv help
Usage: pyenv <command> [<args>]

Some useful pyenv commands are:
   commands    List all available pyenv commands
   local       Set or show the local application-specific Python version
   global      Set or show the global Python version
   shell       Set or show the shell-specific Python version
   install     Install a Python version using python-build
   uninstall   Uninstall a specific Python version
   rehash      Rehash pyenv shims (run this after installing executables)
   version     Show the current Python version and its origin
   versions    List all Python versions available to pyenv
   which       Display the full path to an executable
   whence      List all Python versions that contain the given executable

See 'pyenv help <command>' for information on a specific command.
For full documentation, see: https://github.com/pyenv/pyenv#readme
```

在终端中使用帮助命令可以了解到常用的基础命令，下面将根据帮助信息中的参数详细介绍 Pyenv 的使用方法。

在项目的管理当中常涉及多个 Python 版本的管理，Pyenv 管理工具提供了各种不同的 Python 版本安装的命令，使用 pyenv install --list 命令可以查看可安装的 Python 版本，根据实际需求安装对应的 Python 版本即可。安装命令如下：

```
pyenv install 版本号
```

安装多个 Python 版本之后，可以使用 python versions 命令查看已安装的 Python 版本信息。如果想查看当前默认使用的 Python 版本，则使用 pyenv versions 命令进行查看。

```
# 查看可使用的版本，前面带"*"表示当前使用的版本
$ pyenv versions
* system (set by /home/python/.pyenv/version)
3.5.4
3.6.4
$ pyenv version
system (set by /home/python/.pyenv/version)
```

在对 Python 版本进行安装之后，利用 pyenv global、pyenv shell 和 pyenv local 三组命令可实现 Python 版本的配置和管理功能。

（1）使用 pyenv global 命令切换当前系统的 Python 版本，代码如下：

```
$ pyenv versions
* system
  3.5.4
  3.6.4 (set by /home/python/.pyenv/version)
$ python -V
Python 2.6.6
$ pyenv global 3.6.4
$ pyenv versions
  system
  3.5.4
* 3.6.4 (set by /home/python/.pyenv/version)
$ python -V
Python 3.6.4
$ python -V
Python 3.6.4
$ exit
logout
# 重新登录
$ python -V
Python 3.6.4
```

（2）使用 pyenv shell 命令配置当前终端 shell 下的 Python 版本，仅对当前进程有效。

pyenv shell 命令主要应用于临时对项目中的文件进行修改和运行的情况。当前 shell 下的 Python 版本为 2.6.6，使用 pyenv versions 命令查看当前已安装的 Python 版本，并进行版本的切换，命令如下：

```
$ python -V
Python 2.6.6

$ pyenv versions
* system (set by /home/python/.pyenv/version)
  3.5.4
  3.6.4
```

从输出结果来看，当前环境中共包括三个版本的 Python 环境，分别是 Python 2.6.6、Python 3.5.4 和 Python 3.6.4，在命令窗口中输入 pyenv shell 命令即可完成在当前终端下不同版本的 Python 之间的相互切换。执行如下命令切换为 Python 3.5.4。

```
$ pyenv shell 3.5.4
```

仍保持当前的终端，查看当前默认的 Python 版本，若切换终端窗口或使用 pyenv shell --unset 命令则可以取消使用 pyenv shell 的版本切换命令。

```
$ python -V
Python 3.5.4
$ pyenv versions
  system
* 3.5.4 (set by PYENV_VERSION environment variable)
  3.6.4

$ pyenv shell --unset
$ python -V
Python 2.6.6
```

（3）使用 pyenv local 命令配置当前项目的 Python 版本信息。

在测试 pyenv local 命令之前，先在当前目录下创建两种不同的目录，分别命名为文件夹 a 和文件夹 b。在文件夹 a 下使用 pyenv local 命令切换 Python 版本，并进入文件夹 b 下使用 python -V 命令查看文件夹 b 下的默认 Python 版本，步骤如下。

1）创建文件夹 a 和文件夹 b，命令如下：

```
$ mkdir a && mkdir b
```

2）在文件夹 a 下查看 Python 版本，命令如下：

```
$ cd a && python -V
Python 2.6.6
$ pyenv local 3.6.4
$ python -V
Python 3.6.4
```

3）进入文件夹 b 中查看默认的 Python 版本信息，命令如下：

```
$ cd b && python -V
Python 2.6.6
```

如此，即可实现 Python 版本的切换。

3. Pyenv 实现虚拟环境

介绍完 Pyenv 命令的安装和 Python 版本管理功能的实现，接下来将介绍如何使用 Pyenv 命令实现虚拟环境的创建和隔离。使用 Pyenv 命令创建虚拟环境需要安装虚拟环境的插件 pyenv-virtualenv。安装 pyenv-virtualenv 分为安装 virtualenv 和 pyenv-virtualenv 两部分，直接使用 pip 安装工具安装即可，安装命令如下：

```
pip install virtualenv
pip install pyenv-virtualenv

echo 'eval "$(pyenv virtualenv-init -)"' >> ~/.bash_profile
```

在 Pyenv 命令的使用方法中已经讲过，可以使用命令 pyenv install 命令安装不同版本的 Python，如上述安装 Python 3.6.4 的过程，安装后的解释器的路径为 ~/.pyevn/versions/3.6.4，默认在当前版本下使用命令 pyenv-virtualenv 安装的虚拟环境路径为 ~/.pyevn/versions/3.6.4/lib/python3.6/envs，并且在 ~/.pyenv/ 下创建一个虚拟环境中 Python 解释器的连接，该虚拟环境可以通过 pyenv 命令进行管理。

创建和查看 Python 虚拟环境的命令如下：

```
$ pyenv virtualenv 3.6.4 my_3.6.4
Requirement already satisfied: setuptools in /home/python/.pyenv/versions/3.6.4/
envs/my_3.6.4/lib/python3.6/site-packages
Requirement already satisfied: pip in /home/python/.pyenv/versions/3.6.4/envs/
my_3.6.4/lib/python3.6/site-packages

$ pyenv virtualenvs
  3.6.4/envs/my_3.6.4 (created from /home/python/.pyenv/versions/3.6.4)
  my_3.6.4 (created from /home/python/.pyenv/versions/3.6.4)
```

8.2　开发环境打包

本节主要介绍项目打包的一些具体实用工具和实现方法，有 Pyinstaller 工具打包服务、cx_Freeze 打包工具和 Setup.py 脚本工具打包三种方式。每一种方式都有其不同的应用场景，如使用 Pyinstaller 可以直接在当前项目中使用 pip 命令进行 Pyinstaller 的安装，在命令行中输入不同的命令参数实现不同的打包方式，但也存在打包后的内存过大的缺点。

8.2.1　Pyinstaller 环境管理

Pyinstaller 工具将运行代码中需要导入的模块进行傻瓜式复制，即不判断程序中是否调用该模块，而是依靠文件中的 import 部分进行完整模块的复制操作，因此使用 Pyinstaller 工具打包后的可执行文件较大。打包过程中要注意减少不必要的模块导入以及在打包过程中要选择更加精简的环境，以便可以更好地避免将不必要的依赖打包到程序当中。Pyinstaller 工具适合在不同的平台上使用，在不同平台上执行打包服务生成的可执行程序也不相同。

● 在 Window 平台上打包后的文件为 dll 文件，生成可执行文件的扩展名为 exe。
● 在 Linux 平台上打包后的文件为 so 动态链接库文件，生成无扩展名的可执行文件。

1. Pyinstaller 的基本使用方法

与其他命令查看帮助信息的方式类似，也可以通过 -h 参数查看 Pyinstaller 的帮助信息，命令如下：

```
pyinstaller -h
```

该命令可以直接查看 Pyinstaller 工具的常用参数以及其具体使用方法。

Pyinstaller 可以通过简单的命令在终端中进行 Python 项目的打包工作，命令如下：

```
pyinstaller  -option  xxx.py
```

常用的 option 一般分为两类，参数 D 表示生成一个文件夹，其中包含可执行文件和相关的动态链接库和资源的文件，生成一个文件夹的好处是可以直观地观察到打包中包含的所有文件，同时可以在其中加入多媒体、文本等资源文件，执行速度也比直接生成一个可执行文件更快。参数 -F 表示仅生成一个可执行文件，更加适合小型项目的打包方式。命令如下：

```
-D, --onedir       # 创建一个包含可执行文件的文件夹
-F, --onefile      # 创建一个可执行文件
```

使用以上命令会直接在当前工程目录下生成 build 文件夹、dist 文件夹和与 xxx.py 同名的 spec 文件。其中，build 文件夹中包含打包过程中生成的编译中间件；dist 文件夹中包含的是打包后的服务，如果使用 -D 参数进行打包，生成的 dist 中包含一个名为 xxx.py 的文件夹，如果使用参数 -F 进行打包，则生成的 dist 中仅包含一个名为 xxx.py 的可执行程序服务；xxx.spec 文件会被默认生成在当前执行打包的目录中，xxx.spec 文件为打包的配置文件。

2. 生成 spec 文件

除了使用上述 Pyinstaller 的命令直接进行打包之外，也可以使用生成的 spec 配置文件进行打包。使用 spec 文件打包可以更加清晰地了解打包过程，以及对打包的文件进行整体配置，可以根据实际需求对资源文件、图标文件以及源代码文件在打包的程序中进行位置配置。为了自定义配置的打包，首先需要编写打包的配置文件——.spec 文件。当使用 pyinstaller -d xxx.py 命令时会生成默认的 xxx.spec 文件进行默认的打包配置。通过配置 spec 脚本，并执行 pyinstaller -d xxx.spec 命令完成自定义的打包。

通过生成 spec 文件的命令，针对代码的主程序文件生成打包对应的 spec 文件，命令如下：

```
pyi-makespec -w xxx.py
```

默认使用 Pyinstaller 进行打包时，只会将程序中需要导入的库复制到需要打包的程序文件夹中，因此，如果程序中涉及资源文件，则不能自动打包到程序中使用。使用配置文件进行打包，即在配置文件中增加需要添加到打包程序的文件路径和保存路径即可完成对应资源文件的复制，针对代码的主程序文件生成打包对应的 spec 文件，命令如下：

```
pyi-makespec -w xxx.py
```

打开生成的 spec 文件，修改其默认脚本，完成自定义打包需要的配置，spec 文件也是一个 Python 脚本，其默认的文件结构如下：

```python
# -*- mode: python -*-

block_cipher = None


a = Analysis(['fastplot.py'],
             pathex=['D:\\install_test\\DAGUI-0.1\\bin'],
             binaries=[],
             datas=[],
             hiddenimports=[],
             hookspath=[],
             runtime_hooks=[],
             excludes=[],
             win_no_prefer_redirects=False,
             win_private_assemblies=False,
             cipher=block_cipher)
pyz = PYZ(a.pure, a.zipped_data,
             cipher=block_cipher)
exe = EXE(pyz,
          a.scripts,
          exclude_binaries=True,
          name='fastplot',
          debug=False,
          strip=False,
          upx=True,
          console=False)
coll = COLLECT(exe,
               a.binaries,
               a.zipfiles,
               a.datas,
               strip=False,
               upx=True,
               name='fastplot')
```

spec 文件中主要的配置为 4 类，分别为 Analysis、PYZ、EXE 和 COLLECT，这 4 类的使用情况和参数配置方法说明如下。

● Analysis 类以 py 文件为输入并分析 py 文件中的依赖模块，生成对应的信息。

● PYZ 文件以一个压缩包的形式包含程序运行所需要的所有依赖。

● EXE 是由以上两类组合生成的可执行文件，并包含在执行可执行文件过程中的表述。

● COLLECT 生成其他部分的输出文件夹，COLLECT 在配置文件中也可以不存在。

3. 配置 spec 文件

在详细介绍 spec 文件的配置之前，先对一个项目的配置代码进行详细解读。

```python
# -*- mode: python -*-
import sys
import os.path as osp
sys.setrecursionlimit(5000)


block_cipher = None


SETUP_DIR = 'D:\\install_test\\FASTPLOT\\'

a = Analysis(['fastplot.py',
              'frozen_dir.py',],
             pathex=['D:\\install_test\\FASTPLOT'],
             binaries=[],
             datas=[(SETUP_DIR+'lib\\icon','lib\\icon'),(SETUP_DIR+'data','data')],
hiddenimports=['pandas','pandas._libs','pandas._libs.tslibs.np_
datetime','pandas._libs.tslibs.timedeltas','pandas._libs.tslibs.nattype',
'pandas._libs.skiplist','scipy._lib', 'scipy._lib.messagestream'],
             hookspath=[],
             runtime_hooks=[],
             excludes=[],
             win_no_prefer_redirects=False,
             win_private_assemblies=False,
             cipher=block_cipher)


pyz = PYZ(a.pure, a.zipped_data,
             cipher=block_cipher)
exe = EXE(pyz,
          a.scripts,
          exclude_binaries=True,
          name='fastplot',
          debug=False,
          strip=False,
          upx=True,
          console=True)
coll = COLLECT(exe,
               a.binaries,
               a.zipfiles,
               a.datas,
               strip=False,
               upx=True,
               name='fastplot')
```

通过对配置文件的分别描述，可知配置文件中大多数参数的配置是在 Analysis 类中进行的，其他三类分别为中间件、打包和输出结果的配置。

（1）库的导入配置。项目工程中包含多目录的 Python 工程文件，在打包时会将 py 文件中需要导入的模块输入到 Analysis 类中，其中参数 pathex 定义的是打包的主目录，如果打包过程直接在主目录中进行，则不需要配置该参数，对于主目录中的 py 文件则不再需要定义其路径，将默认使用当前主目录中的所有 py 文件。

（2）资源文件配置。资源文件中包括 Python 项目使用的相关文件，如图标、文本、多媒体文件等。对于此类文件，在使用 Pyinstaller 工具进行打包时，不会默认将其打包到程序当中。此类资源文件的打包需要设置 Analysis 类中的 datas 参数，datas 参数为元组形式，其中第 1 个参数表示原项目中资源文件的路径，第 2 个参数为打包后在打包程序中的路径。

（3）依赖模块导入。使用 Pyinstaller 工具进行打包时，程序会自动解析打包的 py 文件并自动寻找 py 源文件的依赖模块。但是 Pyinstaller 在解析模块时，会因为使用系统依赖模块造成导入模块发生遗漏现象和打包后执行可执行程序出现 No Module named xx 的现象，所以，仍需要手动将遗漏下的模块加入到打包程序中，这时将 Analysis 类中的 hiddenimports 加入遗漏的模块即可解决。

（4）递归深度配置。在打包导入某些模块时，会由于项目中调用模块的深度较大，而导致 Pyinstaller 工具中预设的递归深度达不到项目中模块的深度，此时，需要在 spec 文件中修改打包工具的预设递归深度，为了能够满足项目的递归深度需求，使用如下语句设置一个足够大的值来保证打包的运行。

```
import sys
sys.setrecursionlimit(5000)
```

4. 使用 spec 文件进行打包

与直接使用 Pyinstaller 工具对主程序文件 py 文件进行打包的方法类似，使用 spec 文件进行打包后会直接生成 build 文件夹和 dist 文件夹，其中 build 文件夹中为打包过程中产生的中间件，dist 文件夹中为可执行程序和与该程序运行的关联文件，执行的打包命令如下：

```
pyinstaller -D xxx.spec
```

使用 spec 文件进行打包时可以根据实际项目配置文件，尤其是资源文件的配置，除了需要将其复制到打包程序中，还需要在代码中修改其调用部分的代码，因此也称为冻结打包路径。

执行打包后的程序，由于在配置文件中已经修改了文件的位置，导致程序使用的关联文件无法关联文件，或者打包后的程序无法在其他机器上运行。产生这些问题的原因是程序调用的文件路径发生了改变。解决的方式分为两种，一种是使用绝对路径，另一种是将文件的路径进行冻结。使用绝对路径会使程序移植不方便，需要随时根据移植的目标机器改变路径，综上所述，这里使用冻结路径的方式解决此类问题。使用冻结路径的代码如下：

```
# -*- coding: utf-8 -*-
import sys
import os

def app_path():
    if hasattr(sys, 'frozen'):
        # Handles PyInstaller
        return os.path.dirname(sys.executable)
    return os.path.dirname(__file__)
```

其中，app_path() 函数返回一个程序的执行路径，为了方便使用，可以将文件放到项目文件的根目录中，通过这种方式建立相对路径的关系。

8.2.2　cx_Freeze 打包工具

cx_Freeze 打包工具的工作机制是调用该库中的 setup 工具通过构建脚本对 Python 程序进行打包，cx_Freeze 同时支持 Linux 和 Windows 两种平台。下面以 Windows 平台为例打包 Python 程序，构建 cx_Freeze 打包脚本的基本格式如下：

```
import sys
from cx_Freeze import setup, Executable

# 自动检测依赖项
build_exe_options = {"packages": ["os"], "excludes": ["tkinter"]}

# GUI 的应用程序需要不同的 Windows 的基础（默认是控制台应用程序）
base = None
if sys.platform == "win32":
    base = "Win32GUI"

setup(  name = "guifoo",
        version = "0.1",
        description = "My GUI application!",
        options = {"build_exe": build_exe_options},
        executables = [Executable("guifoo.py", base=base)])
```

如果是在 Linux 环境下的打包，对 setup.py 文件中的平台进行修改，即可适用 Linux 平台。在命令行中执行如下命令：

```
python setup.py build
```

执行完命令后会自动在当前项目路径下生成一个 build 文件夹和后缀为 msi 的配置文件，其中，build 文件夹中包含 setup.py 中指定的可执行文件，同时也包含其他依赖的库。在 Windows 平台下可以使用如下指令生成安装文件：

```
python setup.py bdist_msi
```

8.2.3　py2exe 脚本打包

与 Pyinstaller 和 cx_Freeze 打包工具不同，py2exe 仅支持在 Windows 下对 Python 程序进行打包，目前最新版本的 py2exe 支持使用 Python 3.3 以上程序进行打包，同样直接采用 pip 安装工具即可完成 py2exe 工具的安装，安装命令如下：

```
pip install py2exe
```

或

```
python -m pip install py2exe
```

使用 py2exe 打包工具对 Python 程序进行打包，同样是用脚本调用 py2exe 模块的方式进行的，使用脚本打包的好处是可以随时根据自己的需求对模块进行修改。例如，命名脚本为 setup.py，常用的基本格式和部分参数如下：

```python
# -*- encoding:utf-8 -*-

from distutils.core import setup
import py2exe

INCLUDES = []

options = {
    "py2exe" :
        {
            "compressed" : 1, # 压缩
            "optimize" : 2,
            "bundle_files" : 1, # 将所有文件打包成一个 exe 文件
            "includes" : INCLUDES,
            "dll_excludes" : ["MSVCR100.dll"]
        }
}


setup(
    options=options,
    description = "this is a py2exe test",
    zipfile=None,
    console = [{"script":'helloworld.py'}])
```

参数 options 可以指定一些编译的参数，如是否完成压缩、打包为一个文件等；除此之外，也可以在参数中增加资源文件，如图标字体等。与 Pyinstaller 的配置类似，在打包脚本中增加相应的参数即可。

打包命令如下：

```
python mysetup.py py2exe
```

　　程序会在当前路径下生成名为 dist 的文件夹，其中包含 exe 的可执行程序，默认情况下 py2exe 同样会在 dist 文件夹下创建动态链接库和多个可执行程序。

8.3　搭建神经网络模型

　　学习完对项目环境的打包和依赖管理后，接下来学习如何构造一个属于个人的神经网络模型。在开始完整地训练一个神经网络模型前，先学习搭建神经网络模型的几种常见方法，有助于了解神经网络模型的运行机制。

8.3.1　初始化网络的 4 种方法

　　由于这里使用的是 PyTorch 框架，在构造模型之前要导入需要的模块，常用的构造神经网络模型的模块分为两种，一种是 torch，另一种是常用的库 torch.nn，代码如下：

```python
import torch
import torch.nn.functional as F
from collections import OrderedDict
```

● 方法一

　　该方法先建立一个继承 torch.nn.Module 的子类，在子类中重新初始化构建神经网络的各部分的神经网络结构及其输入输出参数，然后通过重写前向传播计算函数 forward() 构建神经网络，该方法代码如下：

```python
# Method 1 -----------------------------------------
class Net1(torch.nn.Module):
    def __init__(self):
        super(Net1, self).__init__()
        self.conv1 = torch.nn.Conv2d(3, 32, 3, 1, 1)
        self.dense1 = torch.nn.Linear(32 * 3 * 3, 128)
        self.dense2 = torch.nn.Linear(128, 10)

    def forward(self, x):
        x = F.max_pool2d(F.relu(self.conv(x)), 2)
        x = x.view(x.size(0), -1)
        x = F.relu(self.dense1(x))
        x = self.dense2(x)
        return x

print("Method 1:")
model1 = Net1()
print(model1)
```

● **方法二**

　　相比方法一，方法二在模型的初始化部分增加了模型的序列化程序，所谓序列化程序是指将神经网络的模型按照传入构造器的顺序依次添加到计算图中执行。执行序列化的函数是 PyTorch 框架下的 torch.nn.Sequential() 函数，通过序列化程序可以实现对神经网络模块的进一步细化，该方法代码如下：

```
# Method 2 ----------------------------------------
class Net2(torch.nn.Module):
    def __init__(self):
        super(Net2, self).__init__()
        self.conv = torch.nn.Sequential(
                torch.nn.Conv2d(3, 32, 3, 1, 1),
                torch.nn.relu(),
                torch.nn.MaxPool2d(2))
        self.dense = torch.nn.Sequential(
                torch.nn.Linear(32 * 3 * 3, 128),
                torch.nn.relu(),
                torch.nn.Linear(128, 10)
        )

    def forward(self, x):
        conv_out = self.conv1(x)
        res = conv_out.view(conv_out.size(0), -1)
        out = self.dense(res)
        return out

print("Method 2:")
model2 = Net2()
print(model2)
```

● **方法三**

　　方法三和方法二是同一个函数的两种不同的使用方法，方法二采用的是静态处理方式，torch.nn.Sequential() 在声明时直接将参数添加到函数中，这种方式在刚开始定义序列化时就要确定其参数，而方法三则是 torch.nn.Sequential() 函数的动态处理方式，可以随意根据条件添加到不同序列化的模块中，相比于方法二使用起来更加灵活，该方法代码如下：

```
# Method 3 ------------------------------
class Net3(torch.nn.Module):
    def __init__(self):
        super(Net3, self).__init__()
        self.conv=torch.nn.Sequential()
        self.conv.add_module("conv1",torch.nn.Conv2d(3, 32, 3, 1, 1))
        self.conv.add_module("relu1",torch.nn.relu())
        self.conv.add_module("pool1",torch.nn.MaxPool2d(2))
        self.dense = torch.nn.Sequential()
        self.dense.add_module("dense1",torch.nn.Linear(32 * 3 * 3, 128))
```

```
            self.dense.add_module("relu2",torch.nn.relu())
            self.dense.add_module("dense2",torch.nn.Linear(128, 10))

    def forward(self, x):
        conv_out = self.conv1(x)
        res = conv_out.view(conv_out.size(0), -1)
        out = self.dense(res)
        return out

print("Method 3:")
model3 = Net3()
print(model3)
```

● 方法四

　　方法四同样为方法二和方法三的另外一种不同的使用方法，在 torch.nn.Sequential() 函数中加入有序字典 OrderedDict() 能更加规范序列化。总而言之，方法二、方法三和方法四分别是 torch.nn.Sequential() 序列化函数的三种不同的实现方式，该方法代码如下：

```
# Method 4 -----------------------------------------
class Net4(torch.nn.Module):
    def __init__(self):
        super(Net4, self).__init__()
        self.conv = torch.nn.Sequential(
            OrderedDict(
                [
                    ("conv1", torch.nn.Conv2d(3, 32, 3, 1, 1)),
                    ("relu1", torch.nn.relu()),
                    ("pool", torch.nn.MaxPool2d(2))
                ]
            ))

        self.dense = torch.nn.Sequential(
            OrderedDict([
                ("dense1", torch.nn.Linear(32 * 3 * 3, 128)),
                ("relu2", torch.nn.relu()),
                ("dense2", torch.nn.Linear(128, 10))
            ])
        )

    def forward(self, x):
        conv_out = self.conv1(x)
        res = conv_out.view(conv_out.size(0), -1)
        out = self.dense(res)
        return out

print("Method 4:")
model4 = Net4()
print(model4)
```

8.3.2 构造网络前向计算序列

通过对实现神经网络的 4 种方式的简单介绍，基本可以掌握神经网络的构造方式。实现完整神经网络的构造，除了要对神经网络中的结构在初始化类的函数中进行初始化外，还要在实现前向传播算法的函数中实现对神经网络结构的构造。本小节主要讲述在 PyTorch 框架中如何通过构造类来实现神经网络的前向传播算法，代码格式如下：

```
class Models(torch.nn.Module):

    def __init__(self):
        super(Models, self).__init__()
        self.connect1 = nn.Linear(784, 256)

    def forward(self, x):
        xxxxx
        return x
```

在 PyTorch 框架中实现对算法的构造，首先要构造继承 torch.nn.Module 的子类来创建个人的神经网络类，该子类中主要可以分为两部分，一部分是初始化函数，其中 super(Models, self).__init__() 表示继承父类中初始化函数部分，初始化函数主要是完成对神经网络中网络结构的初始化，如 self.connect1 = nn.Linear(784, 256) 完成对输入层的全连接层的初始化操作；另一部分是前向传播函数，完成对神经网络的搭建和运行，这部分主要是使用初始化函数中已经初始化的神经元结构进行网络的搭建。

8.3.3 填充网络维度

1. 修改预训练权重文件维度

在实际的目标检测算法中修改网络模型中分类的类别数目来适应个人的数据集是常见的事情，如果想要直接使用原模型自带的预训练权重文件往往是不能匹配的，这是因为修改了模型中的类别数之后，原预训练权重文件中的参数已经不能匹配修改后的模型中的参数维度，为了能在修改后的模型中继续使用预训练模型，需要进一步对预训练权重文件中的维度和参数进行修改。

这种方式仅适合在不改变原网络模型的条件下，通过修改预训练模型中的参数使其来匹配网络的维度。在 PyTorch 框架下模型是按照字典的格式进行存储的，意味着每层维度都对应着一个网络结构名称，以遍历的方式在权重文件中进行搜索可以获得网络层所对应的网络参数，此时即可手动对权重文件中的格式进行修改。修改权重文件维度的代码如下：

```
def change_feature(check_point, num_class):

    device = torch.device("cuda" if torch.cuda.is_available() else "cup")
    check_point = torch.load(check_point, map_location=device)
```

```
        import collections
        dicts = collection.OrderedDict()
        # 根据自己的网络修改参数，这里是根据笔者自己的网络进行的修改
        for k, value in check_point.items():
        if k == "decoder.embedding.weight":
            value = torch.ones(num_class, 256)
        if k == "decoder.out.weight":
            value = torch.ones(num_class, 256)
        if k == "decoder.out.bias":
            value = torch.ones(num_class)
        dicts[k] = value
    torch.save(dicts, "model/changeWeight/chang_weight.pth")
```

📢 **注意：**

> 　　使用上述代码修改权重文件的维度后，要将该文件保存成一个新的 model 权重文件，否则 OrderedDict 字典中不包含网络的信息。代码中通过 torch.ones() 函数修改对应网络结构的维度，因此，修改后的权重文件不适合直接对模型进行推理，修改维度的做法仅是为了可以调用预训练权重文件中其他已训练的参数，以此避免发生梯度爆炸的情况。

2. 修改预训练权重文件的 CPU 加载

　　如果训练模型使用的算法是在 GPU 上使用 torch.nn.DataParallel 加载多个 GPU 进行训练，则不可以直接在 CPU 上进行推理，原因是权重文件中的节点名称中均增加了一个 module。为了能在 CPU 上进行加载，除了需要注意在跨设备加载时使用 map_location="cpu" 外，还需要对权重文件进行修改，代码如下：

```
import torch

def change_feature(check_point):
    device = torch.device("cuda" if torch.cuda.is_available() else "cpu")
    # 由于这里使用的设备是 CPU，因此使用 torch.load 中将模型加载到 CPU 中。实际上可以直接使用
      torch.load 进行加载，默认是 CPU 设备
    check_point = torch.load(check_point, map_location=device)

    import collections
    dicts = collections.OrderedDict()

    for k, value in check_point.items():
        print("names:{}".format(k))                    # 打印结构
        print("shape:{}".format(value.size()))

        if "module" in k:                # 去除命名中的 module
            k = k.split(".")[1:]
            k = ".".join(k)
            print k
```

```
        dicts[k] = value

torch.save(dicts,"/home/kaiyue/PycharmProjects/deepglobe/weights/log02_dink34.th")

if __name__ == "__main__":
    model_path = "/home/zhaokaiyue/PycharmProjects/deepglobe/weights/log01_dink34.th"
    change_feature(model_path)
```

运行以上代码可以获得如图 8.9 和图 8.10 所示的结果。

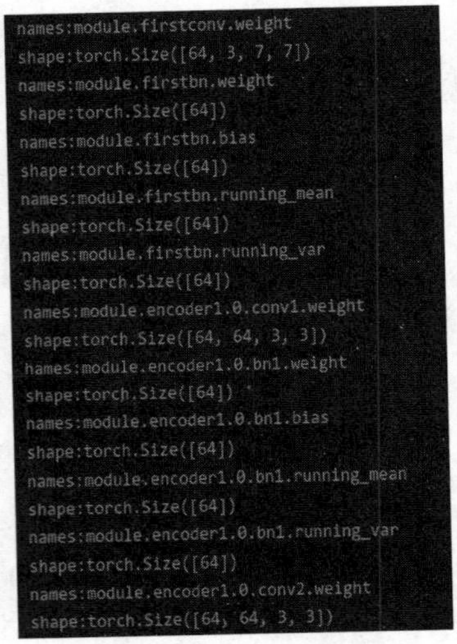

图 8.9　原权重结构图

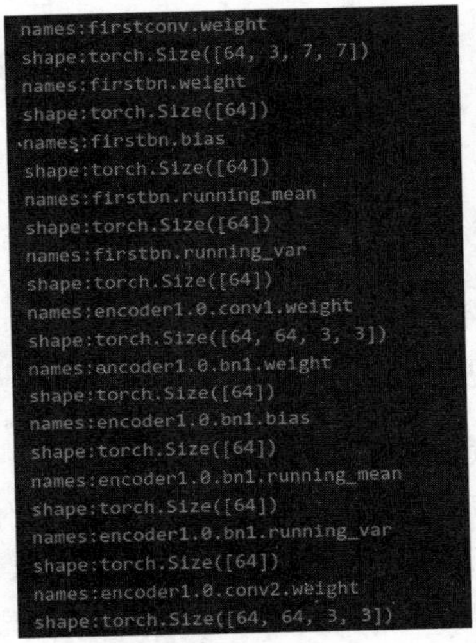

图 8.10　修改后权重结构图

从修改后的结果中可以看出，在原权重文件中已经将其中的键值进行了修改，由于原来模型是在多 GPU 的环境下进行训练的，这也就会在训练后的权重文件中生成关键字 module，对权重文件进行修改后可以实现在单 GPU 环境下对模型的加载功能。

8.4　基于 PyTorch 实现手写数字的识别

本节以 MNIST 手写数字数据集为基础逐步介绍如何实现手写数字的分类识别，从而可以让读者动手实现简单模型的构造、参数配置及训练和推理代码。神经网络的训练离不开对数据集的处理，除了在神经网络方面的学习外，更要对数据进行简单了解和学会数据的处理方法。

8.4.1　下载 MNIST 手写数字数据集

MNIST 数据集是一个入门级的计算机视觉数据集，其中包含各种手写数字图像，每个图像上仅包含一个图像对应的标签。MNIST 数据集中包含两部分，一部分是训练集，另一部分是测试集，两者之比为 6:1。之所以这么切分，是为了保证模型能从更大的数据集中学习到足够多的特征，增加数据集的泛化性。测试集不参与训练，而是用来在每次迭代之后评估该模型的准确率，从而保证最终模型能够有足够的准确率，部分图像如图 8.11 所示。

图 8.11　MNIST 数据集中的图像

MNIST 数据集中的每个图像的尺寸为 28×28，且为黑白像素，因此图像像素分别由 0 和 1 构成。在代码中对 MNIST 数据集进行下载，代码如下：

```
# 训练集
train_loader = torch.utils.data.DataLoader(
        datasets.MNIST('data', train=True, download=True,
                        transform=transforms.Compose([
                            transforms.ToTensor(),
                            transforms.Normalize((0.1307,), (0.3081,))
                        ])),
        batch_size=BATCH_SIZE, shuffle=True)

# 测试集
test_loader = torch.utils.data.DataLoader(
        datasets.MNIST('data', train=False, transform=transforms.Compose([
                            transforms.ToTensor(),
                            transforms.Normalize((0.1307,), (0.3081,))
                        ])),
        batch_size=BATCH_SIZE, shuffle=True)
```

8.4.2　初始化网络结构

在 PyTorch 框架下构造识别手写数字的神经网络模型之前要对 PyTorch 以及一些第三方包和库进行安装，除此之外，还要注意 PyTorch 的版本。查看 PyTorch 版本的命令如下：

```
print(torch.__version__)
```

本小节中数据集的加载和处理使用的是 PyTorch 框架下的 torchvision 模块，需要导入的函数库如下：

```
import torch
import torch.nn as nn
import torch.nn.functional as F
import torch.optim as optim
from torchvision import datasets, transforms
```

本小节中采用的网络为自定义的四层网络，其中包括三个全连接层 connect1、connect2 和 connect3 以及一个分类 softmax 层。由于 MNIST 数据集中图像的尺寸为 28×28，伸展成一维为 784，因此输入图像的尺寸为 1×784，采用的激活函数为 relu。构造神经函数可以分两步进行，一是对构建网络结构的各个函数部分进行维度大小的重新初始化和定义，二是对神经网络进行各部分的组合，构成完整的分类网络，命令如下：

```
class Models(torch.nn.Module):

    def __init__(self):
        super(Models, self).__init__()
        self.connect1 = nn.Linear(784, 256)
        self.connect2 = nn.Linear(256, 64)
        self.connect3 = nn.Linear(64, 10)
        self.softmax = nn.LogSoftmax(dim=1)
        self.relu = nn.relu()

    def forward(self, x):
        x = self.connect1(x)
        x = self.relu(x)
        x = self.connect2(x)
        x = self.relu(x)
        x = self.connect3(x)
        x = self.softmax(x)
        return x
```

为了能对整个网络有详细的了解，按照前向传播的特点逐步对网络结构进行介绍。

● 输入层：self.connect1(x)，全连接层函数，输入维度为 1×784，输出维度为 1×256。

● 激活函数：self.relu(x)，对整个输出神经元进行激活，输出维度不变。

● 中间全连接层：self.connect2(x)，输入维度为 1×256，输出维度为 1×64。

● 激活函数：self.relu(x)，同样对 64 维神经元进行激活。

● 全连接层：self.connect3(x)，输入维度为 1×64，输出维度为 1×10。

● 概率层：self.softmax(x)，对函数进行分类并输出各个类别的概率。

8.4.3 构建 PyTorch 下的 Dataset 数据加载

完成第一部分的神经网络构造之后，接下来通过配置各类参数以及完成图像处理的部分就可以对神经网络进行参数训练，代码如下。

代码 8.1　数据加载示例代码

```
class Test:

    def __init__(self):
        self.epoch = 5
        self.batch_size = 6
        self.learning_rate = 0.005
        self.models = Models()

    def transdata(self):
        transform = transforms.Compose(
            [transforms.ToTensor(), transforms.Normalize((0.5, ), (0.5, ))])
        return transform

    def loaddata(self):
        dataset = datasets.MNIST(
            "mnist_data", download=True, transform=self.transdata())
        dataset = torch.utils.data.DataLoader(
            dataset, batch_size=self.batch_size)
        return dataset

    def lossfunction(self):
        criterion = nn.NLLLoss()
        return criterion
```

该部分分为 4 个函数，分别是对参数初始化的配置参数函数 __init__()，包括迭代次数、每批次数、学习率 3 个参数；数据集转换函数 transdata()，完成输入图像的数组转张量和归一化的任务；数据集加载函数 loaddata()，包括下载数据集和加载数据集；损失函数 lossfunction()。

8.4.4　模型实例化

在模型的实例化阶段，通过调用上述已配置的各类参数，在该部分加载模型并进行训练。由于该网络较浅，模型可直接在 CPU 上进行训练，因此省略了将模型加载到 CPU 或 GPU 的代码部分，如果在 GPU 上进行训练，可将主函数部分的代码修改为以下代码：

```
def main(datahandle, models):
    device = torch.device("cuda:0" if torch.cuda.is_available() else "cpu")
    dataset = datahandle().loaddata()
    model = models()
    model.to(device)
```

通过 torch.device 来判断设备中是否存在 GPU，根据判断结果将模型加载到不同的设备上完成训练。在 CPU 上训练的模型实例化的代码如下：

```
def main(datahandle, models):
    dataset = datahandle().loaddata()
    model = models()
```

除了对模型和数据集初始化外，同样还需要对模型训练过程中的优化器、损失函数等完成初始化，代码如下：

```
criterion = datahandle().lossfunction()
optimizer = optim.SGD(model.parameters(), datahandle().learning_rate)
epoch = datahandle().epoch
```

完成以上部分后，训练之前的参数基本上已配置完毕，接下来要对模型进行训练，代码如下：

```
for single_epoch in range(epoch):
    running_loss = 0
    for image, lable in dataset:
        image = image.view(image.shape[0], -1)

        optimizer.zero_grad()
        output = model(image)
        loss = criterion(output, lable)
        loss.backward()
        optimizer.step()

        running_loss += loss.item()

    print(f"第 {single_epoch} 代，训练损失：{running_loss/len(dataset)}")
```

每次迭代之前要对损失累计的结果清零，重新计算下一批次的损失。在将图像输入模型之前要对处理后的图像进行一维化展开并对优化器进行梯度清零，否则会每次累计前一批次的梯度，从而加大对损失的计算，导致模型不能收敛。图像经过模型部分后的输出结果要与该标签进行损失计算，并将损失计算后的参数梯度进行更新，从而完成一次模型训练。在模型中进行主函数的调用并执行，代码如下：

```
if __name__ == '__main__':
    main(Test, Models)
```

8.4.5　模型推理

上述代码仅完成了规定批次下模型的训练以及将训练过程中的各批次损失进行输出，但并未对模型进行保存，因此可以进一步在上述代码的基础上进行重构，修改后的模型训练部分的代码如下。

代码 8.2　模型训练示例代码

```
def main(datahandle, models):
    dataset = datahandle().loaddata()
    model = models()

    criterion = datahandle().lossfunction()
    optimizer = optim.SGD(model.parameters(), datahandle().learning_rate)
```

```
epoch = datahandle().epoch

for single_epoch in range(epoch):
    running_loss = 0
    for image, lable in dataset:
        image = image.view(image.shape[0], -1)

        optimizer.zero_grad()
        output = model(image)
        loss = criterion(output, lable)
        loss.backward()
        optimizer.step()

        running_loss += loss.item()

    avg_running_loss = running_loss / len(dataset)
    torch.save(model, "model" + str(avg_running_loss) + ".pkl")
    print(f" 第 {single_epoch} 代，训练损失：{running_loss/len(dataset)}")
```

上述代码中将各批次训练的模型都进行了保存，并将该部分损失的大小作为其名称。其中，torch.save(model, "model" + str(avg_running_loss) + ".pkl") 会在当前文件夹下保存每个 epoch 生成的权重文件。本次保存使用的是 torch.save() 函数，可以直接将网络和训练参数同时保存到 pkl 文件中，只需通过 torch.load() 函数进行读取并加载模型即可。完成模型的训练和模型的保存后要对损失更小的权重文件进行模型测试，因此需要直接调用训练好的模型进行推理测试，测试代码如下。

代码 8.3　模型测试示例代码

```
class TestModel:
    """ 测试模型基本框架 """

    def __init__(self):
        self.image_normallization_mean = [0.5, ]
        self.image_normallization_std = [0.5, ]
        self.model_path="/media/zhaokaiyue/_dde_data1//model0.09349177049578038.pkl"

    def init_transform_image(self):
        normalize = transforms.Normalize(
            self.image_normallization_mean, self.image_normallization_std)
        image_transform = transforms.Compose(
            [transforms.ToTensor(), normalize])
        return image_transform

    def init_model(self):
        if not os.path.exists(self.model_path):
```

```
        print("model is not exited!")
        return

    if not os.path.isfile(self.model_path):
        print("file is not file!")

    # device = torch.device("cuda:0" if torch.cuda.is_available() else "cpu")
    model = torch.load(self.model_path, map_location="cpu")
    model.eval()
    return model


def test_model(filedir):
    handlemodels = TestModel()
    handle = handlemodels.init_transform_image()
    model = handlemodels.init_model()

    with torch.no_grad():

        for img in os.listdir(filedir):
            child_file = os.path.join(filedir, img)
            img = handle(child_file)
            img = torch.autograd.variable(img)
            predict = model(img)
            print(predict)
```

上述测试代码测试的是整个文件夹下的图像，可以根据实际需求对代码进行修改，使其满足实际的项目需求。

8.4.6　训练结果展示

部分训练的损失数据如图 8.12 所示，在损失函数 torch.nn.NLLLoss() 的基础上可以快速实现收敛，模型的损失降低较为迅速，在训练第 4 批次时损失已经降低到 0.094。

```
第0代，损失函数：0.4585462548624621
第1代，损失函数：0.2155892124357824
第2代，损失函数：0.1502458793441257
第3代，损失函数：0.1163548722432102
第4代，损失函数：0.0943852167329870

Process finished with exit code 0
```

图 8.12　部分损失数据

　　模型训练有两个特点，一个是模型在不断的训练过程中损失一直处于下降的趋势，另一个是刚开始损失下降速度快，而随着模型不断收敛，模型的损失下降速度也在不断变缓。另外，此时需要注意的是，如果输出结果中的损失总体上不是一直处于下降的趋势，则表明模型在训练的过程中不是一直处于收敛的状态。发生这种情况的原因有以下两种。

　　（1）模型已经收敛：此时模型输出的损失已经很低，已达到很好的识别效果，即使模型的损失再降低，对识别的效果也不再有所提高。

　　（2）模型发生梯度爆炸：此时输出的损失在不断升高且一直处于不断振荡的情况，发生梯度爆炸的原因一般是损失函数不正确或者数据分布不均衡。

8.5　构建神经网络实现余弦相似度加速

　　本节同时使用 Python 的第三方库 NumPy 中的矩阵操作和 PyTorch 框架下的张量操作重新构造余弦相似度函数，运用卷积神经网络的思想完成特征对比的加速运算。理解在 PyTorch 框架下搭建网络的步骤，并将其运用到实际工作中解决实际问题是本节学习的重点。

8.5.1　特征对比需求分析

　　硬件计算能力的提升大大提高了设备上软件的运行速度，但在实际工程项目中往往要求在有限的资源上实现需求，这就需要在算法上进行优化，并以较小的资源提升算法的效率。

　　问题：10s 内在型号为 NVIDIA P4 的显卡或 CPU 上完成对单辆车与数据库中 2000 万辆车进行特征对比的计算，并根据实际计算结果进行排序，输出前 n 个对比结果中较大的值。

　　需求分析：通过对上述问题的分析，算法在 NVIDIA P4 显卡或 CPU 上需要完成的工作大致可以分为以下两个目标。

　　（1）在 10s 内完成 1 : 20000000 次的余弦相似度计算，即特征对比计算。

　　（2）在 10s 内同时完成 Topk（前 k 个排序）的计算。

8.5.2　余弦相似度的数学原理

　　余弦相似度，顾名思义就是通过余弦来衡量相似性的一种计算方法，与欧氏距离、曼哈顿距离、汉明距离相同，都是一种衡量向量之间关系的算法。在向量空间中是通过两个向量的指向和两个向量的模来判断两者是否具备相似性，而与向量在向量空间中的位置无关。下面主要从二维向量空间向多维空间进行扩展，实现多维度空间中向量之间的余弦相似度计算。

　　向量的性质与其所在的空间位置无关，为了能更清楚地展示向量之间的关系，该二维向量空间中的两个向量均以原点为出发点，两者的关系如图 8.13 所示。

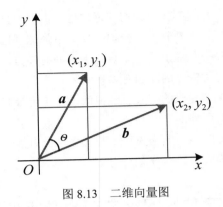

图 8.13　二维向量图

图 8.11 中向量 a 可以表示为向量 (x_1, y_2)，向量 b 表示为向量 (x_2, y_2)，根据余弦公式，可以得到二维空间向量中的计算公式为

$$\cos\theta = \frac{a \cdot b}{\|a\| \times \|b\|}$$

$$= \frac{(x_1, y_1)(x_2, y_2)}{\sqrt{x_1^2 + y_1^2}\sqrt{x_2^2 + y_2^2}}$$

$$= \frac{x_1 x_2 + y_1 y_2}{\sqrt{x_1^2 + y_1^2}\sqrt{x_2^2 + y_2^2}} \tag{8.1}$$

从式（8.1）中可以看出，分子部分是二维向量的对应坐标进行相乘后加和，分母部分则是向量 a 和向量 b 各自的模的数值乘积，由此可得到三维以及多维向量下的余弦相似度计算公式如下：

$$\cos\theta = \frac{\sum_{i=1}^{n}(X_i Y_i)}{\sqrt{\sum_{i=1}^{n}(X_i)^2}\sqrt{\sum_{i=1}^{n}(Y_i)^2}} \tag{8.2}$$

8.5.3　随机生成 256 位浮点型数据

在进行算法的实验过程中，并不需要实际获得数据库中存在的 2000 万个特征，为了方便对代码进行处理，实验中的 256 位特征均采用随机生成的方式生成。

在本章的开始部分已经讲过，本章中的特征对比涉及 Python 语言下的第三方库 NumPy 的矩阵操作和 PyTorch 框架下的张量操作，接下来介绍如何通过这两种方式生成 256 位浮点型数据。

1. 安装 NumPy

NumPy 是 Python 中的一个科学计算包，其包含丰富的数据分析函数，涉及线性代数、时域变换和频域变换等。

同样地，使用 Anoconda 安装的 Python 作为基础的 Python 版本，并在此基础上构建虚拟环境 Venv，由于使用 Venv 构造的虚拟环境是一个纯净的 Python 环境，默认生成的 Venv 环境中仅包含 pip 安装工具和基础的 Python，在使用之前要对 NumPy 库进行安装，由于所有操作是在虚拟环境中进行的，而不是直接使用由 Anaconda 构建的环境，因此并不能使用 Anoconda 管理工具中的 conda 命令进行安装。使用 pip 安装 NumPy 的命令如下：

```
pip install numpy
```

安装 NumPy 后，在命令行中激活当前虚拟环境下的 Python 环境，并使用 import numpy 命令检查 NumPy 库是否安装成功，如果没有输出结果，则表明已经安装成功。除此之外，也可以直接调用安装的 NumPy 中的内置函数查看其版本信息。命令如下：

```
import numpy as np
printf(np.__version__)
```

输出结果如下：

```
1.19.0
```

2. 利用 NumPy 生成浮点型数据

本小节中采用的 256 个特征数据均为随机生成，因此，在使用 NumPy 时要调用随机生成数据的函数，并规定生成数据的维度大小。本小节中需要生成的数据为 20000000×256，为了能对部分数据进行可视化，采用 2×3 的数据进行表示。根据分析，使用 NumPy 中的 random 模块可以生成规定维度下的随机浮点型数据，根据 8.5.1 小节的需求分析可知，特征值为 256 维大小的浮点型数据，且大小范围不能确定，但根据对卷积神经网络的原理分析可知，为了控制卷积神经网络不发生过拟合现象，每批次训练后要对数据进行归一化处理，因此，真实环境下的特征是符合正态分布的。为了尽量模拟真实环境下的特征数据，本小节中随机生成的特征也应当符合正态分布，因此，应当选择 randn 函数来生成 0~1 内正态分布的随机浮点型数据，代码如下：

```
import numpy as np
printf(np.random.randn(2,3))
```

使用这种方式可以随机生成维度大小为 2×3 的矩阵，默认由浮点型数据 float64 构成，NumPy 库中包含的浮点格式包括 float16、float32、float64，为了能更好地控制生成数据的浮点位数，在 randn 函数中对随机生成的数据类型进行声明，代码如下：

```
printf(np.random.randn([2,3], dtype=np.float64))
```

生成的结果如下：

```
[[-0.46776534  0.55677239 -0.05040907]
 [-0.10729494  0.73100923  0.66503711]]
```

3. 安装 PyTorch 和 Torchvision

与使用 NumPy 生成浮点型数据的方式类似，通过 PyTorch 框架生成张量同样需要在虚拟环境下进行 PyTorch 环境的安装。不同的是，PyTorch 环境的安装分为两部分，一部分是安装 PyTorch 安装包，另一部分是安装 PyTorch 自带的图像处理库 Torchvision。

在 PyTorch 官方网站中根据实际硬件配置选择安装的环境。由于安装软件包都在虚拟环境 Venv 中，所以使用的安装方式仍为 pip 工具安装，具体的安装管理界面如图 8.14 所示。

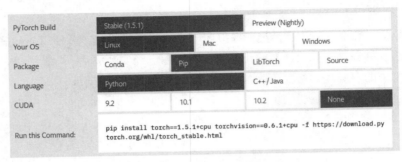

图 8.14　安装管理界面

复制图 8.14 中 Run this Command 右侧文本框中的命令到激活的命令行下执行安装，安装完成后执行激活虚拟环境命令 python，在激活后的命令行下执行命令 import pytorch 导入 PyTorch 库，如果执行命令后未输出结果，表明安装成功。查看版本信息的命令如下：

```
import torch
print(torch.__version__)
```

输出结果如下：

```
1.5.1+cpu
```

4. PyTorch 生成浮点型数据

为保证数据的统一性，导入 PyTorch 库后，使用 PyTorch 库中的随机函数 randn 生成浮点型数据的张量。与 NumPy 不同的是，PyTorch 的张量具有更多信息，如梯度信息等。生成浮点型数据的代码如下：

```
import numpy as np
print(np.random.randn(2,3))
```

输出结果如下：

```
[[-0.46776534  0.55677239 -0.05040907]
 [-0.10729494  0.73100923  0.66503711]]
```

可以看出，NumPy 和 PyTorch 两者生成的数据类似。

8.5.4　向量的 L_2 范数计算

余弦相似度计算公式中的分子从数学角度的严格意义上来说，属于范数中的 L_2 范数类别。在了解 L_2 范数之前，首先要了解什么是范数？范数分为几类？以及 L_2 范数的计算公式。

范数是衡量线性空间中矢量大小的一种数学表示方法，因此，也可以称范数为线性空间的一种度量。严格来说，范数计算公式与其他距离（汉明距离、欧式距离、切比雪夫距离）计算公式相同，通过范数可以度量线性空间中矢量的大小。范数又称为 L-P 范数，定义的计算公式如下：

$$L_p = \|x\|_p = p\sqrt{\sum_{i=1}^{n} x_i^p}, \ x = (x_1, x_2, \cdots, x_n) \tag{8.3}$$

从式（8.3）来看，其表征为一组范数的定义，范数具有正定性、正奇次性以及可加性，根据 p 值的不同，范数大致可以分为 4 种，分别为 L_0 范数、L_1 范数、L_2 范数以及无穷范数，下面将详细介绍这几类范数。

1. L_0 范数

当 $p = 0$ 时，范数被称为 L_0 范数，代入式（8.3）中可得 L_0 范数的计算公式如下：

$$\|x\|_0 = 0\sqrt{\sum_{i=1}^{n} x_i^0} \tag{8.4}$$

由式（8.4）可知，L_0 范数实际上已经脱离了范数的概念，与输入的向量大小无关，L_0 范数为统计向量中非零元素的个数。

2. L_1 范数

同样地，将 $p = 1$ 代入式（8.3）中可得 L_1 范数的计算公式：

$$\|x\|_1 = \sqrt{\sum_{i=1}^{n} x_i} \tag{8.5}$$

L_1 范数此时已经变为各个向量的模的和，为曼哈顿距离。L_1 范数也称为"稀疏规则算子"，为什么说 L_1 范数会导致权值稀疏呢？例如，公式 $y = x_1 w_1 + x_2 w_2 + \cdots + x_{100} w_{100}$ 在求解权值过程中，最终只有三个权值不为 0，其他为 0，则可以定义的 y 值只与三个不为 0 的值有关，因此，所有可表示为加和的公式算法均可以导致权值稀疏。

3. L_2 范数

当 $p = 2$ 时，L_2 范数变为平方和距离。其计算公式如下：

$$\|x\|_2 = \sqrt{\sum_{i=1}^{n} x_i^2} \tag{8.6}$$

L_2 范数与 L_1 范数不同，L_2 范数不会导致权值稀疏，平方和的特点是保证权值维持在恒大于 0 的状态，L_1 范数会直接导致权值为 0，L_2 范数则是无限接近于 0，因此，L_2 范数实际上是保证减少模型发生过拟合的一种有效防治手段。

4. 无穷范数

无穷范数是 L_0 范数的对立面，L_0 范数表示非零值的个数，无穷范数则是被用来度量向量元素中的最大值。其公式如下：

$$\|x\|_\infty = \max(|x_i|) \tag{8.7}$$

8.5.5　特征向量的点积运算

特征向量的点积运算即向量的点积运算，与范数相似的地方在于无论是范数还是点积运算，得到的结果都是标量，不存在方向的概念。点积的几何意义是表征向量相互方向上的投影，其推导公式如下：

$$a \cdot b = |a||b|\cos\theta \tag{8.8}$$

式（8.8）中 θ 为向量 a 和向量 b 之间的夹角，由于 $|a|$ 和 $|b|$ 均为标量，因此，向量 a 和向量 b 的点积运算的结果既可以表示为向量 a 的模与向量 b 在向量 a 方向上投影距离的乘积，又可以表示为向量 b 的模与向量 a 在向量 b 方向上投影距离的乘积。

在多维向量之间的计算中可以将向量分别表示为矩阵形式，向量 a 和向量 b 公式如下：

$$a = [a_1, a_2, a_3, \cdots, a_n], \ b = [b_1, b_2, b_3, \cdots, b_n] \tag{8.9}$$

则向量 a 和向量 b 的点积公式如下：

$$a \cdot b = a_1b_1 + a_2b_2 + a_3b_3 + \cdots + a_nb_n \tag{8.10}$$

向量之间的点积运算的意义是对应矩阵位置的数值的乘积之间的和，因此也需要点积的两个向量之间保持相同大小的维度。

8.5.6　GPU 加速特征对比

使用 GPU 对数据进行加速主要涉及两部分内容，一部分是余弦相似度比较算法公式的构造，另一部分是将进行比较的两个向量使用 GPU 设备进行加载。

本小节在构造卷积神经网络的模型中采用了两种方式，一种是直接在网络节点中构造单维的数据对比函数，即余弦相似度，通过初始化数据中的数据，调用 2000 万次网络节点进行计算；另一种是直接构造 20000000×256 的矩阵向量和一个被对比的 1×256 维的特征向量，通过执行一次余弦相似度函数，直接输出 20000000×1 的结果。下面将分别对两者进行介绍。

在需求中需要调用 GPU 来加载数据和计算，使用普通的程序无法完成调用 GPU 的任务，因此，在实现过程中决定采用卷积神经网络的思想完成数据的加载和计算，同时也能根据实际需求分别测试模型在 CPU 和 GPU 两种设备上的运行速度。

本次设计通过构造张量矩阵的方式完成,从实现过程可以分为构造余弦相似度计算网络模型、数据的 CPU/GPU 设备加载、2000 万个 256 维度特征向量的余弦相似度计算、Topk 的排序和计算。

1. 构造网络模型

本次设计的思想是通过在 PyTorch 框架下构造卷积神经网络模型来完成,主要分为初始化和前向反馈网络的构建两部分,其中初始化部分用来初始化网络模型中的网络结构和网络参数。本次设计主要是实现单一的余弦相似度计算的功能,在初始化模块中只重新继承了 torch.nn.Module 模块。在前向反馈网络中使用 PyTorch 框架下的张量重新构造余弦相似度计算公式,构造过程分为向量的点积、向量的 L_2 范数以及向量的对应元素乘法计算三部分。

代码 8.4 余弦相似度测试示例代码

```
class CosineSimilarityTest(torch.nn.Module):
    def __init__(self):
        super(CosineSimilarityTest, self).__init__()

    def forward(self, x1, x2):
        x2 = x2.t()                    # 对输入的矩阵进行翻转
        x = x1.mm(x2)                  # 向量 x2 中的每一组向量对向量 x1 进行点积运算

        # 对 x1 的矩阵计算其范数,增加最外层维度后进行翻转操作
        x1_frobenius = x1.norm(dim=1).unsqueeze(0).t()

        # 对 x2 同样进行范数的计算,并增加最外层维度
        x2_frobenins = x2.norm(dim=0).unsqueeze(0)
        # 进行两个向量的点积运算
        x_frobenins = x1_frobenius.mm(x2_frobenins)

        # 对两者进行除法操作,完成余弦相似度计算
        final = x.mul(1/x_frobenins)
        return final
```

2. 数据加载

数据加载分为 2000 万个 256 维度向量加载、一个固定的 256 维度向量加载和设备加载三部分,其中设备为 GPU 和 CPU,向量均采用 torch 随机生成并进行测试,2000 万个 256 维度向量为 x1,一个固定的 256 维度向量为 x2,代码如下:

```
def main():
    # 加载数据到设备 CPU/GPU 中
    device = torch.device("cuda:0" if torch.cuda.is_available() else "cpu")
    x1 = torch.randn(5000000, 256).to(device)
    x2 = torch.randn(1, 256).to(device)
```

3. 余弦相似度计算

框架内的余弦相似度计算均采用不同维度大小的向量进行,并不能通过矩阵的方式进行数据的

加载和计算，基于此，本次设计中采用张量格式的矩阵来重新构建余弦相似度的计算公式。在执行余弦相似度的计算之前，需要进一步将网络模型加载到设备中，如 CPU 和 GPU。具体的实现代码如下：

```
start_time = time.time()
model = CosineSimilarityTest().to(device)

# 同时调用多个 GPU 进行计算时调用该函数，单卡不需要
# model = torch.nn.DataParallel(model)

final_value = model(x1, x2)
print(final_value.size())
```

8.5.7 Topk 算法排序

在进行算法排序之前，需要首先了解什么是 Topk 算法。顾名思义，Topk 算法是对序列中的 n 个数字按照由大到小或者由小到大的顺序进行排序，并从排序后的序列中选出排在前 k 的元素。排序算法中包括快速排序、堆排序和归并排序等。在使用神经网络算法实现余弦相似度计算的过程中，由于对排序算法的时效性和稳定性不作要求，因此直接调用 PyTorch 框架中的 Topk 算法进行排序，本小节不对排序算法进行详细介绍。

在各类排序算法中，不同的算法拥有不同的复杂度，这里主要通过排序后的算法实现 Topk 的计算，因此，直接采用集成在框架内的 Topk 函数实现排序后的计算。实现方式如下：

```
value, index = torch.topk(final_value, 3, dim=0, largest=True, sorted=True)
```

其中，final_value 表示需要进行排序的张量；数字 3 表示 Topk 算法排序得到的是前 3 个数值；dim 表示需要对张量中的哪一层维度进行排序；largest 为布尔型数据，控制返回最大值或者最小值；sorted 同样为布尔型数据，表示是否对返回值进行排序。进行排序后的输出包含两个值，一个是排序后的张量，大小为 k 值；另一个是 index，表示目标的索引。以下是对 Topk 算法进行的一个简单实例演示：

```
import torch

# 随机生成两行三列的张量
input = torch.randn(2, 3)
print(input)

# 对生成的张量进行 Topk 的排序
value, index = torch.topk(input, 1, dim=1, largest=True, sorted=True)
print("value:{}, index:{}".format(value, index))
```

输出结果如下：

```
tensor([[-0.4413, -0.2379, -0.3655],
        [-2.2657,  1.2715,  1.3991]])

value:tensor([[-0.2379],[1.3991]]), index:tensor([[1],[2]])
```

8.5.8　GPU 与 CPU 的时间测试

这里的神经网络算法分别在服务器的 CPU 和 GPU 上进行运行测试，测试指标分为数据加载时间和进行特征对比运算时间两项，测试结果的输出包括进行对比的特征维度尺寸，以及进行 Topk 计算后的输出结果。不同的 CPU 和 GPU 的测试结果可能不同，实际测试效果和硬件设备有直接的关系，此次测试的硬件设备 CPU 为标压 AMD 的锐龙 3750 处理器，GPU 设备为 NVIDIA P4 显卡，均为单线程单进程的测试，测试结果如图 8.15 和图 8.16 所示。

```
/root/PycharmProjects/cosinesimilar/venv/bin/python /root/PycharmProjects/cosinesimilar/test.py
time 14.877193689346313
torch.Size([5000000, 1])
tensor([[0.3143],
        [0.3074],
        [0.3065]])
0.9032511711120605

Process finished with exit code 0
```

图 8.15　CPU 测试结果

```
/root/PycharmProjects/cosinesimilar/venv/bin/python /root/PycharmProjects/cosinesimilar/test.py
time 15.53143572807312
torch.Size([5000000, 1])
tensor([[0.3320],
        [0.3024],
        [0.2983]], device='cuda:0')
0.11096072196960449

Process finished with exit code 0
```

图 8.16　GPU 测试结果

从测试的结果中可以看出，CPU 加载数据的速度比 GPU 更快，但从数据计算的角度来说，GPU 更适合浮点型数据的高速计算。

8.6 小　结

　　本章从搭建开发环境和 Python 版本管理入手，引导读者从构建纯净的虚拟环境开始，养成对单个项目构建虚拟环境的习惯，并以此为基础逐步了解如何构建神经网络模型。本章以开源数据集 MNIST 中的手写数字图像为分类数据集，使用 PyTorch 框架搭建识别手写数字的神经网络，完成手写数字分类网络的训练代码和推理代码的编写，在掌握基本网络算法的基础上进一步利用卷积神经网络的思想实现余弦相似度的计算。

第 9 章　污损遮挡号牌识别实战

本章以实际项目为主线，通过讲述项目的实际需求介绍如何对图像进行标注和处理，以及了解 YOLOv3 算法和 OCR 算法的原理和网络结构，并将两个算法进行结合，从而实现目标的检测和分类。本章采用的数据主要是卡口数据，此类数据的特点是目标背景复杂，干扰信息众多，因此，为了能更好地实现算法的目标检测和分类，需要进一步对图像数据进行处理，接下来将详细介绍算法的实现过程。

本章涉及的知识点如下。

- 目标检测算法的数据标注：不同算法的数据标注格式不同，根据构建的算法对图像进行处理。
- YOLOv3 算法的实现原理和网络结构：YOLOv3 算法属于 One-Stage 的算法，了解 YOLOv3 算法的实现原理和此类网络的共同点。
- OCR 算法：了解算法实现的原理和实现的过程。
- 目标算法的实验结果对比和阈值分析：不断降低学习损失的过程是降低梯度的问题。

9.1　污损遮挡号牌项目需求

9.1.1　项目背景

随着交通道路的建设，汽车产业也进入快速发展的时期，国内汽车保有量占全球比重逐年增加，然而机动车数量的逐年增加给城市道路交通的发展带来了巨大的压力，进而引发城市道路拥堵、交通事故等一系列问题。发生交通事故的数量呈现逐年上升的趋势，每年因交通事故导致的死亡人数约占意外死亡人数的 30%，其中机动车发生交通事故的数量约占全年发生交通事故数量的 80%，非机动车造成的交通事故的数量则远低于机动车造成的交通事故的数量，具体统计数据如图 9.1 所示。由此可见，真正减少交通事故发生的举措在于机动车的治理，在交通管理方面，除了对非机动车的治理外，更要加强对机动车的管理措施。

近 5 年内各类交通事故的比例如图 9.2 所示。根据导致交通事故发生的交通工具，汽车发生事故的比例远高于其他交通工具，与机动车发生交通事故的数量增长趋势相类似，由此可见，机动车发生的事故主要由汽车所导致。根据国家统计局发布的数据，2018 年由于汽车导致的事故已经达到 166960 起，根据调查发现，汽车发生事故数量居高不下的一个重要的原因在于，驾驶员在驾驶过程中存在刹车不及时、疲劳驾驶、酒驾等违法行为，随着机动车限行措施的日益严格，驾驶员逐渐开始利用一系列违法手段来逃避处罚，常用的方式包括伪造、套用其他车辆的号牌等涉牌违法行为，而这种行为会给社会带来严重损害，给道路安全管理带来不利。

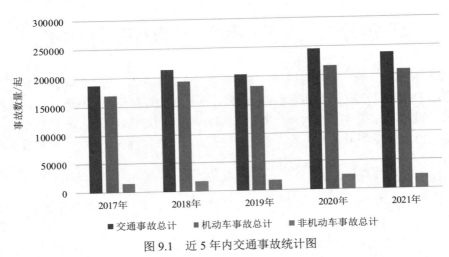

图 9.1　近 5 年内交通事故统计图

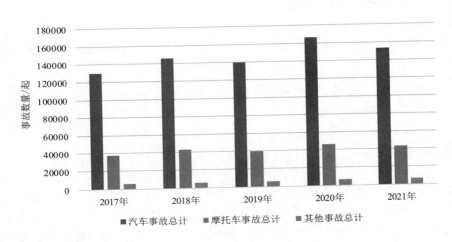

图 9.2　近 5 年内各类事故统计图

　　涉牌违法是指与机动车辆号牌号码相关的一些违法行为的统称，涉牌违法行为具体包括：无牌无证，如伪造车辆号牌、不悬挂号牌等；不按照规定使用，如故意遮挡号牌和使用污损的号牌，以及套用其他车辆号牌三类。涉牌违法行为不仅侵犯了其他人的合法权益，也给道路交通安全带来隐患，因此，识别涉牌违法行为对优化道路交通管理、配合交管部门规划道路等具有深远的意义。

　　对于涉牌违法行为的识别，可采用电子警察建立涉牌车辆的数据库进行识别。

9.1.2　研究意义及功能需求分析

　　为了能更清楚地了解要实现的功能和需求，本小节分为研究意义、功能需求和性能指标三部分进行介绍。其中研究意义从道路交通管理的方向进行介绍；功能需求根据实际项目中污损遮挡号牌中的部分遮挡号牌、未悬挂号牌和其他类三部分目标的识别进一步通过 OCR 算法实现正常号牌和部分遮挡号牌两类目标的目标识别；性能指标则是从时间和效率两方面进行介绍。

1. 研究意义

利用电子警察采集的卡口图像识别过程中存在的涉牌违法行为和驾驶过程中的驾驶员吸烟、打电话和不系安全带等违法行为，针对道路交通管理，具有以下意义。

（1）维护车主的合法权益。避免因违法人员套牌行为导致车主的合法权益受损。

（2）减少交通违法行为的不安全因素。驾驶员违法行为的存在是导致发生严重交通事故的主要原因之一。

（3）提高执法人员的效率。利用科技手段实现对违法行为的预警，提高执法人员的工作效率。

2. 功能需求

（1）针对污损遮挡号牌的识别。使用治安卡口采集的图像作为数据集，对号牌进行定位后并进行分类，完成对车辆污损遮挡号牌违法行为的识别。模型输入为单张车辆卡口图像，训练后的模型输出结果为识别的号牌种类及其位置坐标，坐标信息为识别目标的左上角坐标、宽和高，具体表示为 x、y、w、h 4 个信息，区域检测取交并比为 0.5，大于该阈值为正确检出。

（2）通过第 1 步识别出其他类号牌，按照第 1 步识别的结果对原图进行截取，并将截取的图像进一步通过 OCR 算法识别其号牌上的号码，根据识别的结果来判断其号牌属于正常号牌还是部分遮挡号牌。与污损遮挡号牌的识别方式不同，污损遮挡号牌的识别算法的数据集是包含单个车头的图像，而 OCR 算法的数据集则是截取出的号牌的截图，并需要对截图上的号牌号码进行标注，OCR 算法仅提供对截图的类别的识别，因此，通过 OCR 算法识别后仍然需要将第 1 步识别出的号牌的位置进行输出，输出的仍为 x、y、w、h 4 个信息。

3. 性能指标

- 在使用显卡型号为英伟达 P4 的情况下进行测试，测试的时间单位为秒（s），要求测试速度不低于 0.05s/ 张。
- 计算目标检测算法和分类算法的检出率和准确率，精度取到小数点后两位，各类别模型测试的指标中检出率和准确率不低于 85%，F1score 作为单类别的测试分数应不低于 90%。

9.2　实施方案设计

根据项目需要实现的功能需求和性能指标，可以确定在项目中同时需要使用目标分类和目标检测两种算法，首先需要识别目标的物理属性并对其进行分析，从而确定具体使用哪种算法以实现需要的功能。

1. 污损遮挡号牌识别

识别污损遮挡号牌选用卡口相机拍摄的各单张车头的图像作为训练模型的数据集，通过对数据集中的号牌进行分析，发现号牌中除了包含各种不同的颜色、表示不同区域的汉字和字符的情况外，还存在生锈、掉漆以及因光照、天气等因素造成的图像遮挡和不清晰的情况，而这种情况会造成部分遮挡号牌识别错误。综上分析，可以将需求分为以下两种。

（1）完成对全遮挡号牌和未悬挂号牌的识别。由于号牌中全部遮挡和未悬挂号牌的情况受到生锈、掉漆以及光照、天气等因素的影响较小，因此选择目标检测算法完成对图像中号牌的定位和分类。

（2）完成对正常号牌和部分遮挡号牌的识别。针对生锈、掉漆以及光照、天气等因素对部分遮挡号牌识别的影响，在使用目标检测算法的基础上进一步对号牌上的字符进行识别，通过判断号牌上字符的置信度设置阈值，减少识别部分遮挡号牌的错误率。

通过对总体实施方案的设计，根据项目的需求和指标对算法模型的选择和框架的选择进行充分的考虑，本小节详细介绍需要使用的一些算法。

2. 污损遮挡号牌识别算法

污损号牌识别的实现过程主要分为目标检测算法和 OCR 算法两部分。在同时兼顾速度和精度的情况下，目标检测算法使用端到端的 YOLOv3 算法完成对全遮挡号牌和未悬挂号牌两类号牌的识别；使用根据号牌的污损程度实现分类的文本识别算法则主要完成正常号牌和部分遮挡号牌的识别。

（1）目标检测算法。将采用卡口相机拍摄的图像作为训练算法的数据集，图像中包含各种复杂环境下的不同卡口的车辆，使用目标检测算法不仅能完成对图像中号牌的定位，也可以完成目标的分类。在速度和准确率的双重考虑下，选用端到端 YOLO 系列中的 YOLOv3 算法为识别污损遮挡号牌的目标检测算法。

（2）OCR 算法。考虑到样本中号牌的种类不同会造成长度也不相同的情况，除此之外，遮挡和污损也会造成文本长度不同的情况，因此，OCR 算法需要能完成不定长序列的号牌字符识别。在识别过程中，算法会针对每一个识别到的字符给出相应的置信度，并以此作为依据判断号牌上污损的程度，所以除了要求识别出号牌上的文本之外，还需要识别出每个字符。

OCR 算法是一个泛化的概念，实际上 OCR 算法具体可以分为多种不同的框架，在识别的过程中可以分为几个步骤，分别是对输入图像的预处理、对图像上目标文本进行检测、对检测到的文本进行识别、输出识别结果，如图 9.3 所示。

图 9.3　OCR 算法实现步骤图

基于 RNN 的 OCR 算法主要有两个框架：CNN+LSTM+CTC（CRNN+CTC）和 CNN + Seq2Seq + Attention。第一个框架的网络结构中包含 LSTM 双向网络，可以实现在卷积特征的基础上继续提取文本的序列特征，而号牌上具备明显的序列化特征，因此选择第一个框架更适合该项目的需求。

3. 污损遮挡号牌识别模型方案设计

该模型要识别的车辆号牌一共分为 4 类，分别是正常号牌、部分遮挡号牌、未悬挂号牌和全遮挡号牌。在系统组成上分为图像采集和图像处理两个部分，其中图像采集部分采用前端设备通过卡口摄像机进行抓拍和存储，图像处理部分是通过模型识别出污损遮挡号牌。卡口摄像机根据配置的刷新率定时获取图像，摄像机采用的是多目标图像采集设备，能够识别图像上的车辆目标并进行抓拍，抓拍后的图像存储在 FTP 服务中，前端设备定时刷新 FTP 服务。本章主要目的是将抓拍到的卡口图像通过算法识别出存在污损遮挡号牌违法行为的车辆，系统框图如图 9.4 所示。

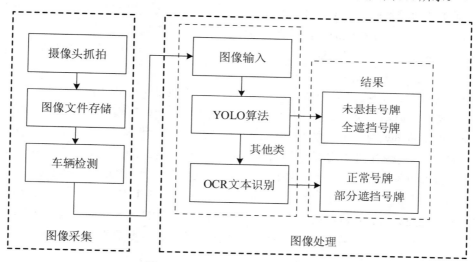

图 9.4 污损遮挡号牌识别系统框图

下面详细介绍目标检测算法和 OCR 算法两部分的内容。

（1）采用目标检测算法实现未悬挂号牌和全遮挡号牌的识别。由于端到端的算法在目标检测的速度和准确度上具有显著优势，拟采用 YOLO 作为本次实验的目标检测算法。而 YOLO 检测算法往往不能区分是由于号牌污损还是人为遮挡而被误认为是部分遮挡号牌，因此使用 YOLO 算法完成对全遮挡号牌、未悬挂号牌和其他号牌三种类别的划分，把输入的车辆图像通过 YOLO 算法识别出图像上存在的号牌位置和种类，将识别结果中的全遮挡号牌、未悬挂号牌两类作为结果输出，并把其他号牌类别中识别的位置信息传输给 OCR 算法，由此完成第 1 步的识别工作。

（2）采用 OCR 算法对图像上车辆的号牌进行识别和分类。其主要实现过程如下：将 YOLO 算法检测到的其他号牌类别中的号牌位置进一步通过 OCR 算法来判断识别区域的字符，并按照设定的阈值来区分正常和部分遮挡号牌两大类。OCR 算法识别出输入号牌中的文本，并给出每位字符不同的置信度，根据置信度的大小可以区分出号牌是否为污损或故意遮挡，其中，故意遮挡字符处的置信度接近 0 或是不存在。根据不同字符的最优阈值进一步将车辆号牌判断为正常号牌和部分遮挡号牌。

9.3　训练图像数据处理

9.3.1　图像数据预处理

原始数据集中包含的图像数量庞大，并且数据集中包含不同时刻的不同卡口相机拍摄的图像，其中每一张图像包含多辆车，不仅给图像的标注带来一定的难度，过小的像素也会使提取特征比较困难，并不适合直接使用原数据集对号牌进行识别。因此，需要对图像进行处理，处理过程包括对原始图像的车辆标注、根据标注的位置信息构造新的数据集、挑选图像以及训练集和测试集的制作等步骤。由于原图像中包含的信息复杂，不能直接用于车辆号牌目标的标注，在此基础上需要进一步截取原图，并在截取的图像上进行目标的标注。

针对原始图像中含有多辆车的特点，本小节首先采用标注软件对图像中的车辆进行标注，其次通过标注后的文件从原始图像中得到可训练数据集。这里使用的标注软件为无锡市公安部交通管理科学研究所基于 Windows 系统开发的 VOC-Lable 标注软件，该软件具有操作简单、免安装等特点。使用 VOC-Label 标注软件读取原始数据集图像所在的文件夹路径，选择左侧任务栏中的标签类型，即可在读取的图像中对车辆进行标注。生成的 xml 标注文件在图像路径的 Annotation 路径下的与图像数据集同名的文件夹中，通过 Python 脚本读取 xml 文件中的车辆位置信息，并从原图中进行截取，生成新的图像数据集。新数据集中包含的正常号牌居多，因此需要对图像进行挑选，选择合适的数据集图像重新对号牌进行标注，形成可训练的数据集合。原始数据集如图 9.5 所示。

图 9.5　原始数据集

通过 Python 提取图像中标注的车头信息的脚本代码如下。

代码 9.1　提取图像中的标注信息示例代码

```python
import os
from xml.etree import ElementTree as xml
import shutil
from PIL import Image


def read_xml_file(xml_file_path, srcImagePath, detImagePath):
    """
    返回 xml 文件列表
    :param xml_file_path: xml 所在文件夹的路径
    :return:
    """
    if not os.path.exists(xml_file_path):
        return
    if not os.path.isdir(xml_file_path):
        return
    index = 0
    number = len(os.listdir(xml_file_path))

    try:
        for xml_file in os.listdir(xml_file_path):  # 读取 xml 文件的列表
            index += 1
            print("----------------{}/{}--------------".format(index, number))
            if not xml_file.endswith("xml"):
            return
            new_xmlpath = os.path.join(xml_file_path, xml_file)
            info = detect_xml_file(new_xmlpath)
            print(info)

            imageName = info["filename"]
            location = info["location"]

            fullSrcImagepath = os.path.join(srcImagePath, imageName)
            cutImage(fullSrcImagepath, detImagePath, location)

    except Exception as e:     # 抛出错误
        print(e)
        print("read xmlFile error!")


def detect_xml_file(full_xml_path):
    """
    解析 xml 文件
    :param full_xml_path:xml 文件的完整路径
    :return:
```

```python
        """
        if not os.path.exists(full_xml_path):    # 判断 xml 文件路径是否存在
            return

        info_dict = {}
        location_uion_list = []

        tree = xml.parse(full_xml_path)
        try:
            filename = tree.find("filename")

            for objects in tree.iter("bndbox"):    # 读取 xml 中标注目标的目标位置
            xmin = objects.find("xmin").text
            ymin = objects.find("ymin").text
            xmax = objects.find("xmax").text
            ymax = objects.find("ymax").text

            location_uion_list.append((int(xmin), int(ymin), int(xmax), int(ymax)))

            info_dict["location"] = location_uion_list
            info_dict["filename"] = filename.text

        except Exception as e:    # 抛出错误
            print(e)
            print("abstract xml error!")

        return info_dict


def cutImage(srcImage, detImagePath, location:list):
    """
    读取列表中的坐标
    :param location: 坐标
    :return:
    """
    img = Image.open(srcImage)

    for locations in location:

        region = img.crop(locations)
        filepath, newFile = os.path.split(srcImage)

        filefrontname, filebackname = os.path.splitext(newFile)
        index = location.index(locations)
        detFile = os.path.join(detImagePath, filefrontname+str(index)+filebackname)
        region.save(detFile)
```

```
if __name__ == "__main__":
    xmlfilepath = "/home/zhaokaiyue/Desktop/plate/Annotation/img"
    srcImagePath = "/home/zhaokaiyue/Desktop/plate/img"
    detImagePath = "/home/zhaokaiyue/Desktop/plate/det"

    read_xml_file(xmlfilepath, srcImagePath, detImagePath)
```

　　根据 Python 脚本对图像的进一步处理，数据集中的图像已经被处理成只具备一个目标的图像，但第 1 步仅实现了对原图像中的目标提取。为了进一步实现对车辆号牌的识别，仍需要从当前的图像中进行号牌的目标检测和提取。在处理过的数据集中挑选出 10000 张图像作为训练模型的预处理数据集，其中正常号牌图像 8500 张，未悬挂号牌图像 400 张，全遮挡号牌 200 张，部分遮挡号牌图像 900 张。为了使数据分布更加均衡，挑选后的数据集不仅包含正常号牌、部分遮挡号牌、全遮挡号牌和未悬挂号牌四类，还根据不同号牌结构的车辆进行挑选，包括双排号码的号牌、新能源号牌、黄牌和蓝牌等，从而保证训练数据的多样性。选择不同的种类越多，训练出来的模型鲁棒性越好。部分数据集图像如图 9.6 所示。

图 9.6　选取的部分数据集图像

　　根据车牌类型的不同，分为符合新牌照标准的民用号牌车、军用车、警车、港澳地区用车等。根据号牌的颜色不同，可以分为蓝、黄、白、黑、绿 5 种底色。根据数字的不同，包含 10 个阿拉伯数字 0～9 以及 26 个大写英文字母 A～Z 和汉字的号牌等。

　　经过对图像的预处理，已经从复杂的原始图像中截取了单一车辆的图像，并有效地减少了图像中复杂信息的干扰，经过处理的图像已经可以直接进行下一步数据的标注工作了。

9.3.2　数据集标注

本章使用的数据集来源于无锡市公安部交通管理科学研究所，实施的具体方案为：首先对图像的车辆位置进行标注，生成对应图像名称的 xml 文件，该文件中包含车辆号牌的标签、位置和图像大小等信息；接着编写 Python 脚本代码将数据集处理成 Darknet 框架所需的数据集格式，将处理后的数据集放入搭建好运行环境的机器的指定路径下并对模型 cfg 配置文件进行参数配置；最后使用训练好的模型权重进行性能测试，详细过程如图 9.7 所示。

由于图像数据的特殊性，本小节提供的算法源码中不再包括该数据。本次采用的标注软件具有易安装、易操作的特点，能够使标注人员快速地熟悉和操作标注软件，该标注软件的主目录中包含的文件如图 9.8 所示。

图 9.7　YOLOv3 数据训练流程图　　　　　　图 9.8　标注软件的文件目录

标注软件的具体使用过程可以分为以下几步。

（1）配置软件的类别信息。打开该软件的主目录，并对该目录中的配置文件进行修改，需要配置的文件包括 VCGroup.txt 文件和 VCColorMap.txt 文件。其中，VCGroup.txt 文件中是需要配置的类别信息参数；VCColorMap.txt 文件用于给每个配置文件中的类别信息进行编码，包含的类别信息为 Others、NoPlate 和 fullCoverPlate 三类，分别表示其他类、未悬挂号牌和全遮挡号牌。配置后的 VCGroup.txt 的文件内容如下：

```
CarType
Others
NoPlate
fullCoverPlate
```

配置后的 VCColorMap.txt 的文件内容如下：

```
Others:0
Noplate:1
fullCoverPlate:2
```

（2）打开软件并配置需要标注的图像的路径和存放路径。首先打开标注软件选择标注类别和配置图像的读取路径和存储路径，在打开的软件的界面图中包括三个选项，分别是 bodding box、segmentation、Labeling，分别表示矩形框目标标注、语义分割标注和分类标签类别标注，本模型中需要标注的类别为车头的号牌，因此需要标注的类别为矩形框的目标物体，选择 bodding box 即类别 1，打开软件后选择右上角的路径配置选项，选择需要进行标注的图像的所在位置，打开图像后单击即可进行图像的标注。软件的界面分别如图 9.9 和图 9.10 所示。

图 9.9 打开软件的界面图　　　　　　　　图 9.10 配置后的界面图

（3）数据标注。需要对图像进一步标注目标物体的矩形框，可以直接单击图像对应的位置进行标注，也可以单击下方左起第 1 个按钮进行物体的标注，第 2 个按钮是标注图像，最后一个按钮则是删除当前图像的标注信息。不同的目标进行标注前需要先选择对应的类别再进行标注，对图像进行标注后会在图像同级的目录下生成 Annotations 的文件夹，并在其中保存标注的 xml 文件，且在 xml 文件中以 JSON 的格式对标注信息进行存储，xml 文件中的内容如下。

代码 9.2　xml 文件中的标注信息的 JSON 代码

```
<annotation>
    <folder>E:\</folder>
    <filename>_1A_1_20170430063725104I.jpg</filename>
    <source>
        <database>The E:\ Database</database>
        <annotation>VC E:\</annotation>
        <image>Unknow</image>
        <flickrid>Unknow</flickrid>
    </source>
    <owner>
        <flickrid>Unknow</flickrid>
        <name>Unknow</name>
```

```
    </owner>
    <size>
        <width>2752</width>
        <height>2200</height>
        <depth>3</depth>
    </size>
    <segmented>0</segmented>
    <object>
        <name>Others</name>
        <pose>Left</pose>
        <truncated>0</truncated>
        <difficult>0</difficult>
        <bndbox>
            <xmin>890</xmin>
            <ymin>622</ymin>
            <xmax>1316</xmax>
            <ymax>1014</ymax>
        </bndbox>
    </object>
</annotation>
```

xml 文件中的 object 标签代表图像中的一个目标，object 标签中的 bndbox 标签为目标的位置信息，分别用 xmin、ymin、xmax 和 ymax 4 个参数表示，name 标签为图像的类别信息。上述代码中仅包含一个号牌，因此仅有一个 object 标签。

9.3.3 制作数据集

监督学习模型的训练需要每个样本都含有标记。YOLOv3 算法属于全监督学习的一种，除了要标记图像的类别外，还需要对目标的位置信息进行回归分析。Darknet 框架下的 YOLOv3 算法需要将含有标记号牌的位置和类别信息的 xml 文件转换为 txt 文本格式。YOLOv3 算法源码的 darknet-master/scripts 路径下包含格式转换文件 voc_label.py，由于不同标注软件生成的 xml 文件中的内容格式存在差异，因此，需要将 voc_label.py 文件修改为适合解析当前 xml 文件中的数据的格式。除了转换格式外，本系统把数据集按照 6:1:1 的比例分为训练集、测试集和验证集，其中训练集和验证集用于模型训练，测试集用于模型的性能测试。具体的实现步骤如下。

（1）利用 VOC 制作数据集，建立存放数据的文件夹，包括图像文件夹、标注文件和处理后生成的存放数据的文件夹。

```
VOCdevkit
——VOCdataset              # 文件夹中自定义文件的名称
————Annotations           # 该文件夹下放入所有的 xml 文件
————ImageSets
——————Main                # 放入训练集 train.txt、验证集 val.txt 和测试集 test.txt
——————JPEGImages          # 放入数据集中所有的图像文件
```

（2）使用 YOLOv3 算法提供的 voc_label.py 的 Python 脚本进一步生成 Main 文件夹中的 txt 文本文件，txt 文本文件中不仅包含对象的类别，还将图像中目标物体的位置进行了转化，运行该脚本只需在命令行中输入如下命令即可。

```
python voc_label.py
```

voc_lable.py 脚本文件内容如下。

代码 9.3　voc_label.py 脚本文件内容

```python
import xml.etree.ElementTree as ET
import pickle
import os
from os import listdir, getcwd
from os.path import join

sets=[('2012', 'train'), ('2012', 'val'), ('2007', 'train'), ('2007', 'val'),
('2007', 'test')]          # 根据具体内容修改
classes = ["aeroplane", "bicycle", "bird", "boat", "bottle", "bus", "car",
"cat", "chair", "cow", "diningtable", "dog", "horse", "motorbike", "person",
"pottedplant", "sheep", "sofa", "train", "tvmonitor"]# 类别信息根据具体内容修改

def convert(size, box):     # 对标注物体的坐标值进行转化
    dw = 1./(size[0])
    dh = 1./(size[1])
    x = (box[0] + box[1])/2.0 - 1
    y = (box[2] + box[3])/2.0 - 1
    w = box[1] - box[0]
    h = box[3] - box[2]
    x = x*dw
    w = w*dw
    y = y*dh
    h = h*dh
    return (x,y,w,h)

def convert_annotation(year, image_id):         # 生成宽、高等数据信息
    in_file = open('VOCdevkit/VOC%s/Annotations/%s.xml'%(year, image_id))
    out_file = open('VOCdevkit/VOC%s/labels/%s.txt'%(year, image_id), 'w')
    tree=ET.parse(in_file)  # 读取 xml 文件
    root = tree.getroot()
    size = root.find('size')
    w = int(size.find('width').text)
    h = int(size.find('height').text)

    for obj in root.iter('object'):     # 搜索 xml 文件中的标签
        difficult = obj.find('difficult').text
        cls = obj.find('name').text
```

```
            if cls not in classes or int(difficult)==1:
                continue
            cls_id = classes.index(cls)
            xmlbox = obj.find('bndbox')   # 提取标签的文本信息
             b= (float(xmlbox.find('xmin').text), float(xmlbox.find('xmax').text),
             float (xmlbox.find('ymin').text), float(xmlbox.find('ymax').text))
            bb = convert((w,h), b)
            out_file.write(str(cls_id) + " " + " ".join([str(a) for a in bb]) + '\n')


wd = getcwd()   # 得到文件路径

for year, image_set in sets:
    if not os.path.exists('VOCdevkit/VOC%s/labels/'%(year)):   # 生成文件的路径
            os.makedirs('VOCdevkit/VOC%s/labels/'%(year))
            image_ids = open('VOCdevkit/VOC%s/ImageSets/Main/%s.txt'%(year, image_set))
            .read().strip().split()
    list_file = open('%s_%s.txt'%(year, image_set), 'w')
    for image_id in image_ids:
            list_file.write('%s/VOCdevkit/VOC%s/JPEGImages/%s.jpg\n'%(wd, year, image_id
            ))
            convert_annotation(year, image_id)
    list_file.close()
# 保存数据到 txt 文本文件中
os.system("cat 2007_train.txt 2007_val.txt 2012_train.txt 2012_val.txt > train.txt")
os.system("cat 2007_train.txt 2007_val.txt 2007_test.txt 2012_train.txt 2012_val.
txt > train.all.txt")
```

　　通过以上代码可以生成训练所需的 txt 文本文件。处理 YOLOv3 的训练数据之后，接着进行数据中的参数配置。

9.4　基于 YOLOv3 的车辆号牌定位算法

9.4.1　训练模型参数配置

　　训练模型除了要对训练集进行处理外，还需要根据训练所使用的计算机硬件设备修改模型的配置参数，详细的模型参数配置过程如下。

　　（1）修改配置文件。将 darknet-master/cfg 目录下的 yolov3.cfg 文件重命名为 yolo-obj.cfg，并复制到 darknet.exe 所在的目录下。输入模型的图像尺寸大小为 416×416，修改参数 height=416，width=416；修改文件中批次参数 batch=64，表示每次读取 64 张图像后更新网络参数；修改参数 subdivisions=16，表示一次性读取 16 张图像送入模型中。本模型实现的是号牌的三分类，因此修改参数 classes=3，filters=(classes+5)×3=(3+5)×3=24，修改的部分共有三处，分别为 YOLOv3 算法的三层结构，文件中需要修改的部分如图 9.11 所示。

图 9.11　yolov3.cfg 部分配置

（2）配置 obj.names 文件和 obj.data 文件。新建 obj.names 文件和 obj.data 文件，存放在目录 darknet-master/data 下，其中 obj.names 中包含 blankPlate、fullCoverPlate 和 Others 三类类别信息；obj.data 中包含 5 个参数，分别是模型待识别的类别数目 classes=3，存储训练集文件的位置 train=data/train.txt，存储验证集图像路径的文件的位置 valid=data/val.txt，obj.names 存放的位置 names=data/obj.names，训练出的模型的待存放位置 backup=backup/。所有的相对路径都相对于 darknet.exe 所在的位置。

obj.names 文件中的内容如下：

```
blankPlate
fullCoverPlate
Others
```

obj.data 文件中的内容如下：

```
classes = 3          # 类别
train = data/train.txt   # 训练数据文本路径
valid = data/val.txt     # 验证数据文本路径
names = data/obj.names   # 类别信息
backup = backup/         # 结果的存储路径
```

（3）修改 makefile 文件。在 makefile 文件中指定 GPU=1、OpenCV=1 和 cuDNN=1。

（4）编写启动脚本。本模型的训练在 Linux 环境下进行，为了更方便地执行操作命令，在终端中使用 vim 工具编写 shell 脚本，进入执行文件 darknet 所在的目录，新建文档 train.sh。本系统采用的是 GPU0，显卡可以根据具体的训练环境进行设置。train.sh 文件中的内容如下：

```
./darknet detector train cfg/obj.data cfg/yolo-obj.cfg darknet53.conv.74 -gpu 0
```

9.4.2　评价指标

一般把空间复杂度和时间复杂度作为衡量算法质量的主要指标，而在深度学习中不能单纯地依靠评价其中的一个或多个算法来判断一个模型的质量。衡量深度学习的模型的好坏主要有两方面。一方面是运行速度，评价速度常用的指标是每秒帧率 FPS（Frame Per Second），即每秒内处理图像的数量，需要注意的是速度指标与设备硬件的关系很大，因此在评估模型速度的同时，应使用同一批图像同一硬件进行测试。另一方面是运行效率，如使用准确率、交并比、召回率等多种数据从各个方面全面衡量算法性能。

在了解算法各项指标的原理之前，首先需要了解 4 个常用的概念。

- 真正例 TP（True Positive）：正确预测的正样本数目。
- 真负例 TN（True Negative）：正确预测的负样本数目。
- 假正例 FP（False Positive）：将负样本识别为正样本的数目。
- 假负例 FN（False Negative）：将正样本识别为负样本的数目。

准确率（Accuracy）是指正确预测某个类别的样本数量所占全部样本数量的百分比。准确率的计算与样本总量、样本场景等因素有很大的关系，因此，准确率的计算并不能完全作为衡量一个模型性能的指标。准确率的计算公式如下：

$$\text{Accuracy} = \frac{TP + TN}{TP + FP + FN + TN} \tag{9.1}$$

交并比用于表示模型的预测框（Detection Result）和图像中真正标记的框（Ground Truth）的重合程度，交并比能更加直观地展示模型预测的准确率的程度。交并比的计算公式如下：

$$\text{IoU} = \frac{\text{DetectionResult} \cap \text{GroundTruth}}{\text{DetectionResult} \cup \text{GroundTruth}} \tag{9.2}$$

除了上述的两种描述方式之外，召回率和精确率也是一组衡量模型质量的重要指标。Recall 表示召回率，代表验证集中正确识别出来的个数占全部样本数量的比例；Precision 表示精确率，代表所有正确识别出来的样本占识别出的样本总量的比例。

召回率的计算公式如下：

$$\text{Recall} = \frac{TP}{TP + FN} \tag{9.3}$$

精确率的计算公式如下：

$$\text{Precision} = \frac{TP}{TP + FP} \tag{9.4}$$

依靠单个类别的精确率和召回率不能衡量一个模型的最终指标，因此，计算出召回率和精确率后，使用加权调和平均（F1score）作为最后衡量模型好坏的指标。F1score 是通过对召回率和精确率赋予不同的权重值进行计算的一个评价指标。F1score 的计算公式如下：

$$\text{F1score} = \frac{2 \times \text{Recall} \times \text{Precision}}{\text{Recall} + \text{Precision}} \tag{9.5}$$

9.4.3　训练结果

　　根据配置好的参数，在 shell 中启动脚本开始训练，完成后的模型会生成新的权重文件，生成路径在项目路径下的 weights 目录下。根据其 loss 值的不断下降，选择 loss 值较低的权重文件进行测试。本次训练 epoch 参数为 100000 次，选取第 74000 次时的权重作为本次训练的权重。同时为了方便测试与使用，Darknet 框架下的 YOLOv3 算法也集成了 Python 的输出接口，在项目目录下的 Python 文件夹下的 Darknet.py 文件中，使用 Darknet.py 提供的输出接口可以进行样本的测试和二次开发。修改接口使其能够测试多张图像的车辆，输出的结果中包括识别的车辆类型、置信度和号牌的位置信息。

　　由于项目中需要输出号牌的位置信息 x、y、w、h 4 个值以及号牌置信度和类别信息，模型输出的结果中坐标位置为预测的中心点坐标 (x, y) 和号牌的宽、高信息，因此需要对输出的坐标信息进行处理，其中 x 坐标变换为 $x = x - w/2$，y 坐标变换为 $y = y - h/2$。处理后输出的结果分别为类别信息、号牌置信度和元组格式的位置坐标，包括左上角坐标 (x, y) 和预测号牌的宽 w 和高 h，其中类别信息的格式为字节型数据，置信度和位置坐标均为浮点型数据，完整的输出结果如图 9.12 所示。

```
/home/zhaokaiyue/PycharmProjects/licenceplate/images/4400-0-11870459-00.jpg
[(b'fullCoverPlate', 0.9972164034843445, (216.87074279785156, 227.06689453125, 144.40228271484375, 40.33976364135742))]
/home/zhaokaiyue/PycharmProjects/licenceplate/images/1630.jpg
[(b'fullCoverPlate', 0.9566418528556824, (258.0747375488281, 428.2333679199219, 135.42283630371094, 52.56930923461914))]
/home/zhaokaiyue/PycharmProjects/licenceplate/images/30.jpg
[('Others', 0.9998639822006226, (255.2993927001953, 377.1923828125, 127.4140625, 51.08391189575195))]
/home/zhaokaiyue/PycharmProjects/licenceplate/images/4026-苏HGEZ479-11868428-01.jpg
[(b'fullCoverPlate', 0.959868311882019, (235.60385131835938, 228.3809356689453, 165.7811279296875, 40.13186264038086))]
/home/zhaokaiyue/PycharmProjects/licenceplate/images/4026-苏HGEZ479-11868428-00.jpg
[('Others', 0.9978268146514893, (166.1372528076172, 298.26617431640625, 116.40446472167969, 49.12340545654297))]
/home/zhaokaiyue/PycharmProjects/licenceplate/images/3852-0-11867514-00.jpg
```

图 9.12　实验训练结果

　　本项目中采用 YOLOv3 算法完成污损遮挡号牌识别的过程，主要分为两部分，其中，YOLOv3 算法完成未悬挂号牌和全遮挡号牌的识别，OCR 算法完成正常号牌和部分遮挡号牌的识别。YOLOv3 输出结果为未悬挂号牌、全遮挡号牌和其他三类，为了能更加直观地表示出结果，根据实际输出的结果，通过 Python 脚本程序调用图像处理模块 OpenCV，将实际输出结果中的类别和置信度信息标注在图像上，由于坐标位置均为浮点型数据，进行强制类型转换为整型数据后在图中画出预测号牌位置，使用强制类型转换会损失一部分精度，标注出的位置会比真实的位置在坐标上存在一部分的误差，标注后的图像如图 9.13 所示。

　　完成对目标检测模型的训练，除了需要实现号牌的定位和分类外，还需要对模型的准确率和运行的效率进行测评，对 YOLOv3 进行指标测评的详细实现步骤如下。

（a）其他类号牌标记图

（b）全遮挡号牌和未悬挂号牌图

图 9.13　号牌标注图

（1）准备数据集。为了能更好地表现模型的泛化能力，挑选出最适合的权重，本次实验采用74000 个 epoch 上的权重文件，除训练集和测试集外在数据集中另选择 162 张图像对模型进行验证，其中包含未悬挂号牌图像 28 张、部分遮挡号牌图像 60 张、正常号牌图像 30 张、全遮挡号牌图像 42 张以及不存在号牌的图像 2 张。

（2）模型测试。本次实验在目标检测方面共测试两种指标，一种是在 CPU 和 GPU 不同的平台下测试其运行速率，另一种是测试模型的检出率和准确率。测试的数据见表 9.1。从表 9.1 中可以看出，号牌在验证集上对其他种类的检出率达到 100%，未悬挂类的检出率为 78.57%，全遮挡类的检出率为 92.86%。相对于识别未悬挂和全遮挡号牌，在识别其他类别上有明显的优势，而在识别的准确率中未悬挂类高达 100%，其他类为 95.24%，全遮挡类为 90.70%。无论从检出率还是准确率上来看，其他类都比未悬挂号牌和全遮挡号牌的效果要好，从最终的 F1score 也可以判定其他类的识别效果更好。

表 9.1　指标统计表

类　别	检出率 /%	准确率 /%	F1score
其他	100	95.24	0.9756
未悬挂号牌	78.57	100	0.8799
全遮挡号牌	92.86	90.70	0.9176

9.5　基于 OCR 的车辆号牌定位算法

9.5.1　OCR 原理分析

本项目车辆号牌识别部分采用的是由 CNN+LSTM+CTC 算法组合而成的网络，整个网络可以分为三个部分，组合结构如图 9.14 所示。

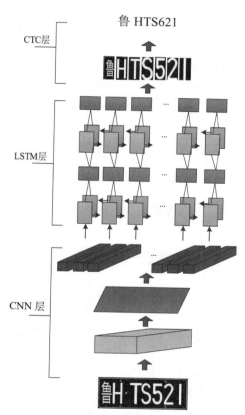

图 9.14　OCR 算法结构图

（1）主干网络 CNN 提取特征。该网络通过卷积的形式提取号牌的整个特征信息对号牌上的字符进行识别，该网络的输入是整个号牌图像。

（2）LSTM 提取序列信息。LSTM 作为长短时记忆网络是一种特殊的 RNN 结构，使用该结构能够避免长期依赖的问题。与 RNN 能保存不同时刻的状态不同的是，LSTM 独特的网络结构能够保存 4 个不同状态的特征。LSTM 网络结构单元主要由遗忘门、输入门和输出门组合而成，单元结构图如图 9.15 所示。

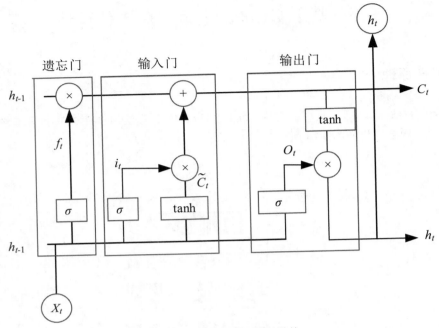

图 9.15　LSTM 网络单元结构

遗忘门主要是决定从网络中丢弃和保留其中的部分特征，实现过程是通过读取网络输入参数 X_t 和上一层的输出状态 h_{t-1}，并将其通过 Sigmoid 函数归一化到 0～1 区间中，其中 0 表示丢弃的特征，1 表示需要保留的特征。遗忘门实现公式如下：

$$f_t = \sigma(W_f[h_{t-1}, X_t] + b_f) \tag{9.6}$$

输入门与遗忘门的结构不同，分为两部分结构，一部分与遗忘门类似，另一部分则是在遗忘门的基础上通过 tanh 函数将特征映射至 -1～1，其中 -1 表示不用更新的特征部分，1 表示需要更新的特征部分，实现公式如下：

$$i_t = \sigma(W_i[h_{t-1}, X_t] + b_i) \tag{9.7}$$

$$\tilde{C}_t = \tanh(W_C[h_{t-1}, X_t] + b_C) \tag{9.8}$$

输出门中的 Sigmoid 函数决定哪部分的函数是需要进行输出的，输出部分的特征通过 tanh 函数，并将其与 Sigmoid 函数的输出相乘，最终决定输出部分的特征。实现公式如下：

$$O_t = \sigma(W_o[h_{t-1}, x_t] + b_o) \tag{9.9}$$

$$h_t = O_t \tanh(C_t) \tag{9.10}$$

（3）CTC 结构。CTC 结构是解决语音识别中自动对齐的一种方案，CTC 网络结构在字符识别上的应用解决了人为切割字符带来的问题，提高了整个算法的精确率。

9.5.2　车辆号牌数据集制作

本小节使用的数据集是在 9.3.3 小节中的数据集的基础上截取图像中的号牌得到的，在配有 Python 环境的机器上编写 Python 脚本读取数据集，从已经标注的 xml 文件中解析出号牌所在图像的位置。为了保证截取图像的完整性，同样采取扩大像素值的办法，在 xml 文件中保存的号牌位置，将其左上角位置坐标点减少 5 px，右下角位置坐标点增加 5 px。与目标检测不同，识别号牌上的文本除了数据图像，还需要将图像名称根据号牌上的文本进行修改。图 9.16 为处理后的可训练号牌数据集。

图 9.16　可训练号牌数据集

经过初步处理后的数据只是得到具体号牌的图像，尚未对图像进行标注处理，因此并不能直接作为数据集来训练 OCR 算法。该部分主要实现号牌上文本的识别，9.3 节中已经通过 YOLOv3 算法实现全遮挡号牌、未悬挂号牌和其他类号牌的定位和分类，在目标检测算法的基础上选择识别结果中其他类号牌的图像进一步处理。除了与图像标注的质量有关外，图像的数量也直接影响最终的模型是否具有更好的泛化能力，数据集中的车辆号牌图像除了包括正常号牌外，还存在部分遮挡号牌。在进行训练之前还要对图像进行处理，处理流程如图 9.17 所示。

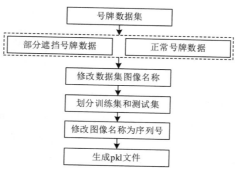

图 9.17　训练集数据处理流程图

（1）修改图像名称为号牌的文本。与目标检测的标注方式不同，号牌的标注要根据实际图像中的文本修改图像的名称，并且图像的后缀保持不变，对数据集完成标注之后还要根据实际项目需要的格式修改数据集，使用 Python 脚本程序将图像按照 6:1 的比例分为训练集和测试集。在项目中新建 data 目录，并在 data 目录中分别新建 train/text 和 test/text 两个路径，其中 train/text 中存放处理后的训练集图像，train 中存放训练集的 train.pkl 二进制文件，test/text 中存放测试集图像，test 中存放测试集的 test.pkl 二进制文件。

（2）生成 pkl 文件。pkl 文件是存储二进制内容的文件格式，训练过程中网络从 pkl 文件中读取文本信息和对应的图像进行训练。分别将训练集和验证集中的图像名称按照次序依次存入新建的pkl 文件中，命名为 train.pkl 和 test.pkl，并把对应的图像名称存储为序号。

9.5.3　修改预训练权重

该模型在预训练权重的基础上进行训练，使用预训练权重的好处在于，不仅能够保证模型快速收敛，减少训练模型的时间，也能避免从零开始训练时出现梯度爆炸和梯度消失的现象。预训练权重通过 Python 的第三方模块 Collections 中的子类 OrderedDict 对数据进行存储，OrderedDict 是一种有序字典，能够按照输入的顺序对元素进行存储并保证顺序不发生变化，因此 OrderedDict 的使用能够保证权重文件中的参数按照训练网络结构的层次和顺序进行存储，权重文件的存储除了保证在权重文件中数据存储的格式顺序外，还与训练过程中的设备、存储方式和网络结构相关，因此使用预训练权重需要首先对预训练权重的结构以及其存储训练的方式进行了解。对预训练权重的修改包括分析权重文件和修改权重文件的维度两部分，具体的实现方式如图 9.18 所示。

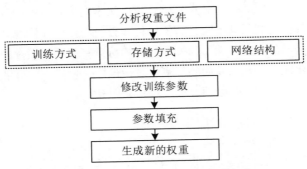

图 9.18　修改预训练权重的实现方式

（1）分析权重文件。预训练权重的存储方式根据其训练方式可以分为 CPU 训练、单 GPU 训练和多 GPU 训练，其中 CPU 和单 GPU 方式保存的模型结构相同。根据存储方式的不同可以分为两种存储方式，分别是存储全模型和存储半模型。其中，存储全模型是将网络模型和可训练参数同时存储到一个权重文件中，在调用时不需要对模型的网络结构重新进行加载即可直接读取模型进行使用；而存储半模型只是将模型训练出的可训练参数进行保存，这部分模型在进行调用时需要首先对网络模型的结构进行加载。根据网络的结构可以通过 Python 脚本打印出权重文件的网络结构，根据需求可以修改权重中需要修改的网络参数。

（2）修改权重文件的维度。修改网络中的参数会导致网络发生变化，因此，要修改权重文件来适配当前网络，解决的方法有两种：剔除其中不合适的网络节点训练参数；修改不适合训练的网络节点，将其节点进行填充。这里采用第二种方式来匹配网络，使用 Python 读取权重中的节点名称和维度信息，修改权重文件中的第一层的参数维度和最后对应种类数的网络节点参数为修改后的种类数。保存修改后的权重文件为新的权重文件。

9.5.4　模型参数配置及训练过程

开始 OCR 算法的训练之前，要根据具体训练的数据集和硬件配置设置参数，具体的参数配置如下。

（1）加载数据集的位置。在项目目录 cnn+lstm 下打开 trian_crnn.py 文件，修改 OCRIter 类的初始化加载函数中的图像和 pkl 文件的相对路径，训练集图像的路径为 ./data/train/text，训练集标签 pkl 文件的路径为 ./data/train，测试集图像的路径为 ./data/test/text，测试集标签 pkl 文件的路径为 ./data/test，同时设置参数 train_flag 为 True，在工程代码中修改读取的 pkl 文件名称。代码如下：

```
if train_flag:
    self.data_path = os.path.join(os.getcwd(), "data", "train", "text")
    self.label_path = os.path.join(os.getcwd(), "data", "train")
else:
    self.data_path = os.path.join(os.getcwd(), "data", "test", "text")
    self.label_path = os.path.join(os.getcwd(), "data", "test")
```

生成的 pkl 文件中的代码如下：

```
def _label_path_from_index(self):
    label_file = os.path.join(self.label_path, "train_pkl")
    assert os.path.exists(label_file, "path dose not exits:{}".format(label_file))
    gt_file = open(label_file, "rb")
    label_file = cPickle.load(gt_file)
    gt_file.close()
    return label_file
```

📢 **注意：**

> 在 Python 代码中以下划线（_）开始的函数表示的是私有函数，其中以单前导下划线（_）开头的属性或方法，仅允许在类内部和子类进行访问，类的实例无法访问此属性或方法。和单前导下划线类似的是双前导下划线（__），以此为开头的属性或方法，仅允许在类内部进行访问，类的实例和派生类均不能对此属性或方法进行访问。

（2）修改识别的标签的个数。识别的字符中包含数字、字母和汉字，OCR 算法相当于多分类算法，因此，类别上设置包含数字、汉字和地域简称，具体修改的参数如图 9.19 所示。

```
classes = ["0", "1", "2", "3", "4", "5", "6", "7", "8", "9", "A", "B", "C", "D", "E",
           "F", "G", "H", "I", "J", "K", "L", "M", "N", "O", "P", "Q", "R", "S", "T",
           "U", "V", "W", "X", "Y", "Z", "京", "津", "晋", "冀", "蒙", "辽", "吉", "黑",
           "沪", "苏", "浙", "皖", "闽", "鲁", "豫", "鄂", "湘", "粤", "桂", "琼", "川",
           "贵", "云", "藏", "陕", "甘", "青", "宁", "渝", "赣", "新", "台", "港", "澳"]
```

图 9.19　数据集参数配置

（3）修改 num_epoch=6000，BATCH_SIZE=64，配置使用 GPU0 训练，contexts = [mx.context.gpu(0)]，默认生成并保存权重的路径为项目中的 model 文件夹。

9.5.5　阈值分析

实际应用中，污损遮挡号牌的识别不仅和算法的识别率有关，更与所采集的车辆图像质量和实际车牌质量息息相关，车牌质量的好坏直接影响最终的识别性能，如车牌会受到主观因素上的车辆套牌、车牌遮挡、多车牌等影响，也会受到客观因素上的生锈、字体掉漆、号牌倾斜等影响。除此之外，也会在拍摄过程中受到天气等因素的影响，这些因素也在不同程度上影响了最终的识别效果。

OCR 算法通过识别号牌上的文本来实现正常号牌和部分遮挡号牌的分类，因此，OCR 算法对每个识别到的字符都会产生一个置信度，且各字符之间相互独立。为了能描述整个识别号牌的置信度，将识别出的各字符的置信度相乘作为号牌的置信度，$conf_i$ 表示第 i 个字符的置信度，conf 表示号牌的整体置信度，实现公式如下：

$$conf = \prod\nolimits_{i=0}^{j} conf_i \qquad (9.11)$$

从式 (9.11) 中可知，识别到的字符中任何一个字符的置信度过低都会直接导致整个号牌的置信度降低，因此，可以选择直接根据整个号牌的置信度设置阈值进行过滤，从而达到区分正常号牌和部分遮挡号牌的目的，详细的实现过程如图 9.20 所示。

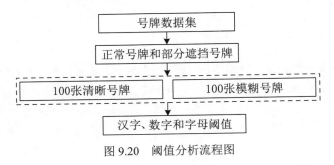

图 9.20　阈值分析流程图

（1）准备数据。准备清晰号牌和模糊或部分遮挡号牌各 100 张，其中号牌的种类还应该包括不同颜色、不同种类的号牌数据。将正常号牌命名为"正常号牌＋序号"的形式，序号从 1～100，将部分遮挡号牌命名为"部分遮挡号牌＋序号"的形式，序号同样为 1～100，处理后的数据放置在文件夹 dataset 下。

（2）编写代码。处理后的数据通过程序计算不同阈值下的精确率，并保存每次修改阈值后得出的精确率，最后生成折线图。实现过程中判断号牌的置信度，置信度高于阈值的号牌被判断为正常号牌且作为正确识别，低于阈值的号牌被判断为命名方式中含有部分遮挡号牌，同样作为正确识别，在这两个条件下计算号牌的精确率。

（3）选择阈值。通过式（9.11）可以得出整个号牌的置信度，因此使用号牌的置信度增加过滤的阈值可以达到分类的效果。编写脚本代码统计在不同阈值下验证的数据集的精确率，设定初始值为 0.5 并以 0.02 的速度递增，从而测试出在最高精确率的情况下最合适的阈值。如图 9.21 所示，置信度大致随精确率呈正比状态，置信度为 0.95 左右时趋向平稳，达到 96% 的精确率，因此，选取的合适阈值为 0.95。

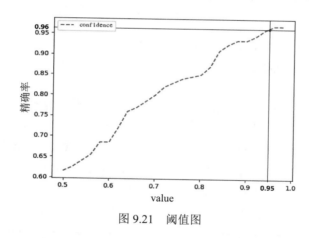

图 9.21　阈值图

9.5.6　训练模型及结果

配置好模型参数后，启动模型开始进行训练。训练 OCR 模型主要分为生成中间权重文件以及验证实验结果两个部分。详细过程如下。

（1）生成权重文件。本模型设置每进行一次 epoch 生成一次权重文件，权重文件保存到工程项目的 model 路径下，权重文件的命名中包含 epoch 值，用来记录迭代的次数。在不发生梯度爆炸的情况下，随着不断地训练，loss 值不断地减少，学习效果也更好，由于数据量大并且收敛速度较为缓慢，因此在设置保存间隔时可设置为较大的值，这里设置的间隔为每迭代 1000 次进行一次权重文件的保存。

（2）选择模型。训练过程中 loss 值越低代表在训练集上拟合效果越好，但并不代表验证集的效果也好，因此，除了要求训练过程中 loss 值不断减少之外，还要求保存中间产生的权重文件，保证验证集测试其模型既能学习足够的特征，也能保持更好的泛化能力。经过验证，在 epoch 为 4500时，准确率更高，loss 值也更低。测试部分图像的输出如图 9.22 所示。

图 9.22　输出结果

从数据集中选择用来计算准确率的验证集 200 张，包含正常号牌 100 张，部分遮挡号牌 100 张，其中包括各种情况下的号牌，如蓝牌、黄牌、新能源牌等。验证 OCR 算法的指标与验证目标检测的指标相同。

本次实验中使用阈值为 0.95，计算验证集中的准确率、召回率等指标，计算指标的数据分为两部分，一部分为正常号牌，另一部分为部分遮挡号牌，计算其准确率、召回率、精确率和 F1score 4 部分。计算结果见表 9.2，可知识别正常号牌的准确率高达 94.90%，远高于识别部分遮挡号牌的准确率，但部分遮挡号牌的精确率在召回率为 91.61% 的基础上可以达到 100% 的识别，从最后计算的 F1score 上来看，部分遮挡号牌的识别效果要好于正常号牌。

表 9.2　指标统计表

类　别	准确率 / %	召回率 / %	精确率 / %	F1score
正常号牌	94.90	100	88.49	0.9389
部分遮挡号牌	70.01	91.61	100	0.9562

测试平台的不同也会影响模型运行效率，为了减少其他因素造成的影响，使对比效果更加具有可信度，本次采用的操作系统均为 Ubuntu 16.04。其中 GPU 测试平台为 NVIDIA GeForce GTX 1080 Ti 显卡，使用的 Cuda 版本为 10.0，并在测试的 GPU 平台上安装 cuDNN 加速库，CPU 平台为 AMD 3550H 处理器。为了实现在不同平台上的速度测试，分别在不同的平台上搭建环境，运行代码的测试除了根据硬件设施需要对环境进行安装外，还需要对代码进行重新编译。测试后的运行效率见表 9.3。

表 9.3　运行效率统计表

类别	AMD CPU	GeForce GTX 1080 Ti
样本 /s	15.255	0.0359

9.6　污损遮挡号牌的多模型融合

本节通过融合目标检测 YOLO 算法和 OCR 文本识别两种方法实现对污损遮挡号牌违法行为的识别，前端设备采集卡口图像信息，将处理后的图像送入 YOLO 算法中进行识别，得到全遮挡号牌和未悬挂号牌的定位信息和分类结果，然后将识别到的其他类卡口图像和位置信息送入 OCR 模型中进行分析，通过分析号牌上的文本信息得到正常号牌和部分遮挡号牌的分类，整体实现流程如图 9.23 所示。

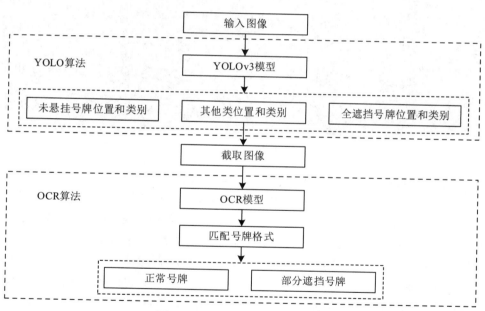

图 9.23　融合模型整体实现流程

整个系统采用串接的方式实现对污损遮挡号牌违法行为的识别，详细步骤包括搭建基本环境、编写代码对中间数据进行处理及结果测试等。

（1）搭建环境。本章中采用目标检测算法和 OCR 算法结合的方式共同解决污损遮挡号牌的分类问题。在 YOLOv3 的工程上直接进行 OCR 环境的搭建，YOLOv3 是在 Darknet 框架下采用 C++ 编写的代码，而 OCR 则是在 Mxnet 框架下采用 Python 编写的代码。为了能统一管理接口，这里直接调用 YOLOv3 工程中提供的 Python 接口编写算法的代码。

（2）编写代码。YOLOv3 的输出为识别目标的中心点坐标和高、宽等信息，根据输出的位置信息，调用 Python 的第三方模块 OpenCV 对该位置上的原图进行截取，读取截取后的图像到缓存区后，直接对图像进行二次的归一化、缩放等操作，然后通过 OCR 算法识别目标的种类，实现整个污损遮挡号牌的分类。

（3）输出结果。经 OCR 算法识别后的结果为字符，因此，实现对号牌的分类，需要对 OCR 算法的输出进行进一步处理。首先，使用已得到的各字符的阈值进行匹配，判断匹配识别后的数据是否符合正常号牌的一般规则，如号牌首位表示地域，通常表示为省（自治区、直辖市）的简称，第 2 位表示具体的地级市，用 26 个英文字母代替，其余位则用数字表示。其次，将匹配后的结果按照正常号牌和部分遮挡号牌输出分类，输出结果如图 9.24 所示。

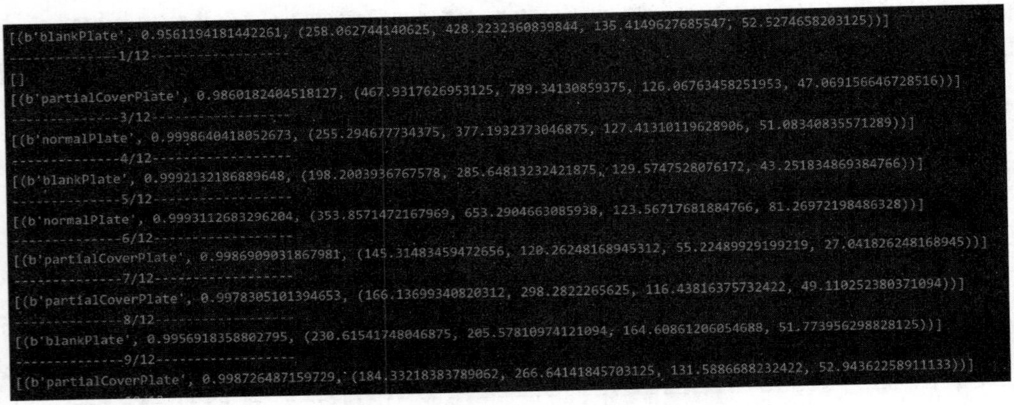

```
[(b'blankPlate', 0.9561194181442261, (258.062744140625, 428.2232360839844, 135.4149627685547, 52.5274658203125))]
-------------1/12-----------------
[]
[(b'partialCoverPlate', 0.9860182404518127, (467.9317626953125, 789.34130859375, 126.06763458251953, 47.069156646728516))]
-------------3/12-----------------
[(b'normalPlate', 0.9998640418052673, (255.294677734375, 377.1932373046875, 127.41310119628906, 51.08340835571289))]
-------------4/12-----------------
[(b'blankPlate', 0.9992132186889648, (198.2003936767578, 285.6481323242187 5, 129.5747528076172, 43.251834869384766))]
-------------5/12-----------------
[(b'normalPlate', 0.9993112683296204, (353.8571472167969, 653.2904663085938, 123.56717681884766, 81.2697219848632 8))]
-------------6/12-----------------
[(b'partialCoverPlate', 0.9986909031867981, (145.31483459472656, 120.26248168945312, 55.22489929199219, 27.041826248168945))]
-------------7/12-----------------
[(b'partialCoverPlate', 0.9978305101394653, (166.13699340820312, 298.2822265625, 116.43816375732422, 49.110252380371094))]
-------------8/12-----------------
[(b'blankPlate', 0.9956918358802795, (230.61541748046875, 205.57810974121094, 164.60861206054688, 51.773956298828125))]
-------------9/12-----------------
[(b'partialCoverPlate', 0.998726487159729, (184.33218383789062, 266.64141845703125, 131.5886688232422, 52.9436225891113 3))]
```

图 9.24 输出结果

测试最终模型的数据集与测试 YOLOv3 算法的数据集相同，在训练集和测试集以外的数据集中选择 162 张图像对模型进行验证，其中包含未悬挂号牌图像 28 张、部分遮挡号牌图像 60 张、正常号牌图像 30 张、全遮挡号牌图像 42 张以及不存在号牌的图像 2 张。由于是在与 YOLOv3 算法相同的数据集的基础上进行测试，因此，在数据集中加入容易因模糊误识为部分遮挡分类的号牌 10 张，全遮挡号牌和未悬挂号牌的测试结果与 YOLOv3 算法测试结果相同。测试结果中正常号牌的检出率和准确率在测试集中均为 100%，部分遮挡号牌的检出率也已达到 98.36%，但准确率为 97.52%，部分遮挡号牌虽已全部检出，仍存在识别部分错误，测试结果见表 9.4。

表 9.4 指标统计表

类 别	检出率 / %	准确率 / %	F1score
正常号牌	100	100	1
部分遮挡号牌	98.36	97.52	0.9794
未悬挂号牌	78.57	100	0.8799
全部遮挡号牌	92.86	90.70	0.9176

9.7　小　　结

　　本章提出了一种将 OCR 算法和目标检测算法两项技术相结合的方法，实现对污损遮挡号牌的识别与分类。本章使用的网络结构为 Darknet 框架下端到端的 YOLOv3 算法，为了减少由于污损、掉漆或者光照等因素造成对部分遮挡号牌的错误识别，本章引入了 OCR 算法对部分遮挡号牌进行进一步识别，最终将 OCR 算法与 YOLOv3 算法相结合，通过识别车辆号牌上的字符达到分类的目的。

第 10 章　地形目标识别实战

本章的项目是在遥感的数据集上通过传统的图像处理方法和目标检测算法实现遥感地图的道路和房屋识别，其中道路包括铁路、大车路、国省道和河流。在道路识别中通过使用 OpenCV 图像处理库来实现对图像的处理，如图像的生态学转换，包括腐蚀、膨化和形态学梯度、图像的颜色空间转换等，而道路的识别也是在遥感地图对应的电子图上，由于电子图上的道路是直接通过颜色进行区分的，因此，经过传统的图像处理之后即可完成对道路轮廓的提取。采用了目标检测的方法，通过卷积神经网络提取图像的特征从而实现对房屋的识别。

本章主要涉及的知识点如下。
- 图像轮廓点检测：利用物体边缘色阶之间的梯度变化实现图像轮廓点检测。
- 图像标注：图像标注的效果能直接影响最终算法的实现效果，掌握图像的标注方式和生成的标注信息能更好地掌握目标检测算法的实现原理。
- YOLOv4 参数配置：根据对算法参数的配置，熟悉并掌握算法的实现方式及其网络结构。
- NMS 算法：通过对 NMS 算法的改进，解决具有包含关系的目标框问题。

10.1　道路类目标前期准备

数字管线项目以传统的图像处理方法和基于深度学习的卷积神经网络组合实现项目的需求，其中，传统的图像处理方法用于对电子图中的道路、河流的识别和轮廓的提取；基于深度学习的卷积神经网络算法则是针对复杂的遥感图像中房屋的识别。

10.1.1　需求分析

数字管线中的道路识别，主要通过传统的图像处理算法和深度学习的方式共同实现对谷歌地图中的国省道路、铁路、河流（沟渠）、大车路和房屋的识别，在识别的路线上除了需要完成对目标物体进行识别外，还需要进一步获取目标的轮廓点信息，并以 Socket 接口协议的方式发送信息至 Java 客户端进行 CAD 制图处理。根据使用用途的不同，地图大致可以分为电子图和卫星遥感图两种，电子图主要以颜色鲜明的线条来区分不同的物体，如河流采用蓝色进行标注、国省道采用橙色进行区分等；卫星遥感图则是卫星拍摄到的实际场景的俯视图，卫星遥感图由不同的瓦片构成，不同的高度拍摄的精度也不相同。电子图和卫星遥感图中的道路信息示意图如图 10.1 所示。

通过以上的需求分析可知，由于电子图中对不同的目标都通过颜色进行区分，因此相比使用复杂的神经网络的方式进行检测，使用简单的传统的图像处理方法根据颜色提取目标的轮廓更适合；而对于卫星遥感图来说，其中包含更多复杂的背景信息，因此更加适合使用神经网络的方式来识别

（a）电子图　　　　　　　　　　　（b）卫星遥感图

图 10.1　道路示意图

和提取卫星图中所包含的差别较小的目标，如卫星遥感图中的房屋，适合采用卷积神经网络的方式进行目标检测。因此，本章主要采用两种方式分别实现对道路和房屋的识别，主要实现的思路是先通过传统的图像处理方法对国省道路、铁路、河流以及大车路等道路目标进行识别，而房屋的定位和检测则通过深度学习的方式来实现。

10.1.2　方案设计

通过 10.1.1 小节的需求分析可知，本章针对地形识别的功能分别通过传统图像处理和深度学习两种方式实现，具体的实现过程如图 10.2 所示。

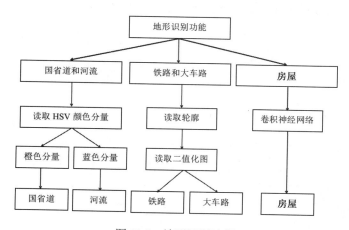

图 10.2　地形识别过程

　　不同目标在卫星遥感图和电子图中所展示的特征也不相同。例如，电子图主要通过不同目标之间的颜色进行区分，那么电子图的识别过程主要以颜色特征为主；而在卫星遥感图中，目标之间的特征难以直接用肉眼观测到，这意味着可以采用卷积神经网络实现目标特征的升降和提取。针对不同的目标分别采用不同的方式实现。

　　（1）针对国省道、河流的识别。国省道主要以明显的橙色为主，由于图像处理基于图像的颜色像素进行识别，因此在识别之前需要对图像中橙色区域进行统计，并得到最合适的颜色区域的范围。除此之外，像素主要分为 RGB 和 HSV，HSV 能明显通过其中的单一变量实现对橙色亮度的控制。本项目实现对国省道和河流的识别主要依靠 HSV。

　　（2）针对铁路和大车路的识别。大车路中呈现白色像素，由于与空白区域中的颜色相近，很难直接通过控制目标的颜色区域分别进行提取。因此，本项目中实现的思路是，首先通过 OpenCV 同时读取铁路和大车路的边缘轮廓特征信息，其次依据轮廓上的点依次读取轮廓周围的像素块，通过判断像素块中的不同的像素比来实现铁路和大车路的区分。

　　（3）针对房屋的识别。房屋的识别采用卫星遥感图作为监督学习的训练数据，并且从图像中也可以直观地观察到房屋在卫星遥感图中呈现出明显的规则的区域块。房屋的特征是背景复杂、特征简单，因此使用基于卷积神经网络的目标检测算法基本可以实现对房屋的识别。

10.1.3　统计颜色通道分量

　　在统计图像的颜色分量之前，需要先了解图像的 RGB 构成，任何一幅图像可以由 RGB 三分量构成，其中 R 指的是红色分量，G 指的是绿色分量，B 指的是蓝色分量，每个分量的值的范围为 0～1。

　　为了对图像的各通道理解得更加深刻，本小节将通过代码的形式对图像的各通道进行分割处理，并将分割后的各通道数据的图像进行保存展示，可以直观地对不同通道的图像进行比较，代码如下。

　　代码 10.1　使用 OpenCV 分割图像通道示例代码

```
import numpy as np
import cv2

class Test:
# 初始化图像的路径
    def __init__(self):
        self.imag_path = "/home/zhaokaiyue/Desktop/1.jpeg"

# 获取图像的尺寸
    def get_image_size(self):
        img = cv2.imread(self.imag_path)
        img_shape = img.shape
        print(img_shape)
# 获取图像的各通道 RGB
    def get_image_RGB(self):
        img = cv2.imread(self.imag_path)
```

```
            (b, g, r) = cv2.split(img)
            # img_b=np.dstack((b,np.zeros(g.shape),np.zeros(r.shape))) # 获取蓝色通道
            # img_g=np.dstack((np.zeros(b.shape),g,np.zeros(r.shape))) # 获取绿色通道
            # img_r=np.dstack((np.zeros(b.shape),np.zeros(g.shape),r)) # 获取红色通道

            cv2.imshow("b", img_b) # 展示图像的蓝色通道
            cv2.imshow("g", img_g) # 展示图像的绿色通道
            cv2.imshow("r", img_r) # 展示图像的红色通道

        while True:
            key = cv2.waitKey(0)
            if key == 27:
                break
        cv2.destroyAllWindows()
```

　　分割后的各通道图是不能直接进行展示的，为了能直观地观察到图像的各个颜色通道的数据，对图像中的其他通道都进行了零值的补充。运行代码得到的结果如图 10.3 所示。

（a）原图　　　　　　（b）R 通道图　　　　　　（c）G 通道图　　　　　　（d）B 通道图

图 10.3　分割图像的各通道图

　　图像中通道的识别需要查询 RGB 的颜色图谱来控制各类道路的颜色区域范围，但 RGB 的值很难用于控制颜色的区域范围。为了能直观地通过图谱快速确定颜色的范围，本章选择 HSV 的范围值来确定，HSV 分别代表色调、饱和度和明亮度。在代码中需要读取电子图的 RGB 值，通过 OpenCV 库中的函数将 RGB 值转换为 HSV 值，转换后的 HSV 的各个颜色的范围值见表 10.1，生成的图谱示意图如图 10.4 所示。

表 10.1　HSV 颜色区域范围表

区域	黑	灰	白	红		橙	黄	绿	青	蓝	紫
hmin	0	0	0	0	156	11	26	35	78	100	125
hmax	180	180	180	10	180	25	34	77	99	124	155
smin	0	0	0	43		43	43	43	43	43	43
smax	255	43	30	255	255	255	255	255	255	255	255
vmin	0	46	221	46	46	46	46	46	46	46	46
vmax	46	220	255	255	255	255	255	255	255	255	255

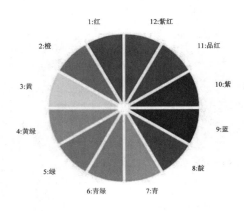

图 10.4   图谱示意图

经过对图像的测试，可以确定各个道路图谱区域的代码如下：

```
parser.add_argument('--road_color',default=[(20,26),(43,255),(46,255)],type=list,
help="range of road color!")
parser.add_argument('--village_road_color',default=[(0,180),(0,3),(254,255)],type=list,
help="the color of village")
parser.add_argument('--river_color',default=[(100,124),(43,255),(46,255)],type=list,
help="the color of river")
parser.add_argument('--road_edge_color',default=[(0,180),(0,43),(46,225)],type=list,
help="the edge of road")
```

其中，default 的参数是通过图像得到的各颜色图谱的区域范围值。

10.2   图像生态学处理

本项目中图像处理采用的库为 OpenCV，除了 OpenCV 库外，还包括 Pillow 库等。图像的基本处理的操作包括图像的读入、读出，图像的算术运算，图像的颜色空间转换、几何转换等；除此之外，还包括图像的平滑处理、形态学转换、边缘检测等。其中，图像生态学操作是本次的图像处理中涉及的主要操作，本项目中对道路的目标检测就是依靠图像的生态学处理操作实现的。本项目主要涉及的操作包括图像的腐蚀、膨胀、连通域检测和图像的二值化操作等，接下来进行详细介绍。

10.2.1   图像的腐蚀操作

图像的腐蚀操作，顾名思义就是通过图像处理的方式沿目标物体的边沿进行一定量的消除，从而使得图像中的目标变得更小，弱化图像像素之间的关系。图像的生态学处理实际上就是通过采用不同尺寸和参数的卷积核对图像进行卷积操作，从而实现不同的效果。在腐蚀操作中卷积核中的所有参数均设为 1，并将其与图像进行卷积。经腐蚀操作处理后的图像尺寸不会发生变化，但图像中目标的边缘像素点会减少。同时，如果目标的边缘含有毛躁的点或者线条，可以通过腐蚀操作对这些点或线进行去除。由此，可以将腐蚀操作的作用划分为以下三点。

● 对图像的边缘进行缩减。

● 对图像目标的边缘进行平滑处理。

● 弱化图像中目标之间的关联关系。

在形态学的图像处理中，与腐蚀操作相反的是膨胀操作，无论是膨胀操作还是腐蚀操作，其操作的对象都是针对图像中的高亮部分。顾名思义，膨胀操作就是将图像中的高亮部分的区域进行扩大，而腐蚀则是对高亮部分的区域进行缩小，腐蚀操作的示意图如图 10.5 所示。

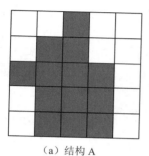　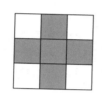　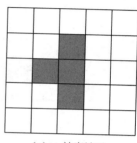

（a）结构 A　　　　　　　（b）结构 B　　　　　（c）A 被腐蚀后

图 10.5　腐蚀操作示意图

其中，结构 A 是用来被处理的图像，结构 B 是用来处理结构 A 的图像。一般地，结构 B 的图像要远比结构 A 的图像小。具体的操作步骤如下。

（1）结构 B 扫描结构 A 中的每一个像素区域。

（2）结构 B 中的每个元素与结构 A 中的图像进行"与"操作。

（3）均为 1 的部分，该像素为 1；否则为 0。

在对遥感数据的图像进行腐蚀之前，必须先对图像进行二值化操作，这样做的好处是可以利用图像的二值化操作对图像中的目标进行提取，提取后的图像由于只包含黑白两种颜色，不会对图像中的其他干扰信息进行处理，因此可以直接实现对图像中的固定目标进行腐蚀操作。为了能更加直观地对图像的腐蚀和膨胀操作进行了解，本次采用的图像为遥感数据中的森林区域，首先对图像中森林的颜色进行提取，其次将图像进行二值化操作，处理后的图像仅包含两种颜色，如此便可以直接对图像中的森林进行腐蚀操作，腐蚀原图的过程可以分为以下几个步骤。

● 定义图像中目标的 HSV 值颜色范围，实例中提取的为绿色范围值。

● 定义腐蚀图像的卷积核尺寸，尺寸不同图像的腐蚀程度也不同。

● 对图像进行二值化，并将经二值化后的图像进行保存。

● 与定义的卷积核进行卷积处理，并对卷积后的图像进行保存。

腐蚀操作的完整示例代码如下。

代码 10.2　使用 OpenCV 实现腐蚀操作示例代码

```python
import os
import cv2
import numpy as np
from Utils.colors import *
from Utils.color_utils import *


class ColorRange:
    """
    对每种颜色取一个范围值，像素取值为 HSV 格式
    """
    road_color = [(), (), ()]              # 橙色
    river_color = [(), (), ()]

    def set_road_color(self, color):
        self.road_color = color
        assert isinstance(self.road_color, list)

    def set_river_color(self, color):
        self.river_color = color
        assert isinstance(self.river_color, list)

    def get_road_color(self):
        return self.road_color

    def get_river_color(self):
        return self.river_color


class RoadEdge:
    def __init__(self):
        self.road_color_lower = [20, 43, 46]
        self.road_color_upper = [124, 255, 255]

    def get_color_lower_upper(self, color: ColorRange()):
        road_color = color.get_road_color()    # [(),(),()]
        self.road_color_lower,
        self.road_color_upper = Utils.get_colors_lower_upper(road_color)

    def read_road_edge_contours(self, image_hsv):
        """
        读取边沿
        :param color: HSV 范围值
        :param image_hsv: 转换为 HSV 格式的图像
        :return: 返回边缘点
        """
```

```
# self.get_color_lower_upper(color)
self.road_color_lower,self.road_color_upper=Utils.list_transform_array(
self.road_color_lower, self.road_color_upper)
mask=cv2.inRange(image_hsv,self.road_color_lower,self.road_color_upper)

ret, thread = cv2.threshold(mask, 0, 255, cv2.THRESH_BINARY)
# 保存的二值化图
cv2.imwrite("C:\\Users\\Administrator\\Desktop\\two_value.png",thread)
kernel = np.ones((5, 5), np.uint8)    # 定义的腐蚀操作卷积核
erosion = cv2.erode(thread, kernel, iterations=1)   # 腐蚀操作
# 保存二值化后的腐蚀图
cv2.imwrite("C:\\Users\\Administrator\\Desktop\\erosion.png",erosion)


if __name__ == '__main__':
    image_path = "C:\\Users\\Administrator\\PycharmProjects\\pythonProject\\2.png"
    color_config = ColorRange()
    image = cv2.imread(image_path)
    image_hsv = cv2.cvtColor(image, cv2.COLOR_BGR2HSV)
    RoadEdge().read_road_edge_contours(image_hsv)
```

腐蚀过程的二值化图和腐蚀图如图 10.6 所示。

　　　　（a）原图　　　　　　　　　（b）二值化图　　　　　　　（c）腐蚀图

图 10.6　图像腐蚀前后的效果图

10.2.2　图像的膨胀操作

　　图像的膨胀操作和腐蚀操作类似，是腐蚀操作的反向操作，不同的是腐蚀操作是将图像中目标的边缘像素点进行缩减，而膨胀操作则是将图像中目标的边缘像素点进行扩充，膨胀后的图像比原图像中的目标要更大，膨胀操作的示意图如图 10.7 所示。

　　从图 10.7 中可以看出，图像的腐蚀操作和膨胀操作之间是相互对立的关系。从图 10.5 中可以看出，通过腐蚀操作，原图中识别出的区域会因为腐蚀的操作而减少，腐蚀操作是对二值化图中的白色区域进行腐蚀。同样地，也可以对图像进行膨胀操作，将图像中白色区域的斑点连接

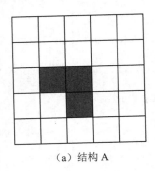
（a）结构 A

（b）结构 B

（c）A 被膨胀后

图 10.7　膨胀操作示意图

成片。与腐蚀操作过程不同的是，选择操作的卷积核，在腐蚀操作的基础上可直接对图像的二值化图像进行膨胀操作，膨胀后的结果如图 10.8 所示。

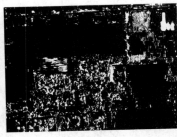
（a）原图

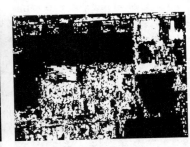
（b）二值化图

（c）膨胀图

图 10.8　图像膨胀前后的效果图

从腐蚀和膨胀的图像的对比可以看出，腐蚀操作可以对图像起到过滤作用，可以对图像中的小面积斑点进行过滤，但也会造成图像信息的丢失；膨胀操作则会放大图像中的斑点，这种操作造成的后果则是图像中的噪声被放大。除此之外，还可以将两者结合进行图像的处理，如先腐蚀后膨胀的操作可以用来消除噪声，这种操作被称为开运算；先膨胀后腐蚀的操作则可以用来填充物体中的小洞，在二值化的图像中表现为黑点，这种操作被称为闭运算。

10.2.3　图像二值化和灰度化处理

图像二值化处理的原理是直接读取图像的三个通道数据，并按照一定的规则将图像的各个通道的数据处理为黑色（即像素的灰度值为 0）和白色（即像素的灰度值为 255）。而图像的灰度化则比图像的二值化更为复杂，图像的灰度化是将图像的 RGB 三个通道的值分别修改为三个通道的均值。在实际图像的处理过程中，二值化和灰度图的做法很多，最简单的图像二值化操作和图像灰度化的处理公式如下。

图像灰度化：

　　灰度化后的 R=（处理前的 R + 处理前的 G + 处理前的 B）/ 3
　　灰度化后的 G=（处理前的 R + 处理前的 G + 处理前的 B）/ 3
　　灰度化后的 B=（处理前的 R + 处理前的 G + 处理前的 B）/ 3

图像二值化：

　　二值化后的黑色 R = G = B = 0
　　二值化后的白色 R = G = B = 255

除了上述的图像处理方式之外，图像的二值化方式还包括算术平均的自适应图像的二值化处理、高斯加权均值的自适应二值化图像处理等；图像的灰度化方式还包括加权均值的灰度图计算方式等。在实现图像二值化的过程中也是先将图像转化为灰度图，然后通过控制图像上每个点的像素值的大小来控制阈值。图像二值化的计算公式如下：

$$
\mathrm{dst}(x, y) = \begin{cases} \mathrm{max\ val}, & \text{if } \mathrm{src}(x, y) > \mathrm{thresh} \\ 0, & \text{otherwise} \end{cases} \tag{10.1}
$$

式（10.1）中控制图像的阈值 thresh 设置为 125，该值表示如果像素值大于设置的 thresh 值，则将像素点的灰度值设置为 max val，否则为 0。因为是将图像处理为黑白两个值，因此 thresh 值设置的 max val 值为 255，两个设置的阈值大小不同二值化的图像效果也不同。通过式（10.1）的图像处理前后的对照图如图 10.9 所示。

　　（a）原图　　　　　　　　（b）灰度图　　　　　　　（c）二值化图

图 10.9　二值化图像

10.3　目标轮廓点检测

本项目中检测道路的方法是通过调用 OpenCV 库的方式来实现的，由于道路边缘的颜色区别很大，通过读取图像的 RGB 值可以找出图像中的目标，并通过 OpenCV 库中的读取轮廓函数找出目标的内轮廓和外轮廓，最终实现道路的轮廓点读取。本项目中的道路识别主要可以分为国省道、河流、铁路和大车路 4 种，下面分别讲述识别 4 种道路的具体实现方式。

10.3.1   国省道识别

国省道识别主要依靠 OpenCV 库读取目标边缘，通过 HSV 阈值的判断基本确定了各个道路的区域范围，因此，使用颜色区域固定目标并用轮廓函数进一步提取目标的轮廓。通过 10.1.2 小节中的详细介绍，可知通过对电子图的分析可以得到国省道和河流的区域。除此之外，可以通过第三方库 OpenCV 进行图像边缘的提取得到轮廓点。为了实现对程序的可视化，将处理后的轮廓点使用构造二值化图像的方式将轮廓点在二值化的图像上进行描述，处理前后的图像如图 10.10 所示。

（a）电子图   （b）轮廓图

图 10.10   二值化图像处理前后

从识别的结果中可以看出，由于是直接控制图像中的颜色范围来实现对电子图中道路的提取，也因为图像中的干扰因素较多，所以图像会受到较大的干扰，从而造成图像中出现斑点的情况，因此，在代码中增加对图像的中值滤波来去除图像中的斑点。代码如下。

代码 10.3   使用 OpenCV 实现二值化处理示例代码

```
class Road:
    def __init__(self):
        self.road_color_lower = [0, 43, 46]        # 初始化颜色区域范围最小值
        self.road_color_upper = [10, 255, 255]     # 初始化颜色区域范围最大值

    def get_color_lower_upper(self, color: ColorRange()):
        road_color = color.get_road_color()    # [(),(),()]        # 设置获得函数
        self.road_color_lower,self.road_color_upper= Utils.get_colors_lower_upper
        (road_color)

    def read_road_contours(self, color: ColorRange(), image_hsv): # 读取轮廓
        self.get_color_lower_upper(color)    # 获得颜色范围
        self.road_color_lower,self.road_color_upper= Utils.list_transform_array(
        self.road_color_lower,self.road_color_upper)    # 格式转换
        mask = cv2.inRange(image_hsv, self.road_color_lower, self.road_color_upper)

        # 中值滤波
        result = cv2.medianBlur(mask, 3)     # 设置中值滤波，其中的参数 3 为卷积核的尺寸

        # 进行二值化
        ret, thread = cv2.threshold(result, 0, 255, cv2.THRESH_BINARY)
        contours,hierarchy=cv2.findContours(thread,cv2.RETR_LIST,
        cv2.CHAIN_APPROX_SIMPLE)
        return contours    # 返回轮廓
```

本项目中提取到的国省道的轮廓主要是以各种像素点构建的线段，因此识别后轮廓的输出结构以"列表＋数组"的格式进行存储，其中数组中存储的为线段上的部分点，列表中存储的为各种线段，输出的位置信息如图 10.11 所示。

图 10.11　输出的位置信息

10.3.2　河流识别

河流的识别与国省道的识别过程相同，不同的是河流提取的颜色像素为蓝颜色分量区域，但相同过程也会造成相同的问题。例如，在道路发生交叉或者河流发生交叉时，生成国省道和河流的轮廓图会发生明显的截断现象，因此，展示例子中都会出现中间缺少一部分的现象。测试的电子图和生成的轮廓图如图 10.12 所示。

（a）电子图

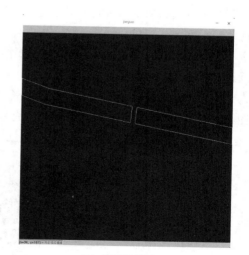

（b）识别结果图

图 10.12　截断现象

电子图上的河流相对于道路来说，干扰的条件相对较少，提取河流轮廓的代码中不需要对图像进行中值滤波处理，代码如下。

代码 10.4　提取电子图中的河流轮廓示例代码

```
def __init__(self):
    self.river_color_lower = [0, 43, 46]          # 河流的最低阈值
    self.river_color_upper = [10, 255, 255]       # 河流的最高阈值

def get_color_lower_upper(self, color: ColorRange()):  # 获取图像的颜色范围
    river_color = color.get_river_color()  # [(),(),()]
    self.river_color_lower,self.river_color_upper=Utils.get_colors_lower_upper
    (river_color)

def read_river_contours(self, color, image_hsv):
    self.get_color_lower_upper(color)        # 获取图像的颜色范围
    self.river_color_lower,self.river_color_upper= Utils.list_transform_array
    (self.river_color_lower, self.river_color_upper)
    mask = cv2.inRange(image_hsv, self.river_color_lower, self.river_color_upper)

    # 进行二值化
    ret, thread = cv2.threshold(result, 0, 255, cv2.THRESH_BINARY) # 图像的二值化
    contours,hierarchy=cv2.findContours(thread,cv2.RETR_LIST,
    cv2.CHAIN_APPROX_SIMPLE)
    return contours     # 返回的图像轮廓
```

10.3.3　铁路和大车路识别

在图像的识别上，由于图像中的铁路和大车路的边缘的颜色范围相同，使用与国省道和河流相同的代码会导致铁路和大车路的识别出现错误，为了解决这个问题，需要重新设计铁路和大车路的识别代码。

主要设计的思路：首先提取图像中的铁路和大车路的边缘轮廓点，其次逐次读取图像的轮廓点，通过判断轮廓点周围像素点的颜色范围，从而确定其属于铁路还是大车路。

为了提高识别的精确度，判断像素点直接通过提取像素点周围矩形框的颜色范围，并计算二值化后图像中的白色像素点占据周围区域块的百分比，第 1 部分识别的过程如图 10.13 所示。

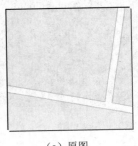　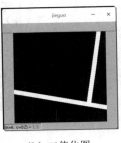　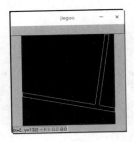

（a）原图　　　　　　　　（b）二值化图　　　　　　　　（c）轮廓图

图 10.13　识别轮廓过程图

第 2 部分是直接计算像素块的百分比，代码如下。

代码 10.5 区分电子图中铁路与大车路的轮廓示例代码

```python
class DiffVillageOrRoad:

    def __init__(self,contours,image_thread,around_distance,point_distance,area_value):
        """
        :param contours: 铁路和大车路轮廓
        :param image_rgb: 图像路径
        :param distance: 周围像素距离中心点的距离
        """
        self.contours = contours    # 初始化轮廓点
        assert isinstance(self.contours, list)
        self.image_thread = image_thread    # 百分比阈值
        self.white_rgb_value = 255    # 白色 RGB 值
        self.distance = around_distance    # 像素块的半径
        self.point_distance = point_distance
        self.area_value = area_value

    def get_diff_vilageroad_or_road_point(self):
        """
        实现轮廓的提取，输入为提取后的轮廓列表；输出为由两点组成的线段的集合或返回点集合
        """
        railway_point_list = []
        road_point_list = []

        for single_line_point in self.contours:
        # 转换为列表
        location_list = single_line_point.tolist()
        lenght = len(location_list)

        # 长度为 1：点，长度为 2：线段，长度为 3 或以上：拐点
        for single_lenght in range(lenght):
                point_location_list = location_list[single_lenght][0]

                # 坐标点越界丢弃不判断
                road_types = self.get_around_road_point(self.image_thread
                point_location_list, self.distance, self.area_value)

                if road_types is None:
                        continue

                # 0 表示为铁路，1 表示为大车路
                if road_types is False:
                        railway_point_list.append(point_location_list)
                else:
                        road_point_list.append(point_location_list)

        # 列表转换为轮廓点（线段）
```

```
        railway_point_contours, road_point_contours =
        Utils.list_to_contours_line(self.point_distance,
        railway_point_list, road_point_list)
        #railway_point_contours, road_point_contours =
        Utils.list_to_contours_point(railway_point_list, road_point_list)
    return railway_point_contours, road_point_contours


    def get_diff_vilageroad_or_road_line(self):
        """
        实现对轮廓的提取，提取后与原来集合中的子轮廓相同，保持不变
        """
        railway_point_contours = []
        road_point_contours = []
        tmp_railway_list = []
        tmp_road_list = []

        for single_line_point in self.contours:
            # 转换为列表
            location_list = single_line_point.tolist()
            lenght = len(location_list)

            tmp_railway_list.copy()
            tmp_railway_list.clear()
            tmp_road_list.copy()
            tmp_road_list.clear()

            single_railway_number = 0
            single_road_number = 0

            # 长度为1：点，长度为2：线段，长度为3或以上：拐点
            for single_lenght in range(lenght):
                point_location_list = location_list[single_lenght][0]

                # 坐标点越界丢弃不判断
                road_types = self.get_around_road_point(self.image_thread,
                point_location_list, self.distance, self.area_value)
                if road_types is None:
                    continue

                if road_types is False:
                    single_railway_number += 1
                    tmp_railway_list.append([point_location_list])
                else:
                    single_road_number += 1
                    tmp_road_list.append([point_location_list])
```

```
                    if len(tmp_railway_list) > math.floor(lenght/2):
                            railway_point_contours.append(single_line_point)
                    else:
                            road_point_contours.append(single_line_point)
            return railway_point_contours, road_point_contours
    def get_around_road_point(self, image_thread, point: list, distance, arae_value):
        """
        选择像素点的值
        :param image_thread:RGB 格式的图像
        :param point: 点阵
        :param distance: 中心点距离
        :return: 0: 铁路, 1: 国省道
        """
        if len(point) != 2 or not isinstance(distance, int):
                print("point location is not list or int")
                return

    def read_image_rgb(point_location, white_rgb_value):
        rgb = image_thread[point_location[1], point_location[0]]
        if rgb == white_rgb_value:
                return True

        area_point_number = 0
        height, width = image_thread.shape
        try:
                # 上下 4 个点的坐标
                center_x_location, center_y_location = point[0], point[1]

                # 防止越界
                max_x_point,max_y_point=min(center_x_location+distance,width-1),
                min(center_y_location + distance-1, height - 1)
                min_x_point, min_y_point = max(center_x_location - distance, 0),
                max(center_y_location - distance, 0)

                for y in range(min_y_point, max_y_point + 1):
                        for x in range(min_x_point, max_x_point + 1):
                                # 搜索白色区域
                                if read_image_rgb((x, y), self.white_rgb_value):
                                        area_point_number += 1
                area_rectangle = round(area_point_number / math.exp(2), 2)

                # 白色区域超过一定范围时判断该点为大车路
                if area_rectangle > arae_value:
                        return True
                else:
                        return False
        except Exception as e:
                print(e)
```

代码 10.5 中的实现步骤分为识别铁路和大车路的轮廓及实现两类目标的区分功能两部分。第 1 部分是读取全部铁路和大车路边缘轮廓点，该部分与国省道的实现方式相同，由于铁路和大车路边缘的颜色相同，提取的轮廓并不能直接区分出铁路和大车路，因此，在已提取到的轮廓点的基础上进一步通过读取其周围像素点所组合成的正方形区域中白色像素点占据区域面积的比例的方式来实现铁路和大车路的区分，其阈值若超过固定范围即可判断为大车路边缘轮廓点，否则为铁路，而大车路轮廓的提取仍采用传统的提取颜色区域的方式，以此实现图像的铁路和大车路的区分，识别图像如图 10.14 所示。

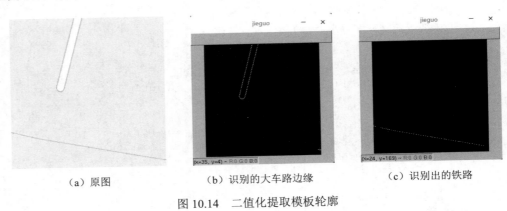

（a）原图　　　　　　　（b）识别的大车路边缘　　　　　　（c）识别出的铁路

图 10.14　二值化提取模板轮廓

10.4　遥感数据房屋标注

对房屋的识别采用卷积神经网络的方式实现，由于本项目采用的数据是遥感数据集，属于小目标的识别范畴，因此在算法的选择上也是一个很重要的环节。本章使用 YOLOv4 算法作为房屋识别的主要算法，相对于 YOLOv3 算法，YOLOv4 提升了对小目标的识别率，在速度上也有明显的提升。由于遥感数据的目标较小，不仅在识别上，即使在数据标注上也存在一定的困难，综上所述，将遥感数据的图像进行了切割，并将放大后的图像作为待标注的数据，这种做法在保证不降低算法识别率的情况下也保证了算法数据标注的准确性。本节主要讲解在 YOLOv4 算法下，遥感数据的图像标注和数据集的处理。

10.4.1　遥感数据图像标注

遥感数据标注的主要目的是生成房屋对应位置的 xml 文件，其中包含目标的位置信息、图像大小信息和标注的数据标签名称等。本项目标注遥感数据采用的是 Labelimage 标注工具，与传统的图像标注工具相比其优势在于支持多平台操作，如 Windows、Linux 等，该软件不需要安装，可以直接使用。Linux 系统上的 Labelimage 的界面如图 10.15 所示。

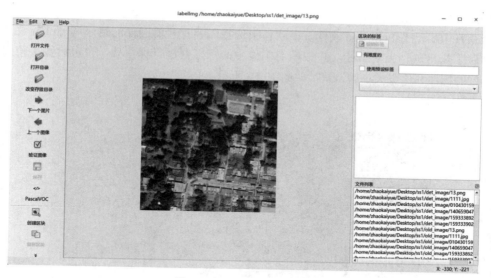

图 10.15　Labelimage 界面

　　由于 Labelimage 直接通过源代码进行运行，因此，要求无论是 Windows 系统还是 Linux 平台上都要安装 Python，本章中默认安装的是 Python 3.7。下面详细介绍如何获取 Labelimage 标注软件并进行安装和使用。

1. 安装 Labelimage 标注软件

　　Labelimage 标注软件保存在 Gitee 的仓库中，可以下载安装和运行。

　　由于 Gitee 为国内的服务器，不需要更换下载源进行下载，在下载的速度方面明显比 GitHub 要快，而且 Labelimage 标注软件的源码是 Python 语言，因此在默认安装 Python 3 环境的 Linux 系统上可以免安装直接运行。在下载的 Labelimage 文件夹中直接运行其中以 py 为后缀的 labelImg 文件即可打开软件进行数据的标注。但由于在使用过程中依赖一些库，因此，在使用软件之前首先需要在命令行中对一些基本依赖库进行安装，在命令行中执行以下命令：

```
python3 labelImg.py
```

　　根据命令行中所提示的该系统中缺少的依赖库，使用 pip 安装工具或者 apt-get 命令进行依赖库的安装，这里以使用 pyqt5-dev-tools 工具的安装过程为例进行操作。代码如下：

```
# 安装需要的依赖库
sudo apt-get install pyqt5-dev-tools
# 安装运行软件的包
sudo pip3 install -r requirements/requirements-linux-python3.txt
# 进行编译工作
make qt5py3
# 打开软件，其后也可增加参数，如打开图像的路径等
python3 labelImg.py
```

2. 使用软件进行图像标注

在命令行中启动 Labelimage 软件，在软件中选择需要打开的图像的目录和 xml 标注文件的保存路径，除了使用软件上 PascalVOC 按钮对图像中的矩形框进行标注外，也可以直接使用快捷键进行矩形框的标注和位置大小的调整，如图 10.16 所示。

图 10.16　对图像进行标注

标注后的图像会生成对应的 xml 标注文件，生成路径为设置的保存路径，生成的 xml 文件中包含图像的路径、图像的尺寸以及标注目标的位置信息，其中位置信息以左上角顶点为坐标系原点进行坐标的计算，每个对象为一个单独的 object 标签，完整的 xml 文件内容如下。

代码 10.6　完整的 xml 文件内容

```
<annotation>
    <folder>old_image</folder>
    <filename>13.png</filename>
    <path>/home/zhaokaiyue/Desktop/ss1/old_image/13.png</path>
    <source>
        <database>Unknown</database>
    </source>
    <size>
        <width>600</width>
        <height>600</height>
        <depth>3</depth>
```

```
        </size>
        <segmented>0</segmented>
        <object>
            <name>house</name>
            <pose>Unspecified</pose>
            <truncated>0</truncated>
            <difficult>0</difficult>
            <bndbox>
                <xmin>335</xmin>
                <ymin>397</ymin>
                <xmax>373</xmax>
                <ymax>463</ymax>
            </bndbox>
        </object>
        <object>
            <name>house</name>
            <pose>Unspecified</pose>
            <truncated>0</truncated>
            <difficult>0</difficult>
            <bndbox>
                <xmin>386</xmin>
                <ymin>299</ymin>
                <xmax>466</xmax>
                <ymax>348</ymax>
            </bndbox>
        </object>
    </annotation>
```

上面是在图像中标注两个房屋的数据后的 xml 文件内容，其中不同的标签代表不同的信息。主要标签有二级标签 filename、path、size 和 object 4 个。object 标签中包含的是不同对象的具体信息，其中，name 和 bndbox 为主要标注的信息。二级标签具体表示的意义如下。

- filename：图像的名称。
- path：图像所在路径。
- object：标注的对象类型，本次标注的对象为房屋。
- bndbox：房屋的位置信息。
- name：标注对象的名称。

标注完的数据仍不能直接用于 YOLOv4 算法的训练，标注后的图像会对应生成同名的 xml 文件，其中包含标注的位置、标签等信息。除了得到标注的图像外，还需要对标注文件和图像进一步处理，使其成为 YOLOv4 算法的数据集。

10.4.2　数据集处理

经过上述对数据的标注操作，已经在 xml 的文件中保存了每个图像中房屋的位置和标签，但在算法的训练中还需要将数据分割为训练集、测试集和验证集，其中训练集和验证集参与模型的训练过程，每进行一个 batch 长度的图像训练，都需要对模型的结果进行一次验证，从而得到较为精确的数据指标，该指标用于观测训练过程中的训练效果；而测试集的作用主要是负责将训练完的数据在测试集中进行验证。由于测试集不参与模型的训练，因此测试集能更加准确地描述出模型的鲁棒性。

进一步处理数据可以分为两步，首先是将数据中的标签和位置信息进一步转换并保存到 txt 文档中；接着根据生成的 txt 文档中的数据进行随机的数据分割，分割为训练集、测试集和验证集。

1. 生成 txt 文档

该部分主要实现 xml 文件中目标位置的归一化，并将转换后的数据保存到 txt 文档中，转换后的数据是 YOLOv4 算法可以直接使用的数据。创建 VOCdevlkit 文件夹，并在该文件夹下创建 Annotations、ImageSets、JPEGImages 和 labels 4 个文件夹，将图像存放至 JPEGImages 文件夹中，xml 标注文件存放至 Annotations 文件夹中，转换后生成的 txt 文档存放至 labels 文件夹中，创建的文件夹如图 10.17 所示。

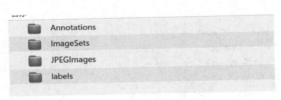

图 10.17　数据集文件夹

由于训练的目标检测算法需要识别的目标只有房屋，因此在生成转换文件的代码中，需要分别修改生成训练数据、测试数据和验证数据的百分比以及类别目录。例如，识别房屋的类别参数为house，修改的代码如下：

```
sets=['train', 'val', 'test']          # 训练集、验证集和测试集
classes = ["house"]                     # 识别的类别目录
```

除了以上需要修改的地方之外，当前转换文件的代码中的路径也应当根据具体的需求进行修改，完整转换文件的代码如下。

代码 10.7　xml 文件转换代码

```
import xml.etree.ElementTree as ET
import pickle
import os
from os import listdir, getcwd
from os.path import join
sets=['train', 'val', 'test']          # 对应三个文件夹，分别是训练集、验证集和测试集
classes = ["house"]                     # 标注的图像类型
# 目标为位置转换
def convert(size, box):
```

```
        dw = 1./size[0]
        dh = 1./size[1]
        x = (box[0] + box[1])/2.0
        y = (box[2] + box[3])/2.0
        w = box[1] - box[0]
        h = box[3] - box[2]
        x = x*dw
        w = w*dw
        y = y*dh
        h = h*dh
        return (x,y,w,h)

def convert_annotation(image_id):
        in_file = open('VOCdevkit/Annotations/%s.xml'%(image_id))
        out_file = open('VOCdevkit/labels/%s.txt'%(image_id), 'w')
        tree=ET.parse(in_file)
        root = tree.getroot()
        size = root.find('size')
        w = int(size.find('width').text)
        h = int(size.find('height').text)

        for obj in root.iter('object'):
                difficult = obj.find('difficult').text
                cls = obj.find('name').text
                if cls not in classes or int(difficult) == 1:
                        continue
                cls_id = classes.index(cls)
                xmlbox = obj.find('bndbox')
                b = (float(xmlbox.find('xmin').text), float(xmlbox.find('xmax').text)
                float(xmlbox.find('ymin').text), float(xmlbox.find('ymax').text))
                bb = convert((w,h), b)
                out_file.write(str(cls_id) + " " + " ".join([str(a) for a in bb]) + '\n')

wd = getcwd()

for image_set in sets:
        if not os.path.exists('VOCdevkit/labels/'):
                os.makedirs('VOCdevkit/labels/')
        image_ids =open('VOCdevkit/ImageSets/Main/%s.txt'%(image_set)).read().strip().
        split()

list_file = open('%s.txt'%(image_set), 'w')
i = 0
for image_id in image_ids:
        print(image_id)
i = i +1
list_file.write('%s/VOCdevkit/JPEGImages/%s.jpg\n'%(wd,image_id))
convert_annotation(image_id.split("\n")[0])
list_file.close()
```

需要注意的是，由于该项目中采用图像的数据格式均为 jpg，在读取图像时，保存到数据中的代码仍为 jpg 格式的数据，修改代码中的路径可以将转换后的数据存放到不同的路径下，生成的 txt 文档中的部分数据如下。

```
0 0.115234375 0.11328125 0.037760416666666664 0.140625
0 0.14713541666666666 0.13671875 0.046875 0.109375
0 0.193359375 0.16796875 0.04296875 0.1328125
0 0.22981770833333331 0.123046875 0.04296875 0.14453125
0 0.22786458333333331 0.263671875 0.0390625 0.14453125
0 0.193359375 0.27734375 0.04296875 0.1171875
0 0.14973958333333331 0.24609375 0.046875 0.09375
```

txt 文档中的数据每行均代表图像中的一个目标，每行中包括 5 个值，第 1 个值是标签对应的序列号，该项目只是识别房屋这一个属性，并且在数据中只存在一个需要标注的数据，因此生成的 txt 文档中的数据的序号均为 0；其余 4 个值分别为 xml 文件中目标位置数值的归一化。

2. 分割数据

训练数据使用的数据集可以分为训练集、验证集和测试集三部分，对数据集需要进行随机分割，这么做是为了降低数据中出现过拟合情况的概率。数据分割比可以在代码中随意调节，这里采用的训练集分割比例为 0.8，测试集和验证集的分割比例均为 0.1，分割数据的代码如下。

代码 10.8　分割数据示例代码

```python
import os
import random
import sys
root_path = '/home/zhaokaiyue/Documents/yolov4/ 处理数据 / 新标注数据 –house/ 切图
/VOCdevkit'
xmlfilepath = root_path + '/Annotations'
txtsavepath = root_path + '/ImageSets/Main'

if not os.path.exists(root_path):
    print("cannot find such directory: " + root_path)
    exit()
if not os.path.exists(txtsavepath):
    os.makedirs(txtsavepath)

# 分割数据的比例
trainval_percent = 0.9
train_percent = 0.8

total_xml = os.listdir(xmlfilepath)
num = len(total_xml)
list = range(num)

tv = int(num * trainval_percent)
tr = int(tv * train_percent)
```

```
trainval = random.sample(list, tv)
train = random.sample(trainval, tr)
print("train and val size:", tv)
print("train size:", tr)

ftrainval = open(txtsavepath + '/trainval.txt', 'w')
ftest = open(txtsavepath + '/test.txt', 'w')
ftrain = open(txtsavepath + '/train.txt', 'w')
fval = open(txtsavepath + '/val.txt', 'w')

# 将数据写入各自的文本文档中
for i in list:
        name = total_xml[i][:-4] + '\n'
        if i in trainval:
                ftrainval.write(name)
                if i in train:
                        ftrain.write(name)
                else:
                        fval.write(name)
        else:
                ftest.write(name)

# 关闭文件
ftrainval.close()
ftrain.close()
fval.close()
ftest.close()
```

经过上述数据的处理和分割后，整理后的数据可以直接用来进行 YOLOv4 算法的训练。运行上述代码之后，会在设置的路径下分别生成 test.txt、train.txt、val.txt 三个文件，不同的文件中记录了不同数据的图像路径，其中 test.txt 文件中记录的是测试数据的图像路径；train.txt 文件中记录的是训练数据的图像路径，val.txt 文件中记录的是验证数据的图像路径。

10.5　YOLOv4 算法实现遥感旋转房屋检测

10.5.1　算法环境及参数配置

本项目的训练算法主要在 Linux 环境中的服务器上进行，使用的 Ubuntu 版本为 16.04，安装的是 Python 3.7，运行的系统是 Cuda 10.1，本次测试系统使用的显卡型号为特斯拉 P4（TelsaP4）。在 Linux 命令行下输入 nvidia-smi 命令可以查看显卡的详细信息，如显卡的显存、型号等，输出信息如图 10.18 所示。

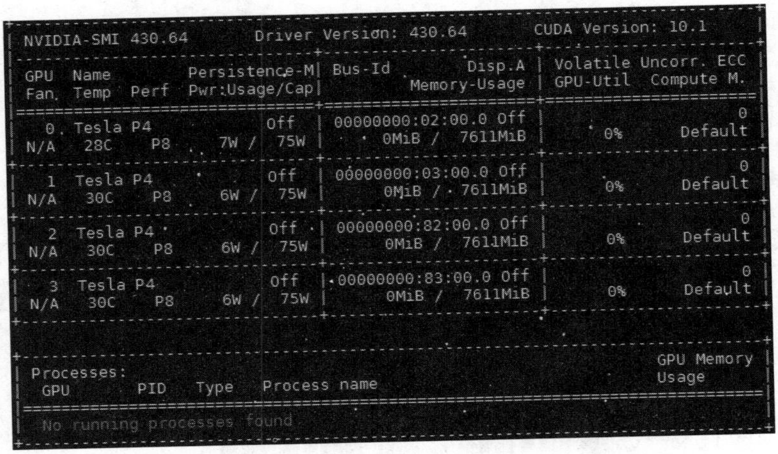

图 10.18　查看显卡信息

1. YOLOv4 源码下载

训练算法首先需要获得源码，YOLOv4 算法可直接从 GitHub 上获取，在命令行中输入如下命令即可下载 YOLOv4 算法的源码。在下载过程中可以更换下载源来提高下载的速度。

```
glt clone https://github.com/AlexeyAB/darknet.git
```

2. 配置编译文件

本项目采用的 YOLOv4 算法是用 C++ 编写的代码，与直接使用 Python 编写的算法结构不同，C++ 的源码需要在机器上使用 gcc 或 g++ 编译工具进行编译，根据使用训练模型的机器的配置对算法中的模型配置文件进行配置，主要配置的文件为源码主目录下的 Makefile 文件。在主目录中打开 Makefile 文件并对其中的参数进行修改，主要的配置参数如下：

```
GPU=1              # 指定是否有 GPU 显卡
CUDNN=1            # 指定是否安装 cuDNN 加速包
CUDNN_HALF=1
OPENCV=1           # 指定是否安装 OpenCV 图像处理库
OPENMP=1
LIBSO=1
DEBUG=1
```

配置对应的参数并设置为 1，表示机器上存在这样的配置，如果没有该配置，则设置为 0。保存并退出配置后的编译文件后，需要对源码重新进行编译，编译命令为

```
make
```

或

```
make -j8
```

重新编译后的源码可直接调用服务器的硬件资源，为了能更好地测试在机器上重新编译的源码

能否正常运行，通常采用源码自带的预训练权重和配置好的网络结构对模型进行推理实验。

使用测试模型需要调用和修改的文件包括以下几项。

- 权重文件：以 weights 为结尾的文件，其中存储的均为预训练权重保存好的参数。
- 网络的 cfg 配置文件：包含 batch、subdivisions 等推理过程中的配置参数和使用的卷积神经网络的结构单元。
- data 后缀的配置文件：配置训练数据路径和类别文件路径。
- names 后缀的类别文件：配置模型的类别。

下载的源码中提供了预训练权重的各种配置文件，但仍需要从网站上下载已经训练好的模型算法的权重文件对数据图像进行预测。

将下载好的权重文件放置在主目录文件下，运行算法并推理算法中提供的图像，在命令行下运行代码后会在当前的路径下生成预测后的图像，并将预测的结果以不同颜色的矩形框进行标注。使用算法中默认提供的图像进行测试，在命令行中执行如下预训练权重的推理命令：

```
./darknet detect cfg/yolov4.cfg YOLOv4.weights data/dog.jpg
```

输出结果如图 10.19 所示。

图 10.19　预训练模型推理结果图

从测试结果来看，当前编译后的算法能够正常执行并识别正确的结果，因此可以进一步通过修改配置实现识别房屋目标的检测算法。

3. 配置算法的配置文件

推理算法涉及的文件一共有 4 个，分别是权重文件、路径参数文件、类别配置文件和网络模型结构文件，为了降低发生梯度爆炸的概率，在训练模型时直接加载预训练权重，使用预训练权重也可以极大地降低模型从头学习的成本，并提高训练模型的效率。与推理上述目标的权重文件不同，该预训练权重文件不能直接用于推理其他的目标，只能作为初始化网络参数的权重。

其他各配置文件的内容如下。

● 路径参数文件命名为 obj.dat，其配置内容如下：

```
classes= 1   # 识别目标的类别个数
train  = /qcy/yolo-v4/train.txt   # 保存的训练数据内容
valid  = /qcy/yolo-v4/val.txt     # 验证数据的内容
#valid = data/coco_val_5k.list
names = /home/PycharmProjects/yolov4/backup/one-416/obj.names    # 类别种类的文件路径
backup = /qcy/yolo-v4/darknet/backup/   # 生成训练后的权重文件的保存路径
#eval=coco
```

● 类别配置文件 obj.names 的内容如下：

```
house   # 类别的种类
```

● 网络模型结构文件的部分配置内容如下。

网络模型结构文件中需要配置的文件参数包括以下几个。

➢ 修改 batch=64，subdivisions=16（如果显卡是 2080Ti 的，可以把 batch 设置为 96，如果提示内存不足，将 batch 改回 64 或者将 subdivisions 设置为 32）。

➢ 修改 max_batches=classes×2000。如果有两个类别，则将 max_batches 设置为 4000，n 个类就设置为 n×2000。

➢ 修改 steps 为 80%～90% 的 max_batches 值。如 max_batches=4000，则 steps=3200 或 steps=3600。

➢ 修改 classes。先按 Ctrl+F 组合键搜索 [yolo]，可以搜到 3 次，在每次搜到的内容中修改 classes= 具体的类别，如 classes=2。

➢ 修改 filters。同样先搜索 [yolo]，修改搜索结果中的 [convolution] 中的 filters=(classes+5)×3，如 filters=21。

➢ 如果要用 [Gaussian_yolo]，则搜索 [Gaussian_yolo]，将 [filters=57] 修改为 filters=(classes+9)×3。

➢ 创建 obj.names。在主目录下创建 obj.names 文件，内容为具体的类别，如人和车。

配置好参数后在主目录下打开命令行，并在其中输入启动训练的目标命令开始训练模型。启动训练的命令如下：

```
./darknet detector train obj.data yolo-obj.cfg yolov4.conv.137 -map
```

由于在训练模型中的参数已经配置了训练模型需要的迭代次数和总步数，因此，可以直接通过打印出的损失 Loss 图进行观察，模型会在达到设置的总步数之后自动停止。但在实际的训练中不必等待模型全部训练完，而是可以直接通过模型的损失 Loss 图来观察并选择出最好的模型，这是因为在合适的参数下，模型的损失会一直呈现逐渐下降的趋势，模型的损失降低到一定程度后，无论是模型的识别率还是鲁棒性均达到了一个比较好的状态，此时再进行模型的训练反倒会使其出现过拟合的情况。

为了选择合适的模型，除了通过 Loss 图来选择几个合适的权重之外，还需要使用实际的图像对选择的权重文件进行测试，并根据实际的测试结果选择出最好的模型作为最终的权重。此时测试所使用的图像是分割数据时的测试集。

10.5.2　数据拼接

根据配置好的参数和数据可以启动模型的训练命令对模型进行训练，训练后的模型可以实现对遥感数据中房屋的识别，但在项目中需要实现的目标图像的数据往往需要很高的分辨率，在进入算法之后由于分辨率被压缩到 416×416，这对原图来说会损失掉很多的信息，因此，需要将图像分割后再送入模型进行识别，再重新将识别后的结果进行拼接，从而实现对大分辨率图像的识别。

首先原图的分割是将图像按照从左到右、从上到下的方式分割为 800×800，将分割后的图像存放于本地文件夹中，通过 Socket 协议接收客户端发送的数据。Socket 服务端接收到的数据主要分为三部分，第 1 部分是电子图路径 electronicsPath，由于电子图的识别依靠传统的图像识别算法，相对目标检测的算法来说，识别的速度和准确度对高分辨率的图像影响不大；第 2 部分是卫星遥感图的偏移量 lastX 和 lastY，该偏移量的设置主要是由于高分辨率图像大小不一，尺寸的不同会直接导致图像不能被完整地分割，通过对高分辨率图像的补充可以实现对整片图像的分割；第 3 部分是分割后的图像存放地址，并按照从上到下、从左到右的顺序进行存放。

```
strData_dic = {"electronicsPath": "/home/zhaokaiyue/Desktop/test/electronicsPath/11.png",
               "satellitePath": {
                       "lastX": 64,
                       "lastY": 608,
               "satellitePathList": [
["/home/zhaokaiyue/Desktop/2020-12-11/d246a34dd200432581fbd4
cf12509826.jpg","/home/zhaokaiyue/Desktop/2020-12-11/6cf68ca8618a491
a99f1494ae7206eff.jpg"],["/home/zhaokaiyue/Desktop/12.14/2/a15898ef9
54044978b2bc93d456e3591.jpg","/home/zhaokaiyue/Desktop/12.14/2/b60
0339ed5ea454bbb7b879f2e40e30d.jpg"]
                   ]
               }
       }
```

在对高分辨率的图像进行分割后，其中的空白区域可以通过补充像素的方式得以解决，对分割后缺损部分的图像像素进行填充是为了恢复图像尺寸到适合模型算法的图像输入，尺寸变换的方式会导致图像中的目标发生形变，从而导致目标损失部分特征，因此将高分辨率的图像进行填充是最适合的做法，分割填充后的部分图像如图 10.20 所示。

在对分割后的各部分图像进行识别后需要进一步对位置信息进行整理，这是因为分割识别后的图像生成的位置信息是以当前所识别的图像左下角顶点为原点的位置信息，因此需要对不同部分的分割图进行位置变换，变换位置后的图像均以原图的顶点为原点。完整识别图像的 Socket 服务端的代码如下。

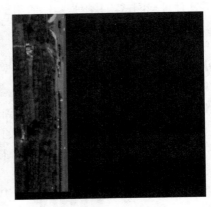

（a）分割填充前的图像　　　　　　　　　（b）分割填充后的图像

图 10.20　图像分割示意图

代码 10.9　Socket 服务端的示例代码

```python
def main():
    args = parser()

    try:
        modelconfig = ModelConfig(args)    # 读取模型的参数
        modelconfig.init_model()           # 初始化模型
        print("init network succeed!")

        socketserver = socket.socket(socket.AF_INET, socket.SOCK_STREAM)
        host, port = args.host, args.port      # 读取 Socket 的 ip 和端口
        socketserver.bind((host, port))
        socketserver.listen(5)         # 设置监听时长

    except socket.error as msg:    # 设置代码程序的捕捉
        print(msg)
        sys.exit(1)
    print('waiting connectiion...')

    while True:
        clientsocket, addr = socketserver.accept()
        recvmsg = clientsocket.recv(1024)      # 接收数据的长度
        if not recvmsg:
                print("client has lost...")
                continue

        strData = recvmsg.decode("utf-8")     # 设置接收数据的格式为 utf-8
```

```
strData_dic = eval(strData)
print(strData_dic)              # 测试输出
if not isinstance(strData_dic, dict):
        print("received data is error!")
        continue
# 对电子图和卫星遥感图的路径进行检查
if "electronicsPath" not in strData_dic.keys() and "satellitePath" not in
strData_dic.keys():
        print("keys is not in cluded!")
        continue

# 读取接收数据中的电子图路径
electronic_picpath_str = strData_dic["electronicsPath"]

# 读取接收数据中的卫星遥感图路径
satellite_picpath_dict = strData_dic["satellitePath"]
print("satellite_picpath_dict:{}".format(satellite_picpath_dict))

satellite_picpath_list = satellite_picpath_dict["satellitePathList"]
lastx = int(satellite_picpath_dict["lastX"])        # 数据的 x 偏移量
lasty = int(satellite_picpath_dict["lastY"])        # 数据的 y 偏移量

# 对电子图和卫星遥感图的格式进行检查
if not isinstance(electronic_picpath_str, str) or not isinstance (satellite_
picpath_list, list):
        print("satellite_picpath_list is not right!")
        continue

data_list = []
for ver_data in satellite_picpath_list:
        data_list.extend(ver_data)
if len(data_list) == 0:
        continue
# 返回的是识别所有房屋后的字典
house_union_dict = modelconfig.recogniezed_house(data_list)
house_union_relate = []
try:
        for hor_index,horizontal_satellite in enumerate(satellite_picpath_list):
        # 对纵列的分割
        ver_length = len(horizontal_satellite)
        for ver_index,vertical_satellite in enumerate(horizontal_satellite):
                if not os.path.exists(vertical_satellite):
                        print("picpath:{}is not exited!".format(vertical_satellite))
                        continue
        single_image_house_unionhouse_union_dict[satellite_picpath_list[hor_index]
        [ver_index]]
        if len(single_image_house_union) == 0:
                        continue
        # image = cv2.imread(satellite_picpath_list[hor_index][ver_index])
```

```
                        # 提取位置信息
                        location_array = np.array(single_image_house_union)[:, 2]
                        # 数据维度转换 (98, ) -> (98, 4)
                        remove_nest_house_data = [list(data) for data in location_array]
                        # 使用 num 算法去除重叠房屋
                        single_image_house_union = HandleData().nms(remove_nest_house_data)

                        for single_house_location in single_image_house_union:
                                temp = []
                                # 转换坐标，从 416 的图像转换为 800 的图像坐标
                                rate_w = rate_h = 800 / 416
                                box = HandleData().change_single_box_size(single_house_location,
                                rate_w, rate_h)

                        # left, top, right, bottom = darknet.bbox2points(box)
                        # cv2.rectangle(image, (left, top), (right, bottom), (255, 0, 0), 1)

                        # 将宽高信息转换为 4 个点坐标
                        four_point_location = HandleData().conv_four_location(box)
                        boxx=HandleData().transform_coordinates(four_point_location,
                        satellite_picpath_list[hor_index][ver_index])

                        # 对识别结果中的每个矩形框进行偏移量的处理
                        for location in boxx:
                                house_relate_x, house_relate_y = location
                                single_house_relate = house_relate_x + hor_index * 800, house_
                                relate_y + (ver_length - 1 - ver_index) * 800 - lastytemp.
                                append(copy.deepcopy(single_house_relate))
                                house_union_relate.append(temp.copy())
        except Exception as e:
                print(e)
        finally:
                # 识别道路
                road_union = road_recognization(electronic_picpath_str, args)
                json_data = {"house": house_union_relate, "roads": road_union}
                json_data = json.dumps(json_data, cls=MyEncoder)

                # 识别发送的长度
                # lenght = len(str(json_data))
                # print(lenght)
                # clientsocket.send(str(lenght).encode("utf-8"))
                clientsocket.send((str(json_data)+'\n').encode("utf-8"))
                print("send over!")

    socketserver.close()
```

　　通过对结果拼接的处理，识别的结果均是以左上角的顶点作为坐标原点进行的矩形框的识别，为了能直接验证识别结果的处理是否正确，本小节中通过使用矩形框直接在图像上进行标注，标注后的结果如图 10.21 所示。

（a）原图　　　　　　　　　　（b）矩形框标注图

图 10.21　图像标注示意图

　　将各个分割后的图像进行整合后可以在原图上进行位置的标注。可以从图像中发现，房屋目标之间存在以下特点：①会产生不同宽高比的尺寸；②目标小而密集，容易导致识别目标之间产生交叉，所以小目标的识别对算法的要求更高。

10.5.3　使用 NMS 算法去除嵌套矩形框

　　经过对识别结果进行拼接之后，整块识别的结果已经从识别的结果中可以看出。但是从图 10.22 中可以发现，由于房屋的目标范围太小，房屋的重叠和嵌套情况严重，房屋的重叠问题可以通过调节 NMS 算法的阈值来解决，但是房屋的嵌套问题没有现成的算法可以解决。为了解决这个问题，可以在 NMS 算法的基础上进行改进以达到去除房屋嵌套的目的。

图 10.22　房屋嵌套

从图 10.22 中可以观察到，经过 NMS 算法的过滤，对交叉较大或者置信度较低的识别目标进行了过滤，但相对于较小的房屋被较大的房屋嵌套的情况并不能通过 NMS 算法去除。为了解决这个问题，我们在 NMS 算法的基础上对代码进行修改，从而使其具备去除重叠的功能。NMS 算法实现的原理是通过计算目标之间的交并比和目标之间的面积比值的大小来判断两者重叠部分的大小，并通过设定阈值进行过滤。这里同样使用交并比和面积区域的比值来进行判断。实现目标重叠的过滤的代码如下。

代码 10.10   NMS 算法实现目标重叠的过滤示例代码

```python
def nms_remove(bboxes):
    """ 非极大值抑制过程
    :param bboxes: 同类别候选框坐标
    :param confidence: 同类别候选框分数
    :param threshold: iou 阈值
    :return:
    """
    # 1. 传入无候选框返回空
    if len(bboxes) == 0:
        return [], []
    # 强转数组
    bboxes = np.array(bboxes)

    # 将 x, y, w, h 4 个值转换为左上角顶点和右下角顶点
    center_x = bboxes[:, 0]
    center_y = bboxes[:, 1]
    w = bboxes[:, 2]
    h = bboxes[:, 3]

    # 取出 n 个极坐标点
    x1 = np.maximum(0.0, center_x - (w / 2))
    y1 = np.maximum(0.0, center_y - (h / 2))
    x2 = np.maximum(0.0, center_x + (w / 2))
    y2 = np.maximum(0.0, center_y + (h / 2))

    # 2. 对候选框进行 NMS 筛选
    # 返回的矩形框坐标和分数
    picked_boxes = []
    # 对置信度进行排序，获取排序后的下标序号，argsort 默认从小到大排序
    order = np.array([i for i in range(len(bboxes))])
    # order = np.argsort(np.ones(len(bboxes)))
    areas = (x2 - x1) * (y2 - y1)
    while order.size > 0:
        # 将当前置信度最大的框加入返回值列表中
        index = order[-1]
        picked_boxes.append(bboxes[index])

        # 获取当前置信度最大的候选框与其他任意候选框的相交面积
```

```
x11 = np.maximum(x1[index], x1[order[:-1]])
y11 = np.maximum(y1[index], y1[order[:-1]])
x22 = np.minimum(x2[index], x2[order[:-1]])
y22 = np.minimum(y2[index], y2[order[:-1]])
rate = areas[index] / areas[order[:-1]]
rate1 = areas[order[:-1]] / areas[index]

w = np.maximum(0.0, x22 - x11)
h = np.maximum(0.0, y22 - y11)
intersection = w * h

# 利用相交的面积和两个框自身的面积计算框的交并比，保留大于阈值的框
ratio = intersection / (areas[index] + areas[order[:-1]] - intersection)
# rate==ratio 表示包含关系，保留不为包含关系的框
keep_boxes_indics = np.where(ratio != rate)
keep_boxes_indics1 = np.where(ratio != rate1)

if keep_boxes_indics.__len__() < keep_boxes_indics1.__len__():
        order = order[keep_boxes_indics]
else:
        order = order[keep_boxes_indics1]
return picked_boxes
```

通过上述代码可以在 NMS 算法的基础上实现对重叠房屋的去除功能。NMS 算法中的主要参数分别为最低过滤的置信度、交并比的最低过滤阈值等，设置的值分别为 0.1 和 0.25。实现遥感数据去除的主要功能是保留大的矩形框去除小的矩形框，为了方便对比结果，这里采用同一张图像作为演示，去除重叠的目标识别图如图 10.23 所示。

图 10.23　去除重叠的目标识别图

　　该项目主要实现的功能是道路与目标房屋的识别，其中房屋具备固定的特征信息，如房屋的颜色、大小和基本的形状等，因此使用深度网络模型算法更适合对房屋的定位和分析识别。在图像中道路的形状相对更加复杂，也不适合在图像中对目标进行标注，而在电子图上则可以通过传统的识别算法对道路目标进行提取，在适合传统图像处理与神经网络模型的基础上可以实现对房屋的目标检测，结合前面几节的道路检测算法的内容，可以实现道路和房屋的统一识别，并将两者的识别结果共同标注到图像中，标注后的图像如图 10.24 所示。

图 10.24　道路和房屋统一识别结果

📢 **注意：**

　　由于电子图和卫星遥感图的更新时间不同，可能存在电子图和卫星遥感图中的道路和房屋对应不上的问题，除此之外，对卫星遥感图和电子图对应位置的截图也有一定的要求，如图 10.24 中就存在这种类似的情况。

10.6　小　　结

　　本章所介绍的项目主要实现的功能是通过深度神经网络算法模型实现对电子图和卫星遥感图中房屋、道路等目标的识别，主要采用传统的神经网络和卷积神经网络相结合的方式来共同实现。该项目中分别使用了电子图和卫星遥感图两种数据，其中电子图中不同的道路之间具有不同的颜色特征，据此通过对图像的腐蚀、膨胀、灰度处理等操作对不同的目标进行提取，而房屋的识别则只能通过卷积神经网络来识别遥感数据中房屋所在的位置。通过对该项目的实际操作，能够加深读者对传统图像处理和卷积神经网络两者之间的区别的认识和理解。